Are We Hardwired?
The Role of Genes in Human Behavior

遺伝子は私たちをどこまで支配しているか

DNAから心の謎を解く

W・R・クラーク
M・グルンスタイン
鈴木光太郎＝訳

新曜社

Are We Hardwired?

The Role of Genes in Human Behavior

by

William R. Clark and Michael Grunstein

This translation of *Are We Hardwired?,* originally published in English in 2000,
is published by arrangement with Oxford University Press, Inc.

原著 *Are We Hardwired?* は2000年に英語で刊行され，
この日本語訳はオックスフォード大学出版局との出版契約にもとづき刊行されている。

プロローグ

なぜ十人十色なのだろう？　なぜ背が高かったり、低かったり、眼が茶色だったり、青かったりするのだろう？　子どもが親に似るという事実は、体の特徴が遺伝し、その大部分は遺伝子のせいだということを示している。しかし、行動についてはどうだろうか？　同じ家族のなかに、自己主張の強い子がいたり、シャイな子がいたりするのはどうしてなのか？　なぜ自信たっぷりの人もいれば、自信なげな人もいるのだろう？　なぜある人は喜怒哀楽が激しくて、別の人は控えめで、「論理的」だったりするのだろう？　人々の間のこれらの性格の違いも遺伝するのだろうか？　これらにも遺伝的な原因があるのだろうか？

人間の行動や性格の違いの少なくともいくつかは受け継がれ、だからそれらは遺伝的に決定されるのだという考えは、動物のブリーダーにとってはごく当たり前の事実である。五〇〇年以上もまえから、動物では、特定の行動形質や性格特性を強めるように交配が行なわれてきた。小さなテリアから大きなピットブルやドーベルマンまで、攻撃的な性質をもつように交配されてきたイヌもあるし、コリーやスパニエルのように、世代から世代へと従順で愛らしい性質をそっくりそのまま伝えているイヌもある。また、狩りをするときや動物の群れを統率するときに役立つよう交配されてきたイヌもある。実験室では、ラットやマウスが何世代にもわたって選択的に交配され、臆病な系統や攻撃的な系統が作られている。これらの系統では、交配されるたびにその性格が伝えられてゆく。動物では、行動の発達に遺伝子が役割を果たしていて、これらの形質が世代から世代へと伝えられてゆくのにも遺伝子が関与しているということは、ほとんどだれも疑わない。それなのに、話がこと人間におよぶと、遺伝子が行動を方向づけるということを認めるのに二の足を踏む。

私たちは、酵母やアメーバのような独立生活をする単細胞生物であれ、人間の体を構成している相互に作用し合う細胞であれ、その一生が遺伝子によって支配されているということをよく知っている。単細胞生物も、行動の徴候をはっきりと示す。人間では、どう反応し、どう行動するかの決定に関わっている細胞はすべて、神経系のなかにある。そして遺伝子と行動の問題が込み入ったものになるのは、まさに、ずっと複雑な細胞をもつこの神経系を相手にするときである。その大きな原因は、体の器官やシステムのなかでもとりわけ神経系の細胞の反応が、遺伝子だけでなく、外部環境の影響も受けるということにある。神経細胞は、まわりの世界に対して開かれた窓だ。私たちは、神経細胞に刻まれたさまざまなイメージを用いて、環境への反応を作り上げ、環境の経験と反応を記憶する。神経細胞は環境との接触によって変化し――どう変化するかは少しずつわかりかけているところだが――、環境のなかにまえと同じ情報が現われたときに、この変化が私たちの反応のしかたを変えるのだ。

行動を支配する遺伝子の役割は現在も、人間の生物学全体のなかでもっとも議論の多いトピックである。

二〇世紀のはじめ、行動の遺伝的基盤をあまりに重視しすぎて最初の愚かな行き過ぎを生み、その結果、鳥肌の立つ優生主義の恐怖がもたらされた。この行き過ぎに対する反動から、人間行動における遺伝子の役割は、その後数十年にわたって科学界においても社会全体においても、ほとんど完全に無視されてしまった。いま私たちは少しずつ、バランスのとれた見方ができるようになり始めている。もっとも単純な単細胞生物に始まって、もっとも複雑な哺乳類にいたるまで、生きとし生けるものの行動の生物学的基盤を詳しく研究すれば、行動を方向づける上で遺伝子がきわめて重要な役割を果たしているということが明らかになる。人間の遺伝研究、とりわけ一緒に育った双生児や別々に育った双生児の研究が示すところによれば、人間もこの例外ではない。私たちも日頃、ある一定の状況における人間の反応のしかたがさまざまに異なるのを経験する。こうした個人差は、かなりの部分、人間の遺伝子構成の違いに規定されているのだ。

遺伝子が人間の行動に役割を果たしているということに私たちが懸念を抱くのは、おそらくそこに自由意志と個人の責任の問題があるからである。すべての法律や倫理が仮定しているのは、人間はどんな行動も自由にとることができ、そして個人の責任は選択の自由がないなら意味をもたない、ということだ。しかし、もし、人間のすべての行動が誕生以前にすでに遺伝子に書き込まれていて予測可能だとしたならば、選択の自由や選択における個人の責任について、なにが言えるだろう？　これと正反対の考え方は、生まれてくるときに人間はなにも書かれていない紙のようなもので、そこにさまざまな経験を書き込んでゆくことによって思慮深いおとなになる、というものである。この考え方は、人間を遺伝子の集まりにすぎないと考えるのと同じく、人間の行動を予測可能なものに、そして選択や行為の自由を制約のあるものにしてしまう。

二千年紀の始まりにあたり、私たちは生物学と医学の歴史のなかでもっとも大胆な企てが終わるのを目前にしている。ヒトゲノム計画である。この計画が2003年に完了すれば、そのときにはヒト全体を作り上げ動かしている全遺伝子の完全なカタログが手に入る。これら多くの遺伝子がどんなことをするのかを解くにはさらに一〇年から二〇年かかりそうだが、それらの多くは、行動を決定する根本のところで関与していることは間違いない。ある行動がどの程度遺伝的に決定されているのかがわかれば、人間の性質が環境によってどの程度変わりうるかもより具体的に明らかになるだろう。そのこと自体、とても大きな価値がある。しかし、同時に私たちは、それらの遺伝子を変える技術も手にするようになる。この新たな情報を用いて、私たちはなにをするのだろうか？　どのようにして、これら新たな可能性を探ってゆけばよいのだろうか？　これらの情報を使って、人類をよくすることはできるのだろうか？　優生主義の波に呑み込まれてしまうだけで、それに弄ばれるのがオチだろうか？

これらは重要な問題だ。あまりに重要なので、科学者や政治家だけに任せておける問題ではない。みながこれらの問題に関わらざるをえない。私たちは、問題そのものを理解するだけでなく、それらがもたらす情報や技術を理解してはじめて、それらの問題に関わることができる。それが本書の目的である。本書では、まず単一細胞の生から始めて、もっとも基本的なレベルで行動を探ってみる。そして、このレベルで得られる知識にもとづいて、人間行動までの進化の道のりをたどってみよう。人間行動を分子や遺伝のメカニズムの点から分析してみて明らかになることは、人間の行動には新しいものはほとんどなく、大部分は数十億年まえにすでにあったということだ。そしてもっとも重要な点は、これらのことを理解するのに、なにも生物学の博士号など必要ないということである。いまやだれもが、現代のもっとも重要で注目せざるをえない問題のひとつ――人間行動の生物学的基盤――について知ることができるのだ。

目次

装幀――加藤光太郎＋大塚千佳子〔加藤デザイン事務所〕

1章 鏡よ、鏡

1939年8月、オハイオ州北東部のピクアという小さな町で、未婚の母親が、わずかに月足らずのふたごの男の子を出産した。この時代、アメリカはまだ不況から脱しきれずにいた。第二次世界大戦直前のアメリカは、どこも暮らしにくい状況だったが、オハイオも同じだった。この貧しい母親は外国から移住してきたばかりで、とても二人の赤子を育ててゆくだけの余裕はなかった。彼女は、子どもを養子にもらってくれる人がいないか、病院に相談をもちかけた。彼女と同じ状況だったら、ほとんどの人がそうせざるをえなかっただろう。二人の子どもは健康で、可愛らしかったので、すぐにもらい手が見つかり、数週間のうちに、それぞれ中流階級の労働者の家庭に引きとられていった。一方はピクアの家族で、もう一方は、同じオハイオ州西部のライマの家族であった。このふたごは、ありえないような偶然の糸で結ばれていた。まず最初の糸は、どちらの家族も、この子たちにジェイムズという名前をつけたことである。しかし、二人の「ジミー」(ジェイムズの愛称)は、生まれて数週間同じ病院にいただけで、その後互いの存在をほとんど知らずにすごし、四〇年近くたって再会することになる。このときはじめて、彼らは、自分たちが遺伝的にまったく同じ――ある意味で互いのクローン――だ、ということを知るのである。

その数年後、ミシガン州西部の小さな町で、もう一組のふたごが生まれた。このふたごの場合も母親は移民だったが、幸いなことに父親がいたし、さらに幸いなことに彼は職についていた。収入はそれほどよいわけではなかった――麻袋を縫って、その地方のジャガイモの栽培農家に届けるという仕事だった――が、それでもなんとか一家を養ってはいけた。このふたごの上には四人の子どもたちがいて、すでに家計は火の車だった。そんな一家にとっては、痛し痒しのようなところもあったが、二人は喜んで迎えられ、小さな家は、少しだけ窮屈になった。二人のジミーと違って、このふたごの少年は、同じ家で育ち、同じ兄弟姉妹、同じ隣人、同じペットに囲まれて、一八年ほどをすごした。そしてこのミシガンのふたごには、ふたごのジミーとはもうひとつ大きな違いがあった。彼らは二卵性だった。

これら二組のふたごは顔見知りでもなく、実際互いの存在も知らなかった。しかし、彼らの事例は、人間の行動発達の研究者にとって自然の貴重な実験となった。それは、実験室で人間を被験者にしては絶対にできない類いの実験である。これらの事例は、生まれてからの人間形成に、遺伝と環境が、あるいは「生まれと育ち」が、どのような役割を果たすかについて、重要な洞察を与えてくれる。トミーとバーニーの二卵性双生児は、遺伝的には同一ではなかったが、同じ環境で育った。これに対して、二人のジミーは遺伝的には同一だったが、異なる両親、異なる兄弟姉妹、異なる隣人、異なるペットに囲まれて育った。

一方のジミーが養母を通して、自分がふたごの片割れだということを知り、もう一方の行方を探しにかかった。やがて連絡先がわかり、二人は三九歳のときに再会を果たした。自分が子どものころはどんなだったかを互いに話し合ううちに、その生活にあまりにも多くの類似点があるのを知って、驚いてしまった。

多くはささいな類似だったが、確かにあまり起こりえないような一致もあった。たとえば、どちらもラリーという義兄弟がいて、トーイという名のイヌを飼っていた。二人とも、ビールはミラーライトを好み、タバコはセイラムを好んだ。どちらも最初はリンダという女性と結婚して離婚し、ベティという女性と再婚していた。一方は長男をジェイムズ・アランと名づけ、もう一方はジェイムズ・アレンと名づけていた。どちらも改造カーレースに凝っていて、野球が嫌いだった。

しかしやがて、彼らは、離れてすごした子ども時代に、また別の類似点――生物学的に見てきわめて興味深い類似点――があることに気づいた。家族に彼らの性格を記述してもらい、また性格検査を行なってみると、二人の性格は驚くほどよく一致していた。どちらも、一〇歳ごろに鼻風を引くと頭痛がするようになり、そのうち偏頭痛に悩まされるようになった。専門家による彼らの症状の所見も、ほとんど同じだった。学校では、二人とも数学の成績がよく、国語が苦手だった。全体的成績もよく似ていた。どちらも大工仕事が好きで、爪を噛む癖も共通していた。

一方、トミーとバーニーのふたごは、生まれてすぐから違っていた。トミーはおとなしい赤ん坊で、よく眠り、抱かれたり触られたりすると、愛想よく反応した。バーニーは逆だった。彼はいつも泣き騒いだ。家族が抱いたりあやしたりしても、おとなしくなることなどめったになかった。誕生から数週間しかたっていないのに、まわりの人々は、このふたごをまったく違ったふうに形容するようになっていた。トミーは、みなが口を揃えて、「天使のよう」だと言った。バーニーは「あつかいにくい」子だった。そのうち家族は、それぞれの子にかなり違う接し方をするようになった。よちよち歩きを始め、近所の子どもたちと接するようになると、この行動の違いはさらにはっきりしてきた。トミーは、家のなかにいて、オモチャで遊ぶのを好んだ。バーニーのほうは、ほかの子どもたちと遊ぶために、家から飛び出していった。彼はよくとっくみあいのケンカをし、痣や傷を作って帰ってきた。小学校に入っても、違いは相変わらずだった。トミーはどの先生からも誉められたが、バーニーは、授業の邪魔をするというので、家に帰されることがよくあった。

二人のジミーのほうは、青年期に入っても、互いに接触がなかったにもかかわらず、似た癖や性格をもつようになっていった。二人は、しぐさや言い方が似ていて、スラングの使い方も似通っていた。ほぼ同じ時期に、急に体重が五キロほど増えたこともあった。最初の再会を果たす直前の数年間、二人とも、さまざまなストレスに悩まされ、胸痛と高血圧が持病だった。どちらも不眠症で、神経質で、精神安定剤を服用していた。二人は事務職についていた。それぞれが、警察の仕事に魅力を感じ、ボランティアで自分の町の保安官のアシスタントを務めたこともあった。

トミーとバーニーは、互いにまったく異なる人生を歩んだ。トミーの学校での成績は中程度で、高校卒業後、その地方の専門学校に二年ほど通った。短期間兵役についた（ヴェトナムにいたことがある）あと、カトリックの神学校に入り、司祭になった。バーニーのほうは、高校を中退し、何度か罪を犯し、その後現在まで刑務所を出たり入ったりしている。バーニーは人づきあいが苦手なままで、結婚もしなかった。性格はこれほど違ったが、二人は緊密に連絡をとり合っていた。

この二卵性双生児の行動から、個人と環境との相互作用について、微妙だがきわめて重要なことが浮き彫りになる。環境は一方的に影響を与えると考えられがちだが、人間の場合には、実際には互いに影響を与え合うのだ。トミーとバーニーは、まったく同じ環境で育ったが、環境をそれぞれ違ったように操作した。これは必ずしも、それぞれが、意図的にあるいは意識して環境を操作していたということではない。彼らは、遺伝的にかなり異なる二人の人間であって、その違いの多くは、性格の違いに歴然と表われていた。まわりの人々も、それぞれの性格にもとづいて、トミーとバーニーに違ったように反応した。一方をけんかっぱやい人間にし、他方を温厚な人間にしたのは、環境ではなかった。しかし彼らの違いが、まわりの人間からことごとく異なる反応を引き出したのであり、その意味では、彼らはまったく同じ環境で育ったのではない。

本書では、あとの章になるにつれて「環境」について述べることが多くなる。行動に関わる遺伝子の役割は、環境も考えに入れないと語ることができないからである。ここでは、環境と言うときに、それがなにを意味するのかをもう少し考えておこう。ほとんどの動物の場合、環境とは、いわゆる物理的・生態学的環境、すなわちその個体が「行動する」際の自然な環境、生きるために資源をめぐって争い、配偶相手を見つけ、子孫を残す環境を意味している。これらの基本的行動は、人間の場合も動物と同じだが、人間では行動が二つのまったく異なる種類の環境で起こる。確かに、人間も生態学的環境のなかで行動し、食べ、暖をとり、食物や配偶相手を見つけなければならない。しかし動物と違うのは、文化的環境のなかでも行動するということだ。文化は、抽象的概念、社会的慣習、儀礼、創造的仕事、組織といったものからなるが、これらのほとんどは、言語によってはじめて可能になる。人間形成という点で言えば、文化的環境は、あらゆる面で、生態学的環境と同じぐらい強い影響をおよぼす。実際、人間の遺伝的進化には、いまや、文化が生態学的環境よりももっと重要な役割を果たしているとも言えるかもしれない。したがって、本書のあとのほうの章では、一般的な行動の決定における環境の役割だけでなく、とくに人間の行動の決定における文化的環境の独特な役割も、つねに考えに入れなければならない。確かに、遺伝的な自分と文化的な自分との相互作用は、複雑きわまりない。

ふたごの生物学

ふたごはいつの時代も人々を魅了してきた。ふたごは不思議だ。だから、ふたごが医学の研究対象となるずっと以前から神話に登場していたのも、なんら不思議ではない。ふたごは、ある文化では恐れられ、また別の文化では崇められている。ふたごは、実際の出生数が示すよりもはるかに多い。アメリカでは、出生児千人あたり、二卵性双生児がほんの四組であり、一卵性となるとたった一組の割合である。しかし、妊娠初期に超音波を用いて詳しく調べてみると、妊娠の八回に一回——おそらくはそれ以上——が複数の胚である。これらのほとんどは、妊娠後の最初の数週で失われ、通常の状態では、母親も医者も、その存在に気づくことはない。

なかでも興味深いのが一卵性双生児だが、これは、受精後まもなく、ひとつの受精卵が二つに分かれてできる。これは、発生のいくつかの段階で起こりえるが、あとのほうの段階で起こるほど、ふたごはよく似る。受精が起こると、卵は分割を始め、卵管を通って子宮へと移動し始める。精子と卵子が合体すると、接合子（zygote）になる。そのため、一卵性双生児は英語で monozygotic twins, つまりひとつの接合子から生じた双生児ともよばれる。接合子が分割を始めると、発生途中の細胞集団は胚とよばれる。この胚が人間とはっきりわかるようになって（受精後およそ五週間後）、胎児とよばれるようになる。

受精卵は何度も細胞分裂を繰り返し、胚のなかのほんの一部の細胞から体全体が形成されてゆく。これは驚くべきことだ。発生する胚では、どの細胞も未分化の状態で、個々の細胞すべてが完全な体を作り出すだけの能力を備えている。胚細胞の物理的分裂——「分離」とよばれることもある——は、妊娠の初期の過程のさまざまな段階で起こりうる。双生児ができるこのプロセスは、よくわかっていない。そもそも、このようなまとまりのある胚がなぜ分かれてしまうことがあるのか、また分かれたとしても、胚段階の細胞はくっつきやすいのに、なぜまた合わさることがないのか、ということもよくわからない。マウスの初期の胚細胞は、実験的に簡単に切り離すことができるが、細心の注意をはらわないと、切り離した部分がすぐくっついてしまうのだ。初期の胚の安定した分離は、そう起こりえるものではないので、多くの産科医は、それがある種の奇形（まったく無害だが）ではないかと考えている。

人間の胚がごく初期に（受精後三日か四日目までに）分離してしまうと、別々の胎盤をもつ一卵性双生児になる。約四日目以降に分離が起こると、胎盤を共有する一卵性双生児になる（一卵性双生児の約70％がそうだ）。別々の胎盤をもつ一卵性双生児の場合は、発生の段階で多少の違いが生じるという証拠がある。これがその後の発達にどのような影響をおよぼすかについては、長い間議論が続いている（多くはいまも未解決のままである）。ときには、分離が受胎後一〇日目ぐらいまでに起こることもある。この場合に、分離が部分的にしか完了しないと、シャム双生児として知られる状態になる。これら一卵性の三種類のふたご——胎盤が別々、胎盤を共有、シャム双生児——は、遺伝的に同一ではあるものの、発生のパターンが違うため、おとなになったときに微妙な違いをもたらすことは十分考えられる。

ごくまれだが、単一の受精卵から、遺伝的に同一の個体が三つ以上生じることがある。発生の過程で胚が三つ以上に分かれてしまうと、一卵性多生児となる。１９３４年にカナダで生まれたディオンヌ家の五つ子は、遺伝的に同一で、したがって一卵性だった。同様に、一卵性と二卵性が混じった多生児が生まれることもある。たとえば、一卵性双生児と二卵性双生児の四つ子というのも、ありえない話ではない。

ここで注意しておかなければならないのは、一卵性双生児を言うときの「遺伝的に同一」ということばの使い方である。一卵性双生児は、共通の遺伝的設計図から生命を始めるが、初期の接合子の段階から十分に成長したおとなまでの発生・発達のプロセスは、完全にコントロールされているわけではない。突然変異を引き起こす可能性のあるエラーは、それぞれの世代で、精子や卵子を生じさせる生殖細胞系列のなかで検出され、とり除かれる。しかし、このプロセスは、個体が発生・発達してゆく際に、体細胞（体のなかの生殖細胞以外の細胞）の増殖ではあまりよく機能しない。通常、体細胞に生じた突然変異が体中に広がることはない。というのは、その一生の間に、体細胞は何度か新しい体細胞を作り出すだけだからである。とりわけ、行動を司る脳のような組織はそうだ。けれども、一卵性双生児であっても、体細胞でのエラーが累積してゆくと、遺伝子による違いが生じることがある。

まったく同一の遺伝的設計図から二人の人間が発生してくる場合でも、その道筋は、まったく同じというわけではない。とりわけ、すべての行動の中枢である神経系の場合、脳や末梢神経の各部分の発生のしかたはある程度ランダムである。胚や胎児の時期に、新たに形成された神経細胞は、その周囲に向かって神経線維をどんどん伸ばしてゆくが、この伸ばし方がかなりランダムなのである。これらがほかの神経細胞や近接する筋細胞との間に連絡を形成するかどうかは、ある程度偶然に左右される。神経細胞は、連絡を作ることができなければ死んでゆき、いったん連絡を作ってしまうと、基本的には生きているかぎり、それを維持する。しかし、遺伝的に同一の双生児でさえ、少し違った神経細胞の連絡のパターンを発展させ、こうした違いも、彼らの間の差異の一因になる。一卵性双生児の脳の詳細な分析から明らかにされているのは、神経解剖学的には小さな違いがあり、この違いが重要かもしれない、ということだ。

一卵性双生児の場合とは違って、二つの別々の精子が二つの卵子を受精させると、二卵性のふたごができる。そのため、二卵性双生児は dizygotic twins, つまり二つの接合子から生じた双生児ともよばれる。二卵性双生児は、胎盤を共有しない。二つの胚は、同じときにひとつの子宮を共有するが、その遺伝的類似度は、同一の両親から生まれた兄弟姉妹どうしの場合と同じである。このことから、彼らは、ランダムに選んだ二人よりもはるかに似てはいるのだが（類似度は平均すると50％）、遺伝的に完全に同じ場合に比べれば、似方はそれほどではない。一卵性双生児は二人ともつねに同じ性であるが（例外もあるが、きわめてまれだ）、二卵性双生児の場合は、もう一方が同性か異性かはランダムで、半々の確率だ。

百年ほどまえまで、同性のふたごが一卵性か二卵性かは、おもに見かけで判断するしかなかった。よく似た二卵性双生児は、一卵性と間違われることもある。しかし、一卵性双生児の場合は、見かけが多少とも違っているということはまずない。男性と女性からなるふたごなら二卵性なので問題はないが、医者や両親が一卵性か二卵性かをはっきりさせたい場合、現在は、検査に血液型やＤＮＡマーカーが用いられる。

ふたごが教えてくれること——遺伝子と性格

人間の行動の遺伝子に関心を寄せる科学者の最大の関心事、それは個人差である。彼らにとっての問題は、人間の行動のもとに遺伝子があるかどうかではない。究極的には、遺伝子はあらゆる生きもののあらゆる側面を決めており、人間もこの点で例外ではない。問題は、行動に影響を与える遺伝子の違いが、行動の個人差にどの程度寄与するのか、そしてこの個人差が環境の違い、つまりその人の育った家庭環境、通った教会や学校の環境、それまで生きてきた社会の環境によってどの程度決まるのか、ということにある。

人間でこの問題を研究しようとすると、数々の制約がつきまとう。2章以降では、行動の個体差に遺伝子がどのような役割を果たすのかについて、もっとも単純な単細胞生物からショウジョウバエや線虫、そしてラットやマウスのような哺乳動物まで、さまざまな動物種で見てゆく。これらの知見は、人間では行なえないさまざまな実験から得られたものである。世代から世代へとどのように遺伝が起こるのかを明らかにするために、実験動物が選択的に交配される。実験動物の多くでは、一年で数十世代を作り出すことができる。人間では、一世代を作り出すだけでゆうに数十年がかかってしまう。もしある動物種で、ある遺伝子の特定の対立遺伝子が特定の行動の個体差を引き起こしている可能性を検討したいのなら、その対立遺伝子をその動物のなかに入れて、なにが起こるかを見ればよい。

こういうことは、人間ではできない。私たちにできるのは、人間が自然に、そして自らの自由意志で行なうことを、外側から観察することだけである。そのため、人間行動において遺伝子の役割を研究するもっとも古い（そして現在も使われている）方法のひとつは、家系内で行動の遺伝パターンを探るやり方である。伝統的には、この方法では、できるだけたくさんの家系で、できるだけ多くの世代にわたって、できるだけたくさんの人の行動を評定し、次にその評定結果を統計的検定にかけることによって、それらの形質が遺伝するかどうかを決定する。このアプローチは、人間の遺伝形質を発見するのにはきわめて重要な役割を果たしているが、そこで使われている行動評定の妥当性や、遺伝率を定義するのに使われている統計的方法については、問題点が指摘されている。後半の章では、現代の分子遺伝学が家系研究の力をいかに飛躍的に向上させたかを紹介するが、多くの疑問がまだ残されているのも事実である。

遺伝的に無関係な家族の養子として育った子どもや双生児の行動の研究も、行動遺伝の家系研究を補強している。性格のような行動の個人差を研究する上で、双生児研究の基本的方略は、まず、一緒や別々に育った一卵性や二卵性の双生児どうしを行動の個人差に注目して比較し、次にその両方を、同じ両親から生まれた兄弟姉妹や養子の兄弟姉妹どうしの個人差と比較する、というものだ。別々に育った一卵性双生児は、遺伝子と環境が行動の個人差にどの程度影響するかを見る上で、一種の統制条件になる。彼らは遺伝的にはまったく同一だが、異なった文化的環境のなかで育つからである。一方、一緒に育った二卵性双生児では、同一環境における異なる遺伝子構成の影響をテストできる。

こうした研究では、結果を統計的手法によって解釈する。結果からなにかを言うためには、個々の種類の行動について、多くのペアをテストしなければならない。こうした比較を大規模に行なってはじめて、研究対象の被験者がどの程度共通の遺伝的背景をもち、どの程度環境から共通の影響を受けているかにもとづいて、環境の影響と遺伝の影響とを分けることが可能になる。これについては、すぐあとで見ることにしよう。遺伝子と環境が個人差にどの程度寄与しているかを示すために、遺伝学者は次のような簡単な公式を用いる。

$$V=G+Es+En$$

この公式が表わしているのはたんに、二人の個人間の差異（V）は、彼らの遺伝子の差異（G）と環境の差異（E）を足したものだということである。環境（文化的・生態的環境）の差異はさらに、二人の共有する差異（s）と共有しない差異（n）とに分けられる。たとえば、同じ家庭で育った二人の子どもは、親や家族については一定の環境因子を共有しているが、家以外の環境では、たとえば学校での体験が違うとか、友人が違うとかいうように、共有しない因子がある。とくに、一卵性双生児の個人差を問題にする場合は、この公式にもうひとつ変数を加えて、まえに述べたような胚発生の微細な局面での違いを反映させることもできる。

ある特性について個人どうしの比較を問題にするときには、「尺度内相関」（あるいはたんに「相関」とよばれる）が用いられる。この意味で、相関は、厳密な統計的変数にもとづく、複雑な媒介変数である。ここでは、相関は、簡単に言うと、次のようなことを意味する。たくさんのペアでテストが行なわれ、そこで相関係数1・0が得られた場合、この値は、テストされたペアどうしの成績が、完全に一致するということを示す。相関係数0は、テストされたペアどうしの成績にはまったく関係がないということを示す。現実には、相関係数が1・0や0という値をとることはない。同じ人間でさえ、日を違えて同じテストを二度受けたとすると、ほとんどのテストでは、相関係数が0・9を超えることはめったにない。したがって、二人の人間の間で1・0という相関係数をとることはありえず、たくさんの数のペアの相関係数の平均が1・0になることもない。ランダムに選ばれた二人の人間では、多くのテストでたまたま相関係数が高い値をとることはあっても、たくさんのペアの値を平均すれば、0・05から0・10よりも高い値になることはめったにない。ランダムに選ばれた人々が、同時にいくつかの変数についてテストされた場合にはとりわけ、相関係数の平均値は統計的に有意になることはないが、同じ理由から、それが0の値をとることもない。

ミネソタ双生児研究

二人のジミーの話も、トミーとバーニーの話も、本当にあったできごとである。それらは、逸話などではない。どちらも、十分に調査され、裏づけられている何百という事例のひとつなのである。それぞれの事例の詳細はさまざまだが、これらの研究から、人間行動のどの側面が遺伝の影響を強く受け、どの側面が環境の影響を強く受けるかが、はっきりわかる。この二人のジミーは、その後「別々に育った双生児に関するミネソタ研究」とよばれるようになる研究に協力した、最初の一卵性双生児だった。この研究プロジェクトは、ミネアポリスのミネソタ大学のトーマス・ブチャードによって始められたもので、一緒や別々に育った一卵性双生児、そして一緒や別々に育った二卵性双生児を調べている。ブチャードは、人間のふたごの行動研究の世界的権威として、現在もこの研究プロジェクトを指揮している。

ミネソタ研究の目的は、人間の個性を形作る身体的、精神的、性格的特徴がどのように遺伝し、どのように発達するのかを徹底的に調べることである。それは、世界中でもっとも大規模で包括的な研究のひとつだが、同様の研究がいくつか、アメリカでも、ほかの国でも行なわれている。北欧諸国の双生児研究は、ミネソタ研究が始まるずっと以前から行なわれていたが、調査対象者の数が少なかった。ミネソタのデータは、一卵性と二卵性の双生児の記録が世界でも最大級（八千組以上）であり、さらに、生後の早い時期から離れ離れになり、長い期間別々に暮らしたふたごのデータも、世界でもっとも多い。別々に育った一卵性双生児の事例は一三〇組を越え、ほかのどの研究よりも多い。以下では、このミネソタ研究の結果におもに焦点を合わせて、比較が必要で有益なときにはほかの研究も紹介しよう。

ミネソタ研究では、別々に育った一卵性双生児をさまざまな方法で見つけている。二人のジミー——いまは、ジム・スプリンガーとジム・ルイスと実名でよばれるようになった——が1979年の2月にはじめて再会したときには、かなり評判になった。マスコミの報道は、研究者たちが別々に育ったふたごをもっと見つけたがっているということもほのめかしていたので、ほかの一卵性双生児や二卵性双生児の事例がいくつも見つかることになった。双生児は、自分たちから研究に協力したいと申し出る場合もあったし、医者やそのほかの医療や社会福祉の専門家の紹介を通してのこともあった。現在までにミネソタ研究で調べられた、別々に育った一卵性双生児の数は一三〇組を少し越え、一卵性の三つ子についても数組が調べられている。双生児は、男性の場合も女性の場合もある。現在もなお、新たな事例がつけ加えられている。しかし、これだけ多くの双生児が別々に育てられたのには、1930年代から40年代にかけての状況（主として経済状況）という特殊な背景がある。現在では状況が変わり、ふたごが離別することは、かつてほど多くなくなっている。

この研究に参加するふたごは、のべ約五〇時間にわたって、いくつもの検査を受け、遺伝的関係と医学的状態を判定される。これには、脳の活動パターンを調べる脳波測定なども含まれる。さらに、心理学的状態全般を判定するために、さまざまな心理検査が行なわれる。この目的で用いられる検査には、四種類の性格検査、三種類の職業適性検査、四種類の知能テストがある。別々に育ったふたごの場合には、家庭環境の類似性や差異を判定したり、さまざまの社会的、宗教的、哲学的問題に対する考え方を調べたりするために、これまで経験したできごとを幅広く聞くことも行なわれる。ふたごは、情報を交換することのないよう、つねに同時に、別々の部屋で検査され、面接を受ける。

この性格に関するミネソタ双生児研究は、人間の行動における遺伝子の役割を明らかにする上で、双生児研究の有用性を示す格好の例である。この研究は、1990年からいくつかの論文に発表されている。多くの心理学者の間では、性格には五つの「軸」があって（図1・1）、大部分の性格は、それらの軸のどこに位置するかによって定義できるという点で、見解が一致している。トミーとバーニーは、たとえば

	好感がもてる		短気
協調性	愉快	―――	攻撃的
	親切		無愛想
	きちんとした		軽率
良心性	責任感が強い	―――	衝動的
	頼りがいのある		信頼できない
	決断力のある		引っ込み思案
外向性	社交的	―――	内気
	活発		控えめ
	くよくよしない		くよくよする
神経症的傾向	安定している	―――	不安定
	自尊心が高い		自尊心が低い
	想像力に富む		心が狭い
開放性	好奇心が強い	―――	危険を好まない
	独創的		まねばかり

図1.1　人間の性格は，5つのそれぞれの次元（「軸」）上のどこに位置するかによって記述できる。

「協調性」の次元では反対の極に位置していた。この軸の両端に書かれている記述は、彼らの性格をほぼ正確に表現していた。これらの性格特性は、質問紙の回答結果や、その個人や家族に対する面接を組み合せて、評定される（これらはみな、経験豊かな心理学者の指導のもとに行なわれる）。

　一卵性双生児と二卵性双生児の多量のデータが、五つの主要な性格次元を構成する個々の要素ごとに分析されている。図1・2Aは、別々に育った一卵性双生児と二卵性双生児でのミネソタ多面人格検査（MMPI）の一〇の臨床尺度の結果を示している。どの性格特性でも、一卵性双生児は、二卵性双生児よりもよく似ていた。図1・2Bは、テストされた性格特性すべての相関係数を平均したものである。一緒に育った一卵性双生児の相関係数の平均は0・46で、別々に育った場合は0・45だった。このことから言えるのは、一卵性双生児は、同じ環境で育とうが、違う環境で育とうが、性格に関してはよく似ているということだ。別々に育った二卵性双生児は、相関係数の平均が0・26だった。これは、遺伝的には二卵性双生児が一卵性双生児のほぼ半分だけ似ているということに相当する。ランダムに選ばれた人どうしでは、性格検査の結果に有意な相関は見られなかった。

　性格に遺伝がどの程度寄与しているかを計算するには、一卵性双生児と二卵性双生児の研究で得られた相関係数が使われる。社会的相互作用に大きな影響をもつ心理的発達など、性格に通常関係するほとんどすべての心理的発達では、平均すると、個人差の約50%は遺伝的差異が関係している、ということがわかっている。ミネソタ研究の研究者たちは、多くの場合、この値が実際には70%近いのではないか、と考えている。というのは、使われている性格検査を同じ人に再度日を違えてやってもらうと、相関係数は0・8程度にしかならないからである。したがって、この0・8という相関係数を同一人物を表わすものとみなすなら、これらの検査においてすべてのふたごが示した相関係数は、額面よりも実際にはもっと高いことになる。

　まったく無関係な人どうしの性格の違いの50%が遺伝によるとするなら、つまりおそらくは遺伝子によるものとするなら、なにが残りの50%を説明するのだろうか？　環境だろうか？　そうかもしれない。しかし、思い出してほしいのは、環境の影響は、共有経験と非共有経験に分けることができるということである。性格の個人差を生み出す上で、このどちらがより重要なのだろうか？

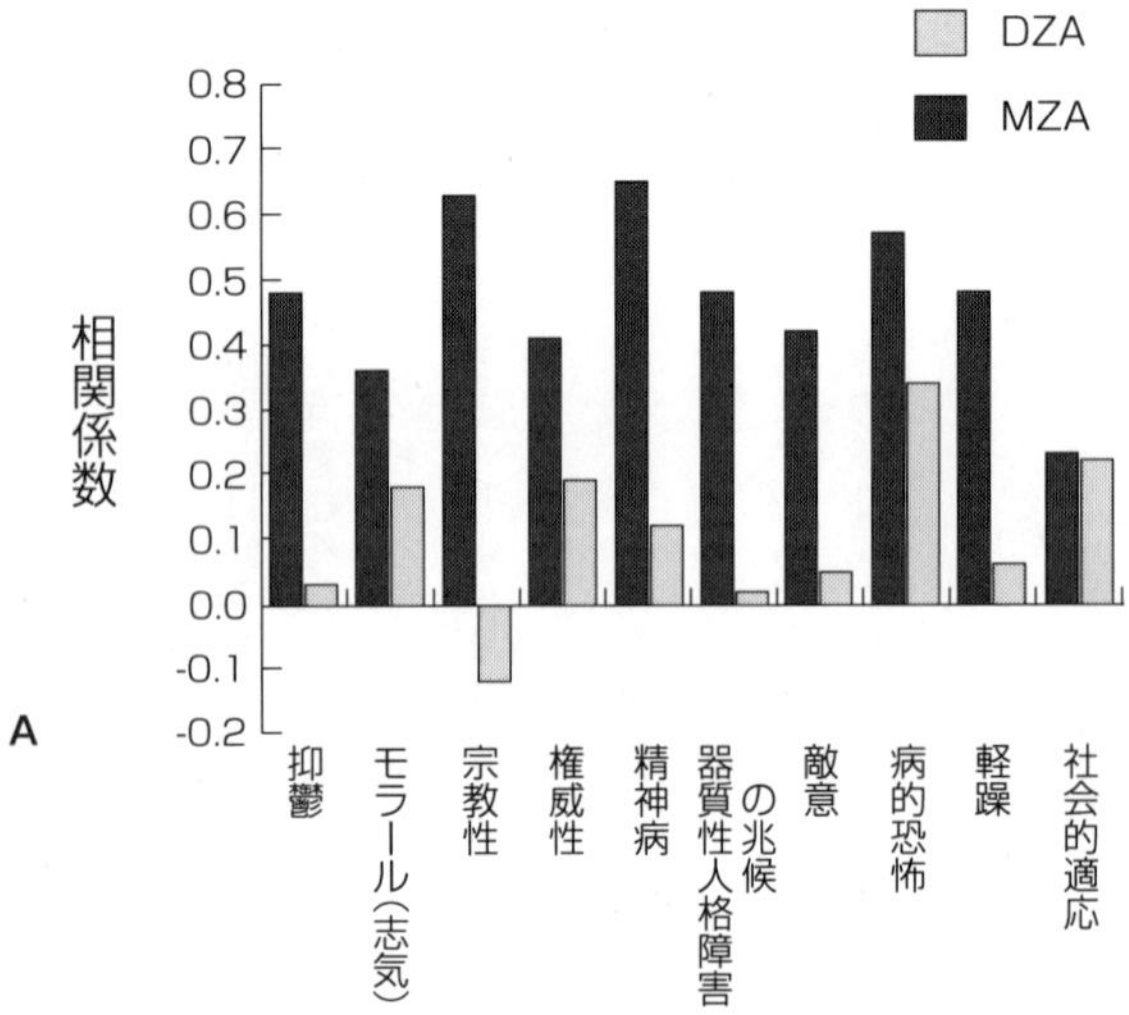

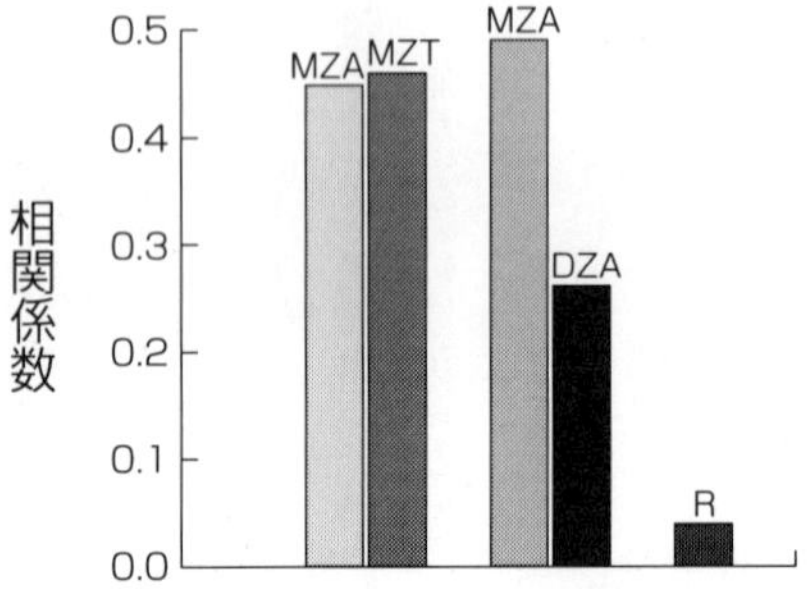

図 1. 2 (A) 別々に育った一卵性と二卵性双生児での個々の性格因子の相関。(B) 一緒や別々に育った一卵性と二卵性双生児での性格因子の相関係数の平均。MZA：別々に育った一卵性双生児。MZT：一緒に育った一卵性双生児。DZA：別々に育った二卵性双生児。R：ランダムに組み合わせられた者どうし。

別々に育った一卵性双生児の性格の違いの程度は、彼らが異なる環境で育ったということと関係していて、だから共有していない環境の因子がこの違いを説明すると、考えてみたくなる。もちろんそうなのだが、でもそれがすべてではない。まえにあげた二卵生双生児、トミーとバーニーのことを考えてみよう。彼らは、同じ生態的・文化的環境のなかで育ったが、互いにまったく異なるやり方で環境にはたらきかけ、たとえば同じ家族から異なる反応を引き出した。この二人が連れ立って、同じ日に同じ美術館に行ったとしよう。一方は、そこにある作品を熱心に見てまわり、もう一方は、つまらなくなって、なにも得ることなく帰るかもしれない。部屋中人であふれているパーティに出たとしよう。一方はパーティに溶けこみ、座を盛り上げ、もう一方は、部屋の隅でひっそりとしているかもしれない。遺伝的に異なった人たちは、同じ環境から違った友人たちを選び出す可能性が高い。仲間集団は、環境の影響のうちでも大きな要因だが、それは個人の選択によって環境から作り上げられるのだ。

同様に、一卵性双生児も、環境と相互作用し、環境を操作する。彼らは、異なる環境の選択肢のなかから、自分の生まれもった遺伝的性質ともっとも自然に合うもの――もっともふさわしく、もっとも大きな満足を与えるもの――を選択するだろう。読み書きが得意なふたごなら本を選ぶだろうし、攻撃的で体を動かすのが得意なふたごなら、スポーツを選ぶだろう。別々に育った一卵性双生児の環境にも、こういう選択肢が同じようにあるだろう。別々に育っても、臆病なふたごはそれぞれの環境で、たいてい「挑戦的な」体験を避けるように行動するだろうし、別々に育っても冒険好きのふたごなら、積極的にそういう体験をしようとするかもしれない。遺伝的に異なる人たちが同じ環境から違うものを選択し、それらを違ったふうにあつかうのと同じように、別々に育った一卵性双生児のほとんどは、それぞれの異なる環境から似たものを選択し、それらを同じようなやり方であつかう。

とは言っても、別々に育った一卵性双生児の研究から得られるもっとも妥当な結論は、二人の性格の違いは主として、共有しない環境の違いが共有する遺伝子構成と相互作用することによって生み出される、ということである。同じことは、双生児以外の人々にも言えるだろう。では、共有する環境の経験についてはどうだろうか？　それらは、同一の環境で育つ兄弟姉妹の間の類似性や差異にどの程度関わっているのだろうか？　驚くことに、双生児や実の兄弟姉妹と養家の兄弟姉妹に関する多くの研究が示しているのは、共有の家庭環境は子どもの性格形成にほんの小さな影響しかおよぼさない、ということである。いくつかの性格特性については、一〇歳以前であれば、共有の家庭環境の影響が小さいながら見られる。学習プロセスの一部として、そして周囲の人々とうまくやってゆくための方法として、親や年上の兄弟姉妹、そして近所の仲間をまねる傾向があるからである。しかしこの影響は、彼らが思春期をすぎ、家を離れると、ほとんど完全に消え去ってしまう。一緒に育った兄弟姉妹が似ているのは、大部分、家庭環境によるというよりは、共有している遺伝的性質によるものであるように見える。

子どもの性格形成において、親が自分の行動を通して、あるいは手本となることによって重要な役割を果たすという考え方は、私たちにとってもっとも大切な信念のひとつである。これは、どのようにして文化的価値が世代から世代へと受け継がれるかについての私たちの考えの基本だし、子どもがどのようなおとなになるかは親しだいという、私たちの信念の根幹をなしている。だが、実際には、文化の伝達と性格の発達とは、まったく別物である。データからはっきり言えるのは、子どもがより大きな外の世界との相互作用を始めるにしたがって、とりわけ十代のころには、彼らの遺伝的な性格の因子が前面に出てくる、ということだ。主として文化的な環境からなるより大きな社会は、選択の幅が広く、さまざまなストレスもあり、性格の発達の鍵を握る時期に、性格のある側面を試練にかけ、その側面を強め、一方、ほかの側面は未発達のままに押しとどめるのだと思われる。文化が子どもたちを変える場合の環境の重要な要素は、おもに、（ほとんどが共有されない環境である）近所の遊び仲間や学校での友人との相互作用なのだ。[注]

現在のところ、遺伝因子と非共有環境の因子は人間の性格の違いにほぼ等しく寄与していると考えるのが、もっとも自然だろう。二人の人間が遺伝的に似ていないほど、そして環境の経験が違うほど、性格も似ない。逆に、共有する遺伝因子は彼らの類似性の約半分を説明するが、共有する環境の因子は、類似性にほんの少し寄与する程度である。

環境の経験が累積的で、しかも共有しない環境の経験が性格を形成するおもな因子だとすると、歳をとるにつれて、遺伝子が性格に与える影響は少なくなってゆき、環境の影響のほうが大きく現われてくると予想される。たとえば、一卵性双生児は別々に生活している時間が長ければ長いほど、互いに似なくなってゆくと予想される。ところが、実際はそうではない。性格検査の類似や一致の程度は、八〇歳や九〇歳になっても、ほとんど変化しない。一卵性双生児は、一緒に育った場合でも別々に育った場合でも、歳をとるほどよく似るようになるという検査結果さえある。よく言われることだが、人は歳をとるにつれて

注　この考え方と、そのもとにあるデータについては、ジュディス・リッチ・ハリスの『子育ての大誤解』（New York : Free Press, 1998. 早川書房、２０００）にみごとにまとめられている。

「自分流に執着する」ようになる。この自分「流」は、環境によって変えられるにしても、もともと遺伝的に受け継いでいるものによって、かなりの程度決定されているのかもしれない。

遺伝子と行動

農民も家畜の飼育家も、何千年もまえから選択的な交配を重ねて、動物のさまざまな性質を改良することができ、したがってそういう性質を遺伝的にコントロールできるということを知っていた(このことがはっきりわかるようになったのは数百年ほどまえのことである)。とりわけイヌのような動物では、行動の形質——たとえば攻撃性やおとなしさ、忠実さや勇敢さ、そして家畜の群れを統率したり、狩りの獲物をもってくる能力さえ——、選択的交配によって強めることができる。これらの行動や性格の形質は、交配をコントロールし続けるかぎり、世代から世代へと忠実に受け継がれてゆくから、そのコントロールが遺伝によっていることは間違いない。

図1・2の結果などが示しているように、人間の性格の形成にも遺伝子が重要な役割を果たしている。一方、人間の性格はその行動とどのように関係するのだろうか？　これが、私たちの問題とするところである。遺伝子は、性格の形成に実際のところどの程度関与するのだろうか？　おそらくもっとも重要な問題かもしれないが、人間行動の根本にはどのような生物学的意味があるのだろうか？　そしてなぜ人間の行動は、個人差がこれほど大きいのだろうか？

　本書で見てゆくように、人間や動物のすべての行動は、基本的に三つの要素からなる。ひとつめは、環境内の刺激の知覚で、注意を引く特定の刺激を感じとることである。二つめは、その知覚を過去の経験、つまり記憶と統合することである。三つめは、その刺激に反応することである。これは行動の必要最小限の定義だが、この定義は、同じ動物種内の行動の個体差を検討するときに役立つ。この枠組みのなかで、知覚を支配している遺伝子や、その情報を脳に送るのに関係している遺伝子の差異が、結局は、環境内の刺激――捕食者のような具体物のことも、メロディのような抽象物のこともある――への反応のしかたに影響を与える。同様に、生じた信号の処理のしかた――脳の細胞が互いに、そして体のなかの細胞とどのように情報を伝え合うか――に影響を与える遺伝子も、行動に影響を与える。最終的には、特定の刺激に反応を向ける脳の能力に影響を与える遺伝的差異も、個体間の行動に違いを生じさせる。注意してほしいのは、行動の遺伝的調節や個体差を生み出すものとして神経系、つまり脳とそれに付随する器官について話すときには、これら三つのレベルすべてが含まれるということだ。外的状態が同じでも、人が違えば、それに反応するしかたも違う。これは、これらのプロセスのそれぞれを調節する遺伝子にはもともと人によって違いがあるという点から説明できるかもしれない。

　双生児研究は、個人間の遺伝子の違いが、性格のような行動の個人差に大きく関与していることを教えてくれるが、これらの遺伝子の性質についてはなにも教えてくれない。2章以降では、人間やほかの動物で、行動のさまざまな要素に関わっている遺伝子がわかっている遺伝子について見てゆこう。遺伝学は伝統的に、突然変異による生物の変化を観察することによって、個々の遺伝子を特定するという方法をとってきた。人間の遺伝学の初期には、行動などの違いを説明する単一遺伝子の違いを探すというやり方が一般的だった。しかし、この五〇年間に行なわれてきた研究から明らかになったのは、人間のどんな行動であれ、単一遺伝子だけが関係していることはほとんどない、ということである。図1・1にあげたような、性格の個々の要素でさえ、単一遺伝子によって説明するにはあまりに複雑すぎる。行動に関してわかっていることから言えるのは、多くの遺伝子が、さまざまな時と場所で、そして私たちの気づきもしないやり方で、相互に、そして環境と作用し合うのであって、行動をもっともよく説明するのはこの相互作用だ、ということである。

一方、有害な単一遺伝子が、性格や行動を「壊して」しまうこともある。たとえば、慢性の痛みを引き起こす単一遺伝子の欠陥が、行動にも大きな変化を引き起こすことがある。ハンチントン病は単一遺伝子によって引き起こされるが、この病気になると、まず人格障害が始まる。遺伝する確率の高い早発性のアルツハイマー病は、突然変異による単一遺伝子の機能欠損によって生じるが、これも人格障害をともなう。しかし、単一遺伝子の欠陥が特定の性格特性を壊すという事実からは、その遺伝子がその性格特性に関与しているということまでは言えるが、その遺伝子がそれに関与する唯一の遺伝子だということは言えない。

本書では、人間の行動の別の側面を問題にするときも、何度となく双生児研究に触れることになるだろう。というのは、これらの研究は、人間の行動のすべての側面にわたって、環境と遺伝が果たす役割についてもっとも明確な見方を提供してくれるからだ。生物学においては、人間中心的なものの見方にはつねに危険がつきまとう。しかし、環境の信号を統合する人間の神経系、つまり脳がほかの動物より複雑だとすれば、人間の行動も、ほかの動物の行動よりも複雑だとは言えるかもしれない。複雑なシステムは、より単純なシステムがどのようにはたらくのかを理解することから始めると、容易に理解できることがある。

これが本書のとるアプローチである。では、もっとも単純な行動はどんな生物に見つかるのだろうか？　もっとも単純なシステムでは行動はどのように定義できるのだろうか？　これらは、重要な問題である。なぜなら、最初どのように行動が出現し、もっとも原始的な行動はどのようなものかというところから、行動の進化がより明確にわかれば、人間自身の行動もよりよく理解できるようになるからである。次の章では、行動の進化をたどる旅に出立しよう。

2章 行動の起源

行動について考えるなら、当然ながら、人間がどのようにまわりの人間やものやできごとに反応するかが問題となる。人間の行動は、知的、感情的、社会的要素を含んでいて、途方もなく複雑である。言語や抽象的思考などの人間行動のいくつかの要素は、人間だけに特有か、あるいは少なくともヒトという種で比類なく発達している。

しかし、行動には、人間も含めてほとんどすべての動物に共通する多くの要素がある。私たちのまわりにあるすべての情報——環境の情報——は、五感を通して受けとられ、脳を中心とする神経系で処理され、それらの情報に対して、物理的反応や心理的反応がなされる。これと同じような反応行動は、ほかの動物にもある。たとえばペットにも、テレビのネイチャー番組に登場するどんな野生動物にもある。もし動物がつねに身近にいて、彼らに注意を向けているなら、そのなかに人間のことばで言い表せる特性——たとえば性格、知性、臆病さ、ずる賢さ——を見てとれるようになる。

行動の研究は、それ自体でひとつの科学をなしているが、生物学のなかで行動をあつかう分野は動物行動学とよばれる。動物行動学者に行動とはどんなものかを聞けば、百人百様の答えが返ってくるだろう。動物が生きるという点からは、行動はどのように定義されるのだろう？　いずれにしても、だれもが賛成する標準的定義などないかもしれないのだが、ここでは、動物行動学者から異議の声があがるのを覚悟の上で、次のように定義しよう。広く言うと、行動とは、動物が生存し繁殖するためにすることすべてである。その大部分は、捕食者を避け、不慮の事故や飢餓などによる死を避け、配偶相手を見つけ、死ぬまえにできるだけ多くの子孫を残すことである。この定義は、たとえば『エンサイクロペディア・ブリタニカ』の人間行動の定義——人間の認知的、感情的、社会的能力の総和と定義している——などに比べると簡潔にすぎるが、実際には、人間行動の最終目的は、この定義とそう大きく違うわけではない。私たちはとても複雑なやり方でふるまうが、生物学的に見れば、その目的は、子孫をできるだけ多く成功裡に残すことだからだ。

動物行動学者は、実験動物や家畜、それにテレビによく登場する大型肉食獣などの行動も研究するが、さらに、食物連鎖のピラミッドのずっと下のほうにいる昆虫やミミズのような生きものの行動も研究する。そのなかでもっともよく研究されている生物のひとつが、ショウジョウバエである。このハエは、求愛や交尾などの行動からたんなる探餌行動まで、驚くほど複雑な行動パターンを見せる。ショウジョウバエは、繁殖速度が速くて生物学的に比較的単純なので、行動のもとにある遺伝パターンをより簡単に見つけ出せるという利点がある。ショウジョウバエの行動については、7章で詳しく紹介する。

ショウジョウバエのような生きものに明確な行動パターンが見られることから、次のような興味深い疑問が生まれる。「行動」の証拠は、進化の樹を下まで降りていったとして、どの動物まで見つけることができるだろうか？　そして、もし行動の証拠が見つかったとして、それらの生きものの行動は人間の行動とどう関係するのだろうか？　人間の場合、行動は、脳や高度に組織された神経系と関係づけられる。確かに、動物行動学者も、ほとんどすべての動物行動を、神経系による環境の知覚と反応に関係づけている。しかし、進化の歴史のなかに生命の形態をたどると、結局のところは、やっと神経系とみなせる程度の組織しかもたない生物に行き着く。ごく初期の多細胞生物にはひとつの感覚細胞があるきりで、その細胞は、途中で信号が中継されることなく、あらゆる反応を司る細胞に直結していただろう。あるいは、海綿《カイメン》のように、これといった神経細胞はなかったかもしれない。このような神経系を欠く動物にも、行動が定義できるのだろうか？

この疑問に正面から答えるために、進化の時間をずっとさかのぼってみることにしよう。現在地球上に生きているすべての動物は（植物も）、「原生生物」と総称される生命形態の子孫である（図2・1）。原生生物はみな、単細胞生物である。原生生物は、進化のなかで二番目に出現した主要な生命形態であり、最初の生命形態はモネラであった。モネラも単細胞生物だが、原生生物よりもずっと小さく、内部構造もはるかに単純であった。現存種で言うと、モネラの代表はバクテリアである。しかし、私たちの祖先として、単細胞生物のなかでは原生生物がもっとも近い関係にあるので、ここでは原生生物に焦点を絞ろう。

私たち人間の体は、単一細胞の集まりである。もう少し正確に言うなら、五〇兆から一〇〇兆個の細胞の集まりである。原生生物から出現したすべての動物は、多細胞である。原生生物のような独立生活をする細胞であれ、人間のような多細胞生物の構成要素としての細胞であれ、個々の細胞は、ある意味で生命の「原子」であり、「生きている」と言えるもっとも単純なものである。「生きている」という表現が基本

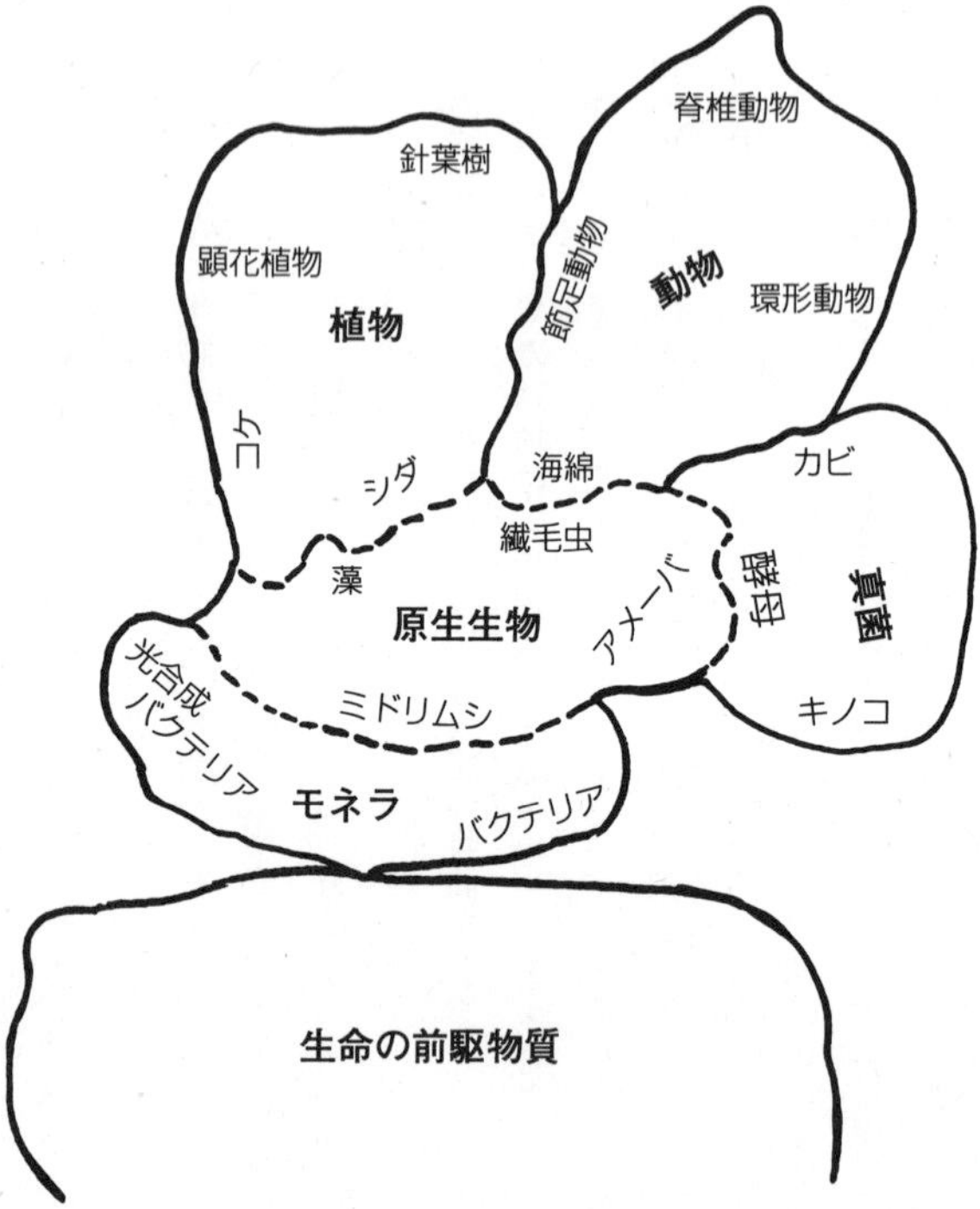

図 2. 1 生物進化の「樹」。

的に意味しているのは、環境からエネルギーを抽出し、そのエネルギーを使って、DNAの指令のもと、それ自身のコピーを自力で作ることである。この定義にしたがえば、たとえばウイルス（細胞よりもはるかに小さい）は生きていないことになる。単細胞の原生生物とモネラが特別な存在なのは、生命体がこの細胞で、細胞自身がひとつの生命体だという点だ。原生生物はみな単細胞だから、生まれてから死ぬまで、神経系の関与という問題はない。では、原生生物のなかに行動

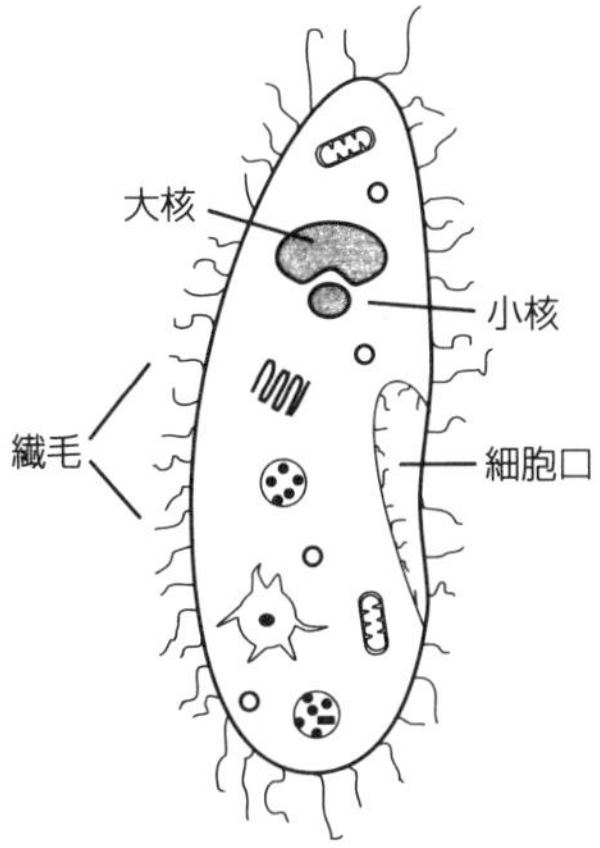

図2.2　ゾウリムシ。

とよべるようなものが見出せるだろうか？

見出せるのだ。原生生物の一種、ゾウリムシを例にとろう（図2・2）。ゾウリムシがどのように生活を営んでいるのか、そしてどのような行動をとるのかを見ることにしよう。ゾウリムシは、淡水の湖沼に生息する。こういう湖沼には、腐敗しかけている動植物の組織を食べるバクテリアがいるが、ゾウリムシはこのバクテリアを食べる。ゾウリムシは、「繊毛《せんもう》」とよばれる数千の小さな毛でおおわれている。この繊毛は、水中を動き回るのに使われる。私たちの鼻や喉、そのほかの体内の表面に並んでいる繊毛も、これらの繊毛と同じものだ。その構造は、ゾウリムシのような原生生物におよそ十億年まえに最初に現われたとき以来、ほとんど変化していない。

原生生物は、祖先のモネラよりもずっと大きく、単細胞生物としてはきわめて複雑だ。進化の長い時間を通して、原生生物は、その後に現われるはるかに複雑な生物のデザインの特徴を先取りする形で、驚くほど広範囲に構造の特殊化をなしとげた。ゾウリムシは、細胞口とよばれる、一見してすぐわかる器官をもっている。この部分は、細胞表面が高度に特殊化されたもので、水（うまくするとバクテリアが入っている）を呑み込んで、細胞内にとり入れる役目を果たす。水のなかに溶けている塩分やガスのような単純な物質は、細胞膜全体を通して交換される。動物学では、細胞口があるほうをゾウリムシの腹部と定義している。一方、ゾウリムシの背部のほうには細胞肛門があり、こちらは、未消化の食べ物を放出するはたらきをする。

体が大きいことは、なにかと有利である。捕食者に襲われないし、それ以上に重要なのは、この地球上に生命が誕生してまもないころにあっては、環境内の食物が減少したり枯渇したりしたときのために、細胞内に栄養を蓄えておくことができたからだ。ゾウリムシは、顕微鏡を使ってやっと見える程度の大きさだが、それでもふつうのバクテリアのゆうに一〇〇万倍もの大きさがあり、栄養を貯め込んでおける。しかし、大きいということが問題や限界をもたないわけではない。ひとつには、日常的に細胞を機能させるだけのタンパク質を作り出さねばならないからだ。タンパク質は、遺伝子の形式でDNAのなかにしまわれている情報をもとに合成される。この情報をコピーする速さには限界があり、その結果一分間あるいは一時間あたりに合成可能なタンパク質の量にも、限界が出てくる。細胞は巨大になれるが、そのなかにあるDNAの量は決まっている。やがては、細胞が新たなタンパク質を必要としても、たんにDNAが十分にないために、その需要に応えきれないということが起こる。

ゾウリムシは、こういう大きな細胞を機能させるだけの量のDNAの需要をまかなうために、二つの異なる種類の核をもつようになった。大核と小核である。大核には、特定のタンパク質の合成を指令するのに使われるＤＮＡが入っている。これらのタンパク質は、食べ、呼吸し、動き回るなどの日常的な活動をするために細胞にとって必要なものである。大核のなかにある染色体は、重要な遺伝子のコピーをいくつも作り出すために、何百回も複製される。必要とされるタンパク質の合成のために個々の遺伝子が読みとられる速度の限界の問題は、こうして解決されている。

ゾウリムシには小核もある。この小核のなかには、転写活性のない染色体の二倍体が一セット入っている。ゾウリムシの一生のうち大半では、この小核の染色体が読まれたり、使われたりすることはない。しかしゾウリムシは、繁殖方略のひとつとして、有性生殖もする。個体が有性生殖する準備のあるほかの個体を見つけたときに、この小核が活動を始めるのだ。これについては、もう少しあとで紹介しよう。

この単純な単細胞生物には、ある特殊化が見られるが、それはやがてすべての高等な生命形態に特有の特徴になる。ＤＮＡが分かれて、機能が異なる二つの集合になるのだ。ゾウリムシの有性生殖に使われる小核のＤＮＡは、多細胞生物の生殖細胞（人間だと精子や卵子）のなかにあるＤＮＡと機能的に等しい。大核のＤＮＡは、外側の世界との相互作用を指令する（間接的には小核のＤＮＡに役立つこともする）のに使われるが、これは、実質的には、私たちの体のほかのすべての細胞――体細胞――のなかにあるＤＮＡに相当する。

ゾウリムシのような生きものも、行動とよべるようなことを行なうのだろうか？　この疑問を最初にとりあげたのは、二〇世紀初頭、ハーバート・スペンサー・ジェニングスという傑出した科学者だった。ジェニングスは、町医者だった父親によって自然科学への関心をよび覚まされ、ボルチモアのジョンズ・ホプキンス大学の高名な研究者としてその生涯を送った。科学者としての教育を受けている時期に、メンデルの遺伝の法則が再発見され、誕生しつつあった遺伝学の分野が彼に大きな影響を与えた。ジェニングスは、ゾウリムシなどの単細胞生物の遺伝パターンの研究にとりかかった。まもなく彼は、こうした生きものが行動とみなせる特性を示すかという問題に興味をもった。それ以前にも、なかでもダーウィンが、一般的な行動が遺伝するのかどうかという問題をとりあげていた。この疑問を人間で科学的にあつかった最初の科学者は、ダーウィンのいとこのフランシス・ゴールトンであった。ジェニングスは、この問題にアプローチするのに、できるだけ小さな生きものを用いたほうがよいと考えていたから、ゾウリムシの行動を分析することに大いに満足していた[注]。

ジェニングスが見出したのは、ゾウリムシは、湖沼に浮かぶたんなる小さな原形質の袋ではない、ということだった。ゾウリムシはきわめて活動的で、私たちが手足を使って水中を泳ぐように、繊毛を使ってよく動き回る。この動きは、行きあたりばったりではない。動きのおもな目的は食物を見つけることだが、危険を避けるのにも使われる。ゾウリムシは、人間のように、極端な温度に反応し、快適なところにたどり着くまで泳ぎ続ける。また触覚も敏感で、ほかの動物と同様、突かれると逃げる。彼らは、重力のあるところでは体を一定方向に保ち、音にも反応する。これは、たとえば脊椎動物では内耳の構造がもつ特性である。ゾウリムシには重力に対する定位能力もあり、これによって、酸素が豊富にある湖沼の水面近くにいることができる。原生生物の多くは、高等動物が重力に対して姿勢を保つメカニズムに似たメカニズムを用いている。高等動物が用いているメカニズムは、ひとつの小さくて重い組織が重力の影響で沈み、地上に近い側の細胞に触れるというものである。ゾウリムシが用いているのがこれとまったく同じメカニズムなのかどうかは、わかっていない。ゾウリムシはまた、遠心力に対しても体を一定方向に保つが、これもおそらく同じメカニズムだ。

ゾウリムシは、これとはまた別のメカニズムを用いて、流れる水のなかで頭を上流の方向に向ける。このメカニズムは詳しくはわかっていないが、繊毛による触覚が関係しているようだ。さらに、電場でも定位を示す。弱い電流があるときには全個体が一列になって、マイナス極に向かって泳ぐ。しかし電流が一定値より強くなると、今度は向きを変えて、プラス極に向かって泳ぎ出す。視覚に関係する光受容体はないが、紫外線を感じる感光色素がある。紫外線はＤＮＡに大きなダメージを与えるが、ゾウリムシのような防護膜をもたない生きものはとりわけ、紫外線のダメージを受けやすい。周囲の化学物質にもきわめて敏感で、これは私たちの嗅覚や味覚に近い。ジェニングスは早くから、ゾウリムシが全体として、単純ではあるが、私たち人間が反応するのと同じように環境に反応すると主張した。

ゾウリムシは、かなりの種類の有毒刺激に対して回避行動を示す。その反応は、それよりもはるかに複雑な生物の回避行動と質的に遜色ない。化学物質と温度の両方の受容体は、おそらく繊毛に沿って並んでいる。ゾウリムシは、熱すぎたり冷たすぎる水に遭遇すると、あるいは未知の化学物質が溶けた水に出会うと、繊毛の動きを逆にして体の向きを変え、別の方向に泳ぎ出す。彼らは、安全な水に行き着くまで、この動作を繰り返す。まわりの環境が良好なときには固形物に付着して、しばらくの間休息し、繊毛を動

注　ゴールトンの研究の多くは、優生学を誕生させる礎を築いたが、その後この優生学（優生主義）は、科学のとんでもない誤用をもたらした。興味深いことに、アメリカにおいては、ゴールトンの後継者たちによる遺伝学の知識の誤用を指摘し、非難したのはジェニングスだった。この問題については、12章と付章1でもっと詳しく論じる。

かすのに必要なエネルギーを節約する。しかし、細胞口のまわりの繊毛はたえず動いていて、つねに水と食物を細胞内にとり込んでいる。このように、ゾウリムシは、移動と摂食とで繊毛の使い方が異なる。

ゾウリムシのような原生生物は、有性生殖をするもっとも古い生命形態のひとつである。一生の大半は、その祖先のバクテリアと同じく、分裂によって無性的に増殖する。ひとつの細胞が自分のDNAを複製して半分ずつに分かれ、DNAのコピーと細胞質をそれぞれの娘細胞に渡す。娘細胞は、母細胞の完全なクローンであり、クローンの個体はみな、実質的に、遺伝的に同一のふたごと言える。しかしゾウリムシは、その祖先のバクテリアとは違って、食物が十分にあっても、このプロセスを無限に繰り返すことはできない。百回かそこら分裂したあとで、クローンの子孫は、老化の兆候を見せ始める。ゾウリムシは、形が変わり、動きがゆっくりになり、細胞の複製にかかる時間が長くなり始める。最終的には、分裂をまったくやめ、そして死ぬ——ただし、有性生殖をしなければ。

ゾウリムシがする有性生殖のプロセスは、「接合」とよばれている（図2・3）。まず、自分に合うタイプの接合相手を探す。ゾウリムシどうしは、細胞口へ食物をとり込むのと同じ繊毛の動きを用いて、細胞口のところで互いにくっつく。この「接合まえのキス」によって、互いの配偶タイプを知る。もし両者が異なる配偶タイプで、しかも全体的な条件が整っていれば、互いにくっついた腹部の部分の繊毛がなくなり始め、「接着部位」ができあがる。もし配偶タイプが同じであれば、のたうつようにして離れ、別々の方向へと進んでゆく。

二匹のゾウリムシが生殖にとりかかると、接着部位がぴったりつながる。二匹はこの部位を通してDNA、つまり遺伝子を交換し、受けとった小核を自分の半数体の小核と合体させ、二倍体の——遺伝的にま

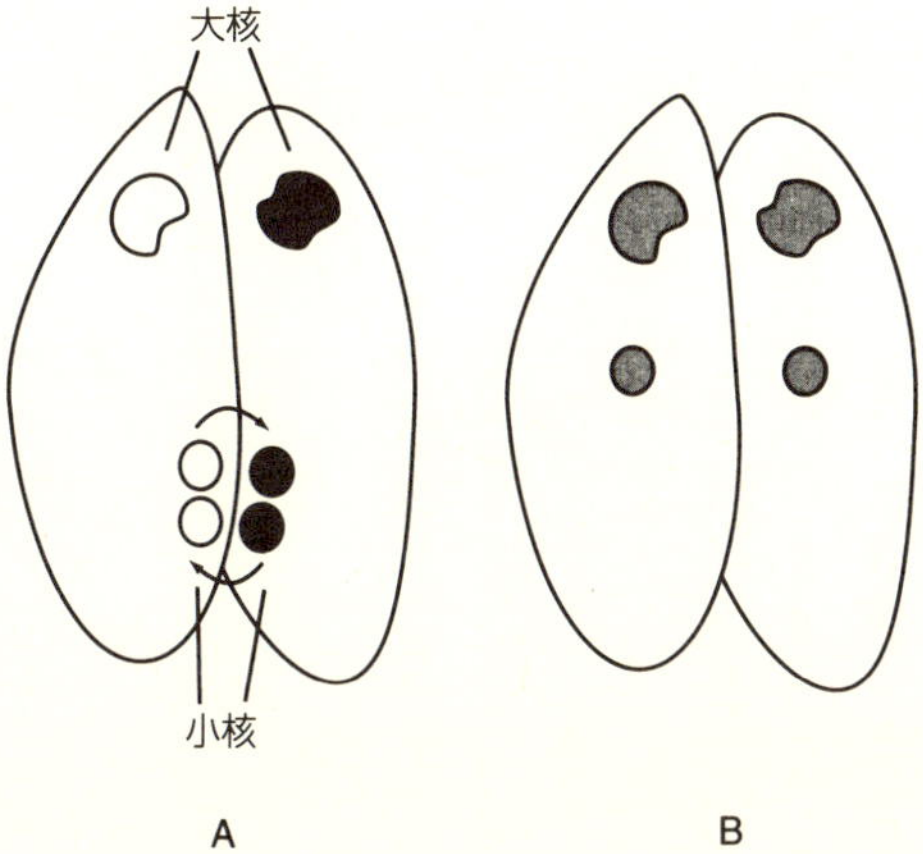

図2. 3　ゾウリムシの接合。(A) 遺伝的に異なるゾウリムシどうし（黒い核と白い核で示してある）が，小核を交換する。(B) 接合後の２匹のゾウリムシは，互いに遺伝的に同一で，親にあたるゾウリムシとは遺伝的に異なった個体になる（灰色の核で示してある)。

ったく新しい――小核を作り上げる。そして二匹は離れ、その後それぞれは単純な分裂によって増殖を開始する。しかし、この接合によってできたそれぞれのゾウリムシは、そしてその後の分裂によってできる彼らのクローンの子孫も、もとの二匹のゾウリムシとは遺伝的に異なっている。そしてそれぞれはその増殖のクロックをゼロに「リセット」し、また無性的な分裂によって娘細胞を作り始め、老化の徴候が出るまで百回かそこら細胞分裂を繰り返すのだ。[注]

このように、一世紀もまえにジェニングスが推測したように、ゾウリムシはたんに湖沼に浮かぶ小さな原形質の袋などではない。彼らは、自分の環境にみごとに適応しており、全体として見れば、私たち人間と同じように環境を感じることができるのだ。この章の冒頭で述べた行動の定義を受け入れるなら、明らかにゾウリムシは行動している。彼らは食べ物の見つけ方を知っているし、食べ物の好みもある。危険に敏感だし、危険を避けるための回避行動もとれる。配偶相手を見つけ、その相手が自分に合うタイプかどうかわかるし、生殖のしかたも知っている。これらすべてのことを、ゾウリムシは、脳や神経系なしでやってのけるのだ。

遺伝子と突然変異

ゾウリムシの行動の遺伝的基盤について考えるまえに、遺伝子と突然変異とはどういうものかを少しだけ見ておくことにしよう。分子レベルでの最初の生物学的原理のひとつは、生命のすべての分子、なかでもDNAが、すべての生きもので基本的に同じだということである。したがって、ゾウリムシの遺伝子と突然変異からわかることは、人間を含む高次の生命形態すべてに、そっくりそのままあてはまる。

遺伝子というのは、細胞内の個々のタンパク質の合成を指令するDNAが並んだものである。人間は、およそ三万五千の遺伝子をもち、これらが、各細胞の核のなかの二三対の染色体上に並んでいる。ある動物がもっているこれらの遺伝子すべての完全な集合を、その動物の「ゲノム」とよぶ。同じ種なら、同じ遺伝子の集合がどの個体にもあり、みなが同じゲノムをもつ。しかし、共通にもっているゲノムのうち一部の遺伝子は、同じ種の動物のなかに数種類の異なる形で存在することがある。すべての個体が眼の色に関して遺伝子をひとつだけもつ場合、同一の動物種内で、その遺伝子が数種類あることがある――たとえば青い眼と茶色の眼というように。眼の色の遺伝子のこうした違いは、遺伝子の突然変異によって生じ、その動物種にとってなんらかの理由で有益であった――あるいは少なくとも害にはならなかった――ため、維持されてきたものである。同じ原理が、ほかの多くの遺伝子にもあてはまる。ある生物集団内の同じ遺伝子で、ほんの少しだけ形が違うものは、対立遺伝子とよばれる（表2・1）。すべての遺伝子に対立遺伝子があるわけではなく、多くの遺伝子は、その動物種内の個体間ではまったく同一である。しかし、遺伝子の半数かそれ以上は、複数の形で存在する。つまり、同じ動物種であれば、どの個体も共通のゲノムをもっているが、そのゲノムを構成する個々の遺伝子の一部の形は、個体ごとに少しずつ異なっている。個体のゲノムのなかにある遺伝子や対立遺伝子の特定の組合せが、その個体の遺伝子型である。

遺伝子型は、重要な概念である。個体のすべての生物学的特性は、究極的には、その個体のもつ遺伝子型の影響を大きく受けるからである。ある遺伝子型のなかの特定の遺伝子やその組合せの発現によって生じる観察可能な特性が、その個体の表現型の全体を作り上げる。いくつかの表現型の特性は、遺伝子型によって――単一の遺伝子のみによって、あるいはほかの遺伝子と一緒になって――直接決定される。しかし、ほかの表現型（行動はその最たるものだ）は、究極的には、遺伝子と環境の相互作用の結果として生

注　ゾウリムシは、進化の観点から見てもたいへん興味深い。ゾウリムシは、繁殖に性をとり入れた最初の生きものというだけでなく、老化と必然的な死を示す最初の生きものでもあるからだ。このテーマは、W・R・クラーク『死はなぜ進化したか――人の死と生命科学』（New York : Oxford University Press,1996. 三田出版会、１９９８）と『死に至る道』（New York : Oxford University Press,1999）に詳しく述べられている。

表2.1　遺伝学の基本用語

遺伝子	特定のタンパク質を合成するための情報をもつDNA
対立遺伝子（アレル）	ある動物種の同一の遺伝子で，塩基配列の異なるもの
ゲノム	その動物種の各個体がもっている全DNA
遺伝子型	個体のゲノムのなかにあるさまざまな対立遺伝子の集合
表現型	特定の遺伝子型から生じる物理的に確認可能な特徴

じる。遺伝子と行動に関係するデータをあつかう場合には――データが間接的なものにならざるをえない人間の場合にはとりわけ――つねにこのことを念頭においておく必要がある。

メンデルに始まって、遺伝学者は伝統的に、突然変異にもとづいて遺伝子を特定してきた。特定の遺伝子にある変化が起こり、この変化が遺伝子のコードするタンパク質を変化させる。これが突然変異である。この変化が個体の表現型のある側面に明確な変化を引き起こすならば、そしてこの変化がその子孫に受け継がれるならば（つまり、変化が体細胞ではなくて生殖細胞に起こるということだが）、突然変異が起こったと言える。しかし本質的には、突然変異とは、ある遺伝子の新たな対立遺伝子ができることにほかならない。遺伝子の正体がわかる以前には、遺伝子（gene：ギリシア語源で、起源や出自を意味する）は、突然変異によって変わる遺伝的要素として定義されていた。もちろん現在、遺伝子は、ＤＮＡの形で――ＤＮＡの化学的単位であるヌクレオチドを文字として――書かれていることがわかっている[注]。しかし、さしあたっては、初期の遺伝学者が考えたように、簡単に、遺伝子を遺伝の単位と考えよう。

ゾウリムシの行動の遺伝的基盤

これらの遺伝的単位、すなわち遺伝子が行動にどのような役割を果たしているかを明らかにすることはできるだろうか？　これは、生物学全体から見てももっとも複雑で微妙な問題のひとつである。そこでこの複雑な問題を、ありうるなかでもっとも単純な生きものから始めてみよう。それがゾウリムシである。ゾウリムシには、もっとも基本的な行動の形式である反射が備わっている。ある刺激を与えると、ある反応が引き起こされる。刺激の信号を統合する脳もなければ、新たなできごとが記憶の倉庫にある情報と比較されるのでもない。ゾウリムシは反応を選びようがないので、私たちは、意志だとか理性だとか、不安だとか罪悪感だとかを想定する必要もない。ゾウリムシのような生きものでは、遺伝子から行動までの間の距離が一挙に縮まる。私たちは、個々の遺伝子や遺伝子群の違いが、環境内の刺激に対する反応の個体差を生み出すのかどうかを直接問題にすることができる。そして遺伝子が行動をコントロールするのかどうかも、問うことができる。

注　遺伝子とＤＮＡの化学的基盤についてさらに詳しく知りたい方は、Ｗ・Ｒ・クラーク『遺伝子医療の時代——21世紀人の期待と不安』（New York : Oxford University Press,1997. 共立出版、１９９９）を参照されたい。

ゾウリムシの行動の突然変異体は、幾種類も報告されている。最初のものは、ポーン（*pawn*）変異体で、1971年にチン・クンによって報告された。自然界にいる正常のゾウリムシは、有毒な化学物質やよからぬ温度変化に遭遇すると、ちょっとだけ後退し、次に別の方向へと安全な場所に行き着くまで進んでゆく。ところが、ポーン変異体はそうしない。「ポーン」という名のチェスの駒と同じく、進めるのは前だけで、危険な状況が前方にあったとしても、そのなかにどんどん入っていってしまうのだ。「ファースト（*fast*）」とよばれる突然変異体も同じようにふるまうが、ポーン変異体と違うのは、正常の約二倍のスピードでかなり長時間前進し続けるという点である。その後、クンは、ポーンとファーストとは逆の性質をもつ「パントフォビアック（*pantophobiac*）」という突然変異体も発見した。通常ゾウリムシは、有害刺激があると、一秒から五秒ほど後退したあと、向きを少しだけ変え、また前進を始める。パントフォビアック変異体は、そういう刺激に出会うと、一秒かそこら発作的にひょいと動き、次にかなりの時間――一分ほどになることもある――後ろに向かって泳ぎ、そのあと前に向かって泳ぎ出す。

これらの突然変異は、環境内の信号に反応するゾウリムシの動きに欠陥があることを示している。この行動のもとにある遺伝子の変化を探れば、ゾウリムシがどのようにして最初に動きを開始するかを解く大きな手がかりになる。ゾウリムシがどの方向に、どれだけ長く動くかを決定する細胞内のしくみはどうなっているのだろうか？

食べ物や配偶相手を探して、ゾウリムシはたえず、前へ泳ぎ続ける。「前進」がデフォルトな状態なのだ。環境内に潜在的脅威が現われたときだけ、後ろに向かって泳ぐ。前進の動きを維持しているのは、プロペラに相当する繊毛を一定方向に動かす細胞内の「モーター」だ。このモーターは、細胞膜の電位に依存している。電位は、エネルギーによって作動するイオンポンプと受動的なイオンチャンネルによって一定に保たれている。細胞膜の電位――通常は一〇〇ミリボルト程度――は、細胞の内と外の帯電した原子（「イオン」）の分布の違いによって生み出される。ナトリウムイオン（Na^+）が細胞から汲み出され、カリウムイオン（K^+）が細胞内に汲み入れられる。細胞の内と外のこれら二種類のイオンの濃度差によって、細胞膜の電位が生じる。

Na^+とK^+が分離されていて、ゾウリムシの細胞膜の電位が保たれるかぎり、繊毛を動かす細胞内のモーターは、ゾウリムシを前に進ませる。しかし、この電位が崩されると、繊毛の打つ方向が逆になり、ゾウリムシを後ろに進ませるようになる。ゾウリムシが繊毛の感覚受容体を通して環境内の有害なものと接触すると、第三のイオン、カルシウムイオン（Ca^{2+}）が細胞内に一気に流入する。Ca^{2+}はカルモジュリン（CaM）とよばれる細胞間にあるタンパク質と結合し、イオンチャンネルに作用する（図2・4）。まず、Na^+チャンネルが開いて、Na^+が細胞内に流入する。これは、濃度差のみによって起こる。ナトリウムイオンが細胞膜をはさんで均衡し出すと、電位が下がって、これが繊毛の打つ方向を逆にする。その結果、ゾウリムシは後ろに向かって動き始める。K^+チャンネルは開くのにそれよりも一秒か二秒長くかかるが、いったん開くと、K^+が細胞から外へ流れ出る。K^+の流出によって膜電位がある程度回復すると、繊毛が前方向に打ち始め、ゾウリムシは前進を再開する。次にNa^+チャンネルとK^+チャンネルが閉じ、細胞膜のイオンポンプがCa^{2+}とNa^+を汲み出すが、別のイオンポンプがK^+を汲み入れるので、細胞膜の電位がもとに戻る。

以上が、ゾウリムシが環境内で有害刺激に出会ったときに通常とる行動である。刺激との接触がCa^{2+}の流入を引き起こし、今度はその流入がNa^+チャンネルとK^+チャンネルに時間差のある開閉を引き起こすのであ

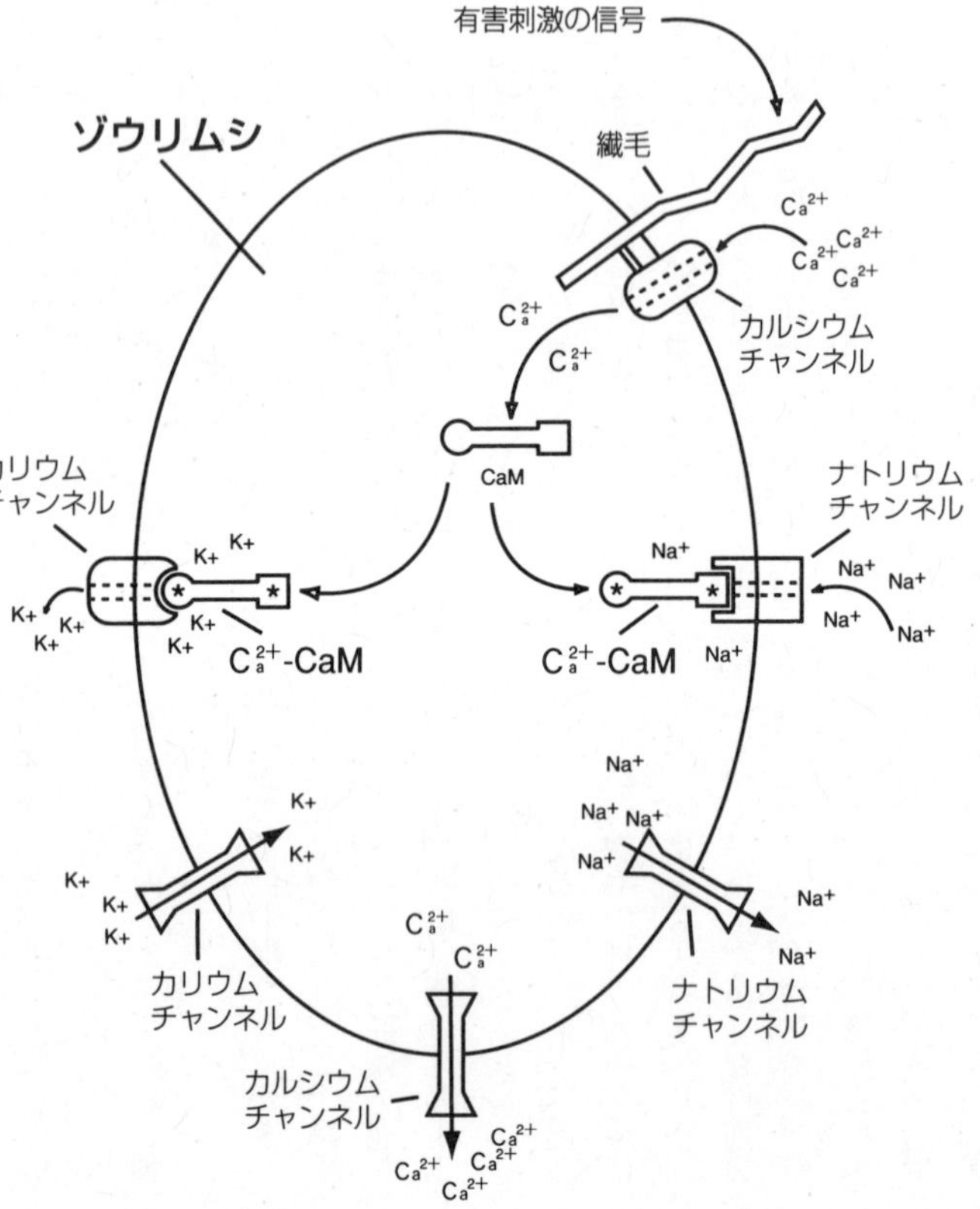

図 2. 4 細胞膜のイオンチャンネル。チャンネルは，タンパク質のいくつもの構成単位からなる。脱分極が起こって，チャンネルが閉から開へと切り替わる。

る。チャンネルの連続的な活性化にほんの少し時間差があるため、細胞がほんの短い間「脱分極」し、これが繊毛の打つ方向を逆にして、有害な刺激から逃れられるようにする。

最近、ゾウリムシの数種の行動の突然変異体の遺伝子が解明され始めている。パントフォビアックとファーストとよばれる突然変異体の遺伝子は、カルモジュリン遺伝子だということがわかっている。ゾウリムシでは、Ca^{2+}-カルモジュリン分子の異なる部分が、Na^+チャンネルとK^+チャンネルと相互作用する。ファースト変異体では、カルモジュリンの突然変異が起こり、Na^+チャンネルと相互作用するカルモジュリン・タンパク質の部位に選択的に影響を与える。有害物質に出会うと、Ca^{2+}はいつものように細胞内に入り、カルモジュリン分子と結合する。しかし、Ca^{2+}-カルモジュリンは、ナトリウムチャンネルと適切に相互作用できないので、Na^+が細胞のなかに入れず、脱分極のプロセスを始めることができない。つまり、単一遺伝子におけるこの単純な突然変異は、ゾウリムシが有害な物質に出会っても後退できない——ただ前進するのみ——という結果をもたらすのだ。

パントフォビアック突然変異では、K^+チャンネルと相互作用するカルモジュリン・タンパク質の部位が壊れているが、Na^+チャンネルと相互作用する部位は正常なままである。したがってこの変異体は、不快な刺激に対して、繊毛の打ち方を逆にして後退するという正常な反応を示す。しかし、膜電位の回復を開始させるK^+が流入しないので、後退だけをし続ける。

なぜ、湖沼に生息する単細胞生物、ゾウリムシの移動能力に影響する突然変異を問題にしなければならないのだろうか？　これから、人間の行動についてなにが言えるのだろうか？　あとで見るように、たくさんのことがわかるのだ。ゾウリムシの動きを司っているプロセス、すなわちCa^{2+}の信号に反応して、Na^+と

K^+のポンプとチャンネルを用いて、細胞膜を分極や脱分極するプロセスそのものは、人間の脳や神経系の細胞が、いわゆる「神経インパルス」――ある神経細胞からほかの神経細胞へ、あるいは神経細胞から筋細胞へと伝えられる電気信号――を生じさせるために用いているプロセスとほとんど違いがない。あとで見るように、これは人間のすべての行動の基本にある。ゾウリムシで見つかるカルモジュリン遺伝子は、少しだけ形が違ってはいるものの、人間の心的プロセスでも、それが水のなかのゾウリムシを動かすときに果たすのとほとんど同じ役割を果たしている。複数の研究者が、この小さな単細胞のゾウリムシが人間の神経細胞の目立った特徴の大部分を備えていることに注目している。その後、進化の過程で生命形態が多細胞になったときに、これらの特徴は、独立した神経細胞の系列へと分化し、最終的には合体して脳の組織になった。同じ意味で、ゾウリムシについては、それ全体が生殖細胞だとも体細胞だとも言えるし、さらにそれ全体が神経細胞だとも体の細胞だとも言えるのだ。

ここで、本書で述べる内容の多くを理解する上で重要になる考え方について解説しておこう。ある遺伝子の突然変異が特定の行動を変化させる（たとえば、カルモジュリン遺伝子の突然変異が刺激に対するゾウリムシの動きに影響する）ことが発見されたとしても、その行動がその遺伝子のみによってコントロールされているということにはならない。それが意味するのは、その遺伝子がその行動になんらかの形で関与しているということだけである。行動そのもの――ゾウリムシの場合は前進と後退――には、ほかの多くの遺伝子も関与している。たとえば、ゾウリムシが動き回るのに使う繊毛を調整しているすべての遺伝子や、動き回るためのエネルギーを生み出すのに関与している複数の遺伝子が、そうである。行動が単一の遺伝子の結果であるということはほとんどないか、あったとしてもほんの数えるほどだ。ゾウリムシのような単細胞生物でさえ、そうなのだ。人間のような複雑な生物の場合なら、なおさらである。これが、単細胞生物の行動の研究から得られるもっとも重要な知見のひとつである。

ゾウリムシの行動が一から十まで反射だからと言って、それが人間の行動とは関係がないということにはならない。人間にも反射行動があるし、それらは重要な役目を果たしている。まわりの環境についてまったくなにも知らない人間の赤ん坊でも、有害な刺激——たとえば炎——から即座に手を引っ込めることができる。ただし、ゾウリムシに比べて人間では、反応するのに数ミリ秒長くかかる。その信号が中枢神経系の少なくとも途中までいって、「手を引っ込めろ」という命令が手へと下りなければならないからだ。しかし、反応を生み出すために、その信号が神経系全体に伝わる必要はない。赤ん坊は、適切な行動をとるために、意識的な決定などしなくてもよい。それは、ゾウリムシが行く手に熱いものがあれば方向を変えるのとまったく同様に、反射である。ゾウリムシで見られる行動は確かに原始的かもしれないが、行動という用語の生物学的な定義にしたがえば、それも立派な行動なのだ。

このように、個々の細胞も行動を示す。だとすると、私たちの体のなかの個々の細胞も「行動」すると言えるだろうか？　研究者のなかには、高等な動物でも個々の細胞が行動すると主張する者もいるが、ほとんどの場合、有意味な行動は、細胞の集合体全体のレベルで——個体のレベルで——のみ定義される。これは、次章以降であつかう表現型が測定されるレベルである。生物集団の場合と同じで、細胞の集合体のなかの個々の細胞も、果たすべき一定の役割をもっている。行動の分析という目的から言えば、もっとも重要な役割を果たすのが神経細胞だ。4章では、神経細胞がどのようにして出現したのかを見てゆく。神経細胞は、ゾウリムシやほかの原生生物がその環境を感知するのに使っているメカニズムの多くを備え、さらにそれを改良したものである。これらの細胞は、最終的に組み合わさって神経系になり、感覚と反応のきわめて精密なメカニズムを備えるようになった。それぞれのステップごとに、複雑になったこれらの生物に見られる行動が、進化しつつある神経の構造とどの程度関係し、また、すべての生命現象のもとにあると考えられる遺伝的メカニズムとどの程度関係しているのかも、細かく見てゆこう。どの例でも、行動がつねに、多くの異なる遺伝子が連携してはたらくことによって生み出されるということがわかるだろう。しかしさしあたっては、引き続き、人間の行動の遺伝についてなにがわかっているのかを紹介しよう。

3章 鼻は知っている

細胞は互いにコミュニケーションし合う。彼らは「話し合う」のだ。ゾウリムシや酵母のように独立生活する細胞は、たくさんの化学信号を放出し、その信号は食物のありかや、近くに潜む危険、その細胞が生殖可能かどうかなどの情報を伝える。同じ種の生きものの細胞なら、これらの化学信号をよく感知する受容体を備えていて、その行動は、近くの仲間の細胞から受けとる情報によって大きく左右される。独立生活する細胞は、これらの受容体によってまわりの環境から情報をとり込む。環境の信号は、細胞に食物や危険を知らせ、まわりの状況の情報を伝えるのだ。

いまをさかのぼること五億年ほどまえ、多細胞生物が登場して以来、細胞は、環境の信号を解釈する能力を洗練させ続けた。さらに、多細胞生物という新たな文脈のなかで、相互にコミュニケーションする能力を保持しながら、さらにそれを改良してきた。体中の細胞はつねに、自らの内的状態について情報を発信し、そしてまわりがどんな状態かを伝える信号をほかの細胞から積極的に集めている。多細胞生物の細胞間で交換される化学信号として、サイトカインやホルモンはよく知られている。

表3.1　主要な感覚受容体

受容体の種類	受容刺激
光受容体	光
圧受容体	触刺激，音，振動
化学受容体	味，ニオイ
侵害（痛み）受容体	侵害（痛み）刺激
温度受容体	熱
浸透圧受容体	浸透圧

複雑な多細胞生物である私たち人間は、自分の内側と外側で起こっていることの両方を知る必要がある。外界の情報はふつうは、五感――視覚、味覚、嗅覚、聴覚、触覚――を通して集められる。これら五感の感覚系は実に複雑だ（表3・1）。味覚と嗅覚は、化学受容体を刺激するという点では同じだが、それぞれ液体中と空気中の化学物質を感知する。触覚も聴覚も基本は同じで、どちらも体にかかる圧力に対する反応である。このほか、温度感覚や痛覚もあり、私たちが大気圧のようなものにも敏感だという事実もある。こうした情報はすべて、感覚ニューロンによって集められるが、これらは、眼や耳のように特定の感覚器官に集中しているだけでなく、体の表面にも散在している。

しかし、外界を感知するのに使っているのは、科学者が問題にするこれらの五感だけなのだろうか？　人々はこれまでこんな疑問を抱いてきた。だれもいない部屋に入ったときに、「五感」はだれもいないということを教えているのに、人の気配を感じたりした経験はないだろうか？　五感は危なくないと言っているのに、危険を察知したことが何度かあったのではないか？　はじめて会った人で、感覚もその人が見知らぬ人だということを告げているのに、よく知っている人のように感じたりするのはどうしてなのか？　そして「相性」とよばれる不思議なものの正体はいったいなんなのだろう？　なぜ親しみを感じさせる人がいたり、即座に嫌悪感をもよおさせる人がいたりするのか？

心理学者だったら、これらのできごとすべてにもっともらしい説明をいくつでも与えることができるだろうし、おそらくその多くは本当だろう。しかし、私たち人間が、五感以外のコミュニケーションを用いているということは、まったくありえないことなのだろうか？　1971年、当時ハーヴァード大学にいたマーサ・マックリントックは、ある発見を発表したが、その発見は、人間がまわりの世界の情報を集める方法に関して、ある点で新たな、ある点でそれまでも考えられたことのある、かなり挑発的な問題を提起するものであった。その研究は、長い間疑われてはきたが、人間が「第六感」をもっているかもしれないということを示唆していた。彼女は、人間が互いの間で、人間以外の動物にのみあるとされていた種類の感覚コミュニケーションを用いていることを見出した。それはフェロモンである。

フェロモンとは、個体がまわりの環境に放出し、ほかの個体——通常は同種の個体で、多くの場合一方の性の個体だけ——に影響を与える化学物質を言う。これらの物質は、空気中や水中に——水棲動物の場合は自分の周囲へ、陸上動物の場合は尿中へ——放出される。フェロモンは、原始的な原生生物や酵母から哺乳動物にいたるまであり、霊長類にもある。これらを感知するのは、化学物質の感覚ニューロン上にある高度に特殊化されたタンパク質受容体だ。一般に動物は、ほかの動物種のフェロモンを「感じない」(生殖に関係した大部分のフェロモンの場合には、同じ種であっても、同性のフェロモンは感じないことがある）が、これは単純に、そのフェロモンを感知する受容体をもたないからである。

フェロモンは、動物の社会でさまざまな役割を果たし、その標的となる個体に新たな活動を引き起こす。

引き起こされる行動のほとんどは、生殖や防御に関係した行動である。たとえば、女王バチや女王アリが放出するフェロモンは、彼らの複雑なコロニーのメンバーを統率するのに使われる。しかしアリはまた、食べ物の場所を突き止めると、ほかのアリにそこまでの道を教えるためにも、フェロモンを使う。ラットは、特定の食べ物が危険だということを仲間に知らせるためや、配偶行動を調節するために、フェロモンを用いている。ネコは、なわばりのマーキングや、性的に関心をもっていることを伝えるためにフェロモンを使っている。

フェロモンの受容体は、驚くほど感度がよい。たとえばカイコガのメスは、ボンビコールというフェロモンを放出するが、オスのガは、一マイルも離れたところからでもこのフェロモンを感知できる。味覚や嗅覚といった通常の化学感覚に比べて、フェロモンは、物質の濃度がその数十億分の一でも作用する。オスのガのボンビコール受容体に一秒あたり一個の分子が当たるだけでも、メスのほうを向かせるには十分である。オスのガは、フェロモンの信号を受けとると、そのときにしていることをやめ、風の来る方向に向き直り、風上のメスのいるほうに移動を開始する。これは、ゾウリムシが好みの化学物質に向かって移動したり、動く水のなかで体の向きを保ったりする行動と基本的には同じである。

マックリントックは、昔から研究者の気をそそってきたある現象を研究する過程で、人間がフェロモンを使っているという可能性に遭遇することになった。その現象とは、一緒に生活している親密な女性どうしは月経周期が同期するというものである。しかし、その証拠はそれまで、たぶんに逸話的なところがあった。マックリントックは、大学の同じ学生寮で一緒に生活している一七歳から二二歳の一三五人を調べた。データは、月経周期の詳細についてだけでなく、ほかの女子学生との日常の親密度に関しても詳しく分析された。「親密度」は、この研究では、物理的近さと毎日一緒にすごす時間、そして感情的親密さの点から定義された。彼女が見出したのは、親密な若い女性たちでは、確かに月経周期が同期するということだった。同期は、ルームメイトの女子学生どうしで、つまり物理的にも近くにいて一緒にいる時間が長い学生どうしや、互いに「もっとも仲のよい親友」、つまり感情的に親密な学生の間で見られた。なかでも顕著な同期が見られたのは、もっとも仲のよい——物理的にも近く感情的にも親密な関係にある——ルームメイトどうしであった。

マックリントックの結果は、その後ほかの研究者による数多くの研究で確認された。結果をゆがめる要因もわかった。たとえば、月経周期が不規則だったり、異様に長かったりすると、効果が不明瞭になる傾向があった。避妊薬を用いている女性では、月経周期は薬のホルモンによって決まり、同期現象は起こらなかった。しかし、ほとんどの研究結果は、マックリントックの基本的な発見を確認し、感情的な絆が同期のおもな要因であり、これには日常的に物理的にも近いという要因も加わっているという考えを支持した。

この現象には、いくつか説明を考えてみることができる。人間の月経周期には、たくさんの要因が影響する。たとえば、授乳期間が長引くこと、激しいスポーツなどによる体脂肪の過度の消耗、薬によるホルモンの操作などである。これらのどの要因も、マックリントックの研究の女子学生にはあてはまらなかった。しかし、彼女たちはみな、基本的に同じ環境で暮らしており、同じようなストレス、栄養、明暗周期にさらされていた。したがって、これらが彼女たちの生理機能を同期させる効果をもたらした可能性もある。しかし、マックリントックの研究では、同じ期間中に同じ寮に住んでいても、ルームメイトでも親友でもない女子学生どうしでは同期がまったく見られなかったので、この可能性は捨てられる。

別の可能性もある。生活をともにしている女性たちなら、とりわけ親友として親密な相互作用をしているなら、さまざまの微妙な社会的信号を用いてコミュニケーションをとり合っているかもしれない。毎日顔を突き合わすほど親密な関係にある女性たちなら、お互いがいつ生理かを知っている。このことが、お互いの月経周期に相互的で無意識的な感情的影響をもたらすのかもしれない。親密な友人どうしが接触するときには、おそらく視覚、聴覚、触覚の刺激によって、数多くの生理的変化が生じるという報告もある。月経のような身体的プロセスにおいても、この種のコミュニケーションの影響があっておかしくない。しかし、第三の可能性もある。それは、最初からマックリントックの念頭にあったもので、彼女が最終的に証明することになる可能性である。それは、女性がフェロモンによってコミュニケーションしているというものだ。

フェロモン――第六感?

マックリントックの最初の報告は大きな関心をよんだだけでなく、大きな警戒心をもって受けとられもした。これは、わからなくはない。彼女以前にも、人間の相互作用にフェロモンが役割を果たしているという示唆がなされていたが、そのほとんどは退けられていたからだ。マックリントックの実験は、それ以前のほかの研究に比べて周到に計画されていた。しかし、そうではあっても、大部分の生物学者は、別の

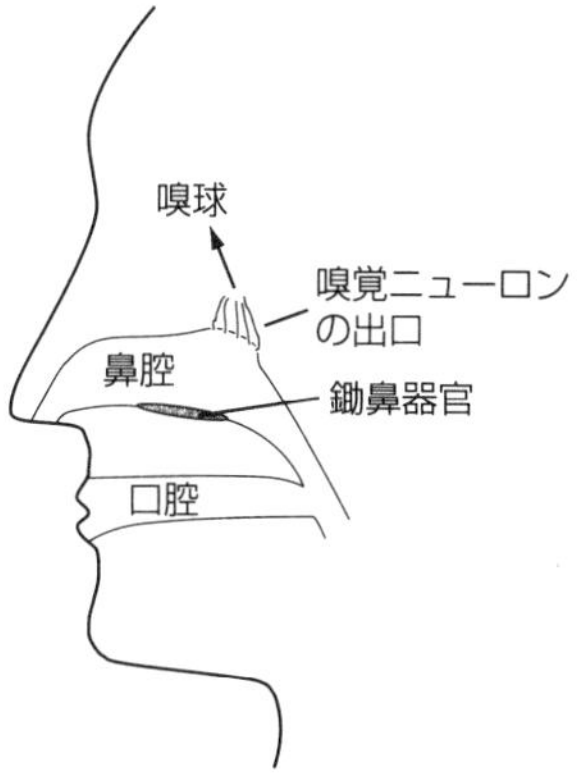

図3.1　人間の鋤鼻器官。

説明を見つけようとやっきになった。なぜだろうか？　このミステリアスな存在はどんなもので、なぜ科学者は人間のフェロモンに懐疑的だったのだろうか？

哺乳類では、フェロモンは、尿や汗のように、揮発性の高い液体中に分泌され、ほとんどの脊椎動物に備わっている「鋤鼻《じょび》器官」とよばれる特殊な器官によって検出される。この器官は管状の軟骨組織で、鼻を左右に分ける鼻中隔の下側の部分にある。鼻のなかにあるので、進化的には明らかに嗅覚と関係しているのだが、フェロモンによるコミュニケーションは、生理学的には嗅覚とはまったく別物である。嗅覚ニューロンのほうは、空気中の化学物質と相互作用し、神経インパルスを脳の嗅球へと送る。嗅球はちょうど鼻腔の上の部分にあり、ニオイの情報処理をする嗅覚野やほかの脳領域につながっている（図3・1）。嗅覚ニューロンには、およそ千種類の化学受容体がある。通常の嗅覚が引き起こす反応には、直接的行動もあるし、複雑な思考や感情も含まれるが、そのほとんどはいずれも意識にのぼる反応である。

鋤鼻ニューロンは、嗅覚ニューロンに比べると数がはるかに少ない。さらに、嗅覚ニューロンは、その末端から繊毛が突き出し鼻腔に向いているのに対し、鋤鼻ニューロンにはこうした繊毛がない。哺乳類では、風に乗って運ばれるフェロモンであっても、気体としてではなく、液体として受けとられる。鋤鼻器官は、口と鼻から集められた液体で湿っていて、フェロモンはその液体に溶けて、化学物質を感知するニューロンに行き着く。このことが、なぜ多くの哺乳類のフェロモンがタンパク質なのか（タンパク質は大きすぎて揮発しにくいが、水には溶けやすい）、そしてなぜフェロモンの多くが、たとえば動物が互いを舐め合う場合のように、口を通して伝えられるのか、を説明する。これらのタンパク質の多くは、尿、汗、性的分泌物に含まれている。ほとんどの哺乳類では、鋤鼻ニューロンは、主嗅球とは別の「副嗅球」を経由して情報を送る。[注] この副嗅球は、多種のホルモン、とりわけ生殖ホルモンを調整する脳の部分（扁桃核、視床下部、松果体）に連絡している。哺乳類の鋤鼻器官をとり去ってしまうと、ほとんどの場合、生殖活動の低下が起こる。現在わかっているかぎりでは、この経路によって引き起こされる反応は、まったく意識にはのぼらないようだ。

重要なことだが、神経の点から言うと、フェロモンの信号は通常のニオイとは別物だ。私たちが特定の香りを通常の嗅覚システムによって感じるとき、その香りが意識され、その香りに結びついた過去の経験がよび起こされる。マルセル・プルーストの小説にも描かれているように、ニオイは記憶をよび覚まし、記憶はそうしたニオイを解釈する上で重要な役割を果たす。通常のニオイは、文化の影響も受ける。五〇年まえであれば、数日風呂に入っていない人の体臭は当たり前だった。現在では、多くの人にとって、そのニオイは耐えがたいものに変わっている。さらに、「快い」ニオイの判断は、その時代によく使われている香水、シャンプー、アフターシェーブローションによって左右されることが多い。

このいずれも、フェロモンにはあてはまらない。ほとんどのフェロモンは、それらが自然界で動物によって使用されているのと少なくとも同じ濃度では、鼻の化学受容体によってニオイとして感知されることもなく、したがってその存在に気づくこともない。フェロモンの存在は意識されないので思考を喚起することがなく、そして必ずしも過去の経験と統合されることもない。一般にフェロモンは、数百万年、数千万年の進化の年月を通して特定の動物のシステムのなかに組み込まれてきた、条件づけ的な行動を開始させるように見える。

哺乳動物の多くでは、鼻のなかで鋤鼻器官の占める面積が大きい。このことは、フェロモンの信号がその動物の生活で重要な役割を果たしているということを物語る。人間では、この部分はほとんど退化しており、そのためこれまでは機能していないと考えられていた。しかし、ごく最近の研究では、人間にも、小さいながら、確かに鋤鼻器官があるということがわかっている。人間の鋤鼻器官は、ほかの動物の鋤鼻器官と同様の細胞を備えており、それらの神経は脳に連絡している。これらの細胞は化学物質によって活性化されるという証拠も出されており、さらに詳しい研究が待たれている。人間の鋤鼻器官は実際には機能していないのではないかという疑いは、人間も生殖機能に関連してフェロモン信号を使っているという

注　これまでのところ、人間ではこれと同じような構造は見つかっていない。人間では、皮質の前部が肥大しているため、構造がわかりにくくなっているのかもしれない。あるいは、鋤鼻ニューロンが視床下部に直接連絡している可能性もある。人間では、鋤鼻器官のニューロンがどこから脳に出てゆくのかも、はっきりとはわかっていない。

マックリントックの直感を疑う理由のひとつにもなっている。そこでマックリントックたちは、哺乳類全般でフェロモンがどのようにはたらいているのか、そしてとくに人間でなにを探せばいいのかを知るために、数年ほど、動物で研究を行なった。

実験室でフェロモンを探す

哺乳類におけるフェロモンの機能は、ラットやマウスの繁殖行動との関係で詳しく研究されてきた。齧歯類の繁殖で鍵になるのは、メスのいわゆる発情周期である。齧歯類のメスの発情は、卵子の形成、子宮の変化、オスの受け入れ可能状態の三つによって決まり、五日から六日の周期で起こる。発情周期は人間の月経周期と似ているが、人間のように、血液を多量に含んだ子宮内壁（胚がおさまる）の剥落はない。

メスのマウスは、同一のケージのなかで過密な状態で飼育されると、互いに発情が抑えられる。しかし、鋤鼻器官を摘出してしまうと、この抑制効果は見られなくなる。この鋤鼻器官の摘出の影響は、性ホルモンのプロラクチンの量を増やすことによって、なくすことができる。これら一連の結果は、フェロモンが鋤鼻器官のニューロンを刺激すると、そのニューロンから信号が出て、プロラクチンのような性ホルモンの合成を調節する脳の部位に伝えられるという事実と完全に符合する。個々の神経細胞がフェロモンと相互作用するやり方も、体内のほかの細胞が、体内で合成されたホルモンと細胞表面の受容体を通して相互作用するやり方と同じである。

メスのマウスを過密状態におくと発情が抑制されるが、この抑制は、オスを近づけることによって、あるいはたんにオスの尿をおくことによっても、解除できる。しかし、この「オス効果」も、メスの鋤鼻器官をとり去ってしまうと生じない。このことは、この効果がフェロモンによるものであって、通常の嗅覚によるものではないということを示している。さらに、正常な発情周期を示すメスのマウスでは、オスやその尿にさらされると、その発情周期が大幅に加速される。さらに、処女のマウスをオスやオスの尿にさらすと、あるいはオスの尿から抽出したある種のタンパク質にさらすと、最初の発情の時期が速まる。これらの効果はすべて、鋤鼻器官が仲介しており、脳が制御する生殖ホルモンの変化が関係している。

同様に、メスのフェロモンも、オスの性的活動を変える。ハムスターやマウスのメスの膣や尿中のホルモンは、オスの求愛行動を引き出す。ハムスターでは、メスのフェロモンにさらされたオスは、オスのホルモンであるテストステロンが急激に増加し、次にこのテストステロンがオスの行動の変化を引き起こす。これらのオスから鋤鼻器官をとり去ってしまうと、メスにほとんど関心を示さなくなり、求愛を始めることもない。この結果は、オスの鋤鼻器官をとり去ってしまうと、メスそのものやメスのフェロモンにさらされても、テストステロンの急激な増加が起こらないということと大きく関係している。

すべてのフェロモンが生殖行動に関係しているわけではない。ある興味深い研究では、オスのマウスが、ケージのなかで数日間恒常的にストレスにさらされ、そのあと別の部屋の別のケージに移された。ストレスにさらされたマウスのいたケージには、ほかのオスが入れられた。このオスは、それまでは穏やかな行動を示していた。ケージの床敷きは、そのままにされていたので、おそらく、床敷きにはまえのマウスが分泌したフェロモンがついていた。三〇分もたたないうちに、新たに入れられたマウスは、血中のストレスホルモンの濃度が上昇し、ストレスにさらされたまえのマウスと同じように、異常なまでに活発に動き、神経質そうに行動するようになった。それは、だれもいない部屋に入り、そこにいない（しかし、さっきまでそこにいた）だれかの存在を感じとっているかのように見えた。このことは、少なくとも動物間では、フェロモンによって情動状態も伝達されるということを物語っている。

メスの生殖活動へのオスのフェロモンの作用の例も含めて、いままで述べてきた効果はすべて、オスとメスの間の遺伝的関係に関わりなく、すべてのオスがもたらしうる。しかし、オスのフェロモンの効果には、オスがメスと遺伝的に異なるときにだけ生じるものがある。もしメスのマウスが妊娠したばかりで、胚がまだ子宮壁に着床していない段階のときに、そのメスとは遺伝的に無関係なオスの尿に含まれるフェロモンにさらされると、そのメスは流産してしまう。この「よそ者」オスの尿による妊娠阻止は、メスの鋤鼻器官をとり去ってしまったり、あるいは着床を速めるホルモンを投与してやると、起こらなくなる。生殖機能の社会的調整におけるこうした遺伝子の関与は、フェロモンを通して遺伝的にコントロールされる行動のもっとも明確な例のひとつだ。

これらの多くの効果の基盤は、エドワード・ボイスのグループによって、いわゆる「主要組織適合抗原遺伝子複合体」と関係していることが示されている。どの脊椎動物にも、これらの遺伝子群がある。こう名づけられたのは、それが、遺伝的に明確に異なる個体間の組織の移植を妨げる遺伝子として最初に発見されたからである。マウスの場合、これらの遺伝子群はH-2とよばれ、人間でこれに相当する遺伝子群はＨＬＡ（ヒト白血球抗原）とよばれている。主要組織適合抗原遺伝子複合体が合成するタンパク質は、体内に入ってきたよそ者の生物学的物質に対して免疫系を警戒状態にする。

ボイスのグループは、H-2遺伝子だけが異なるが、ほかは遺伝的にまったく同一のマウスを用いて、二種類のH-2遺伝子の一方をそれぞれもっているメスたちを一緒にし、H-2遺伝子のどちらか一方をもっているオスをそのメスたちと交配させようとした。そのとき、マウスのコロニーを注意深く観察していた飼育係が、次のような奇妙な効果を発見した。オスは、自分と異なるH-2遺伝子をもったメスのほうと好んで交尾したのだ。しかし、これは決まってそうするというわけでもなかった。というのは、オスは、H-2遺伝子が同一のメスともおよそ三回に一回の割合で交尾したからである。ここから、オスの生殖機能に対するメスのフェロモンの第二の特殊な遺伝的効果――配偶相手の好み――が明らかとなった。

その後まもなくわかったのは、オスがメスの排泄する尿中のH-2に関係した信号をもとに、メスを選んでいるということだった。これは、簡単なテストで示された。二つのケージが用意され、一方にはH-2が同一のメスの尿が、もう一方にはH-2が異なるメスの尿が入れられた。この二つのケージをまえにしたオスは、H-2が異なるメスの尿の入ったケージのほうに好んで入ったのである。しかし、オスの尿では、こういう好みは見られなかった。特定の尿があるほうを選ぶと報酬のエサがもらえるという連合学習の手続きを用いて訓練すると、オスは、H-2が異なる二匹のメスの尿を80%の正答率で区別できるようになった。しかし、H-2が同じ二匹のメスの尿を区別する訓練をしても、できるようにはならなかった。これらのオスは、尿の信号が風で運ばれるときでも、まったく同じ選択をした。このことは、信号が尿のなかに溶けているだけでなく、空気によっても運ばれるということを示している。これらの実験では、マウスはH-2以外は遺伝的にすべて同一だったので、観察された行動の違いは、明らかにH-2の遺伝子座に起因していると言える。

配偶者選択にH-2が影響するというのは、オスに限られるわけではない。というのは、いま紹介した選択テストのオスメスを逆にすると、交尾可能な状態にあるメスも、H-2のタイプが自分とは異なるオスのほう――この場合も、巣についたH-2のタイプとは「異なる」という意味である――を好んで選ぶからだ。妊娠したメスを、そのメスを妊娠させたオスとは遺伝的に異なるオスにさらすとメスは流産してしまうが、H-2は、この流産を引き起こす遺伝因子だということもわかっている。

主要組織適合抗原遺伝子複合体は、「個体マーカー」とよばれることもある。そのおもな機能のひとつは、体の免疫系がバクテリアやウイルスの感染を発見するのを助けることだ。それはまた、ある個体の組織をほかの個体の組織に移植したときに、拒絶反応を起こさせる。多くの生物学者は、それらがもともとは、同じ種の個体が、自分の遺伝子構成と似すぎる個体を識別し、彼らとの交配を避けるために進化したのだ、と考えている。このような近親交配は、同一の個体内に有害な遺伝子を蓄積させる結果を招き、致命的になりかねないからだ。これらの機能のうちどれが、どのように、組織適合抗原タンパク質のフェロモン作用と関係しているのかは、まだわかっていない。それらのタンパク質の一部がフェロモンとして機能するのか、またそれらのタンパク質となんらかの形で特別に関係するフェロモン物質がホルモンの状態を変えるのかも、いまのところ不明である。しかし、主要組織適合抗原遺伝子複合体の産物とフェロモン作用との間にきわめて密接な相関関係があることだけは、確かである。

最近のいくつかの研究によれば、人間の主要組織適合抗原遺伝子複合体（HLA遺伝子）は、配偶者選択でも役割を果たしている可能性がある。ある研究は、サウス・ダコタの閉鎖的な宗教共同体の夫婦を調査対象にして、HLA遺伝子を調べている。この共同体の全メンバーは、最初に共同体を設立した少人数の人々の子孫であり、その後外部からはだれも入ってこなかった。そのため、その共同体内で伝えられているHLA遺伝子の対立遺伝子の種類は、数が限られていた。数世代にわたる血液サンプルをタイプ分けすることによって、もし彼らが結婚相手をランダムに選んでいるならば、各世代の夫婦のＨＬＡタイプがどうなるかを計算することができた。驚いたことに、データが示したのは、同じＨＬＡタイプをもつ人を結婚相手に選ぶのを「避ける」という基本傾向があるということだった。すなわち、若い人々は、結婚まえに（結婚後もだが）ＨＬＡタイプなど知らなかったにもかかわらず、ＨＬＡタイプが自分とは異なる相手を選ぶ傾向にあった。これらのデータは、間接的ながら、ＨＬＡのタイプを示す生物学的手がかりが存在し、それが配偶者選択にも影響を与えるということを強く示唆している。

人間が、ＨＬＡタイプによってコントロールされたなんらかの嗅覚的手がかりに反応しているという、より直接的な示唆が、最近の研究から得られている。この実験では、一二一人の男女に、ほかの被験者が着たＴシャツのニオイを嗅いでもらい、快・不快の程度を評定させた。結果は、似たＨＬＡタイプの被験者のＴシャツのニオイを嫌う傾向が顕著に見られ、極端に異なるＨＬＡタイプの被験者のＴシャツのニオイに対しては多少嫌うか、あるいは快でも不快でもないという反応を示した。さらに、Ｔシャツが被験者の配偶者（恋人）のニオイだったときには、ほとんどの場合に不快の程度は低かった。このことは、サウス・ダコタの研究と同じく、ＨＬＡのタイプが配偶者選択のひとつの要因になっているのかもしれないということを示唆している。

霊長類と人間のフェロモン

女性の月経周期の同期現象でいったいなにが起こっているのかを探るために、マックリントックは、手始めにラットの実験を行なった。複数のメスのラットを通常の密度で同じひとつのケージで飼ったところ、人間の女性の場合と同じように、発情周期が同期した。マックリントックは、巧妙な実験を思いつき、メスのラットを入れた二つのケージを風洞のなかにおいた。風上のケージには、膣内の分泌物の検査によって、発情周期が排卵前、排卵中、排卵後のどの時期にあるかがはっきりわかっているメスのラットを入れた。一定の風が送られ、風は、このケージを通って風下の「標的」ラットの入っているケージへと届くようにされた。

マックリントックは、排卵前のラットが入ったケージを通った空気が、風下の標的ラットの発情周期を統計的に有意に短縮することを発見した。排卵期や排卵後のラットの入ったケージを通った空気は、標的ラットの発情周期を長くした。これらの研究結果から、マックリントックは、ラットにおける発情周期の同期は、単一のフェロモンによってではなく、発情周期の長さに正反対の効果をおよぼす二つの異なるフェロモンの相互作用によって起こる、と主張した。ラットの主要組織適合抗原遺伝子複合体に関係するのが、これらの信号の一方なのか、それとも両方なのかは、まだわかっていない。

フェロモンは、すべての霊長類ではないにしても大部分で、社会的コミュニケーションにも使われている。そのおもな使用法のひとつは、ほかの動物の場合と同様、性行動の調節、たとえばメスの間の排卵抑制である。フェロモンは、排卵の抑制に、直接的にも間接的にも役割を果たしている。たとえばヒヒでは、優位メスは、同じ群れのほかのおとなのメスに身体的な嫌がらせをして、排卵を抑制する。これまでに観察されているところでは、優位メスは、ほかのメスを追いまわし、噛んだり押したりし、食物を奪いとり、多くの場合彼らの生活を惨めなものにする。こういう行為は、これらの劣位メスに心理的ストレスを生じさせる。

劣位メスに対するこのような攻撃がもっとも激しくなるのは、劣位メスの排卵直前である。優位メスは、フェロモンを通して劣位メスの生理状態に気づく。フェロモンはすべてのメスが放出しており、おそらく、オスを誘引する物質としてはたらく。つまり、この場合には、その信号が優位メス（優位メスが最初にその地位を手に入れるのも攻撃行動によってである）によって妨害されるのだ。しかし優位メスは、抑制的にはたらくフェロモンを放出することによってほかのメスの排卵を抑制するのではない。たび重なる嫌がらせの結果、グルココルチコイド・タイプのストレスホルモンが劣位メスの体内に誘発され、それが排卵を抑制するのである。人間も含めて霊長類全般はみなそうだが、ストレスは、生殖能力を低下させる。嫌がらせを受けたメスのヒヒでは、排卵が抑制される。これは、フェロモンの間接的な作用の例であり、フェロモンはその抑制に直接関係してはいないが、優位メスに嫌がらせの行動をとらせ、それがまわりにいるほかのメスの排卵を抑えるという結果をもたらすのだ。

しかし、霊長類の多く、たとえばマーモセットでは、排卵抑制は攻撃や嫌がらせ行動によらずに起こる。これらの霊長類に特徴的なのは、「協力」的な繁殖形態をとっていることである。この形態では、社会集団（オスメスそれぞれが三頭から五頭と、その子どもからなる）のなかの優位メスだけが子を産む。劣位のメスは、優位メスの子育てを手伝う。子を産むメスの優位は、劣位メスに嫌がらせや虐待をせずに維持される。社会的に激しい攻撃行動をとるヒヒに比べると、むしろこのほうが効果的なように見える。その排卵抑制は、劣位メスにストレスホルモンを誘発させることによってではなく、優位メスの放出するフェロモンによって起こる。ただし、マーモセットの場合も、最初は、体を張った激しい争いによって優位が決まる。しかしいったん優位が決まってしまうと、ほかのメスは「協力」行動をとるようになり、暴力を使わずにそれが維持される。優位メスの放出する抑制フェロモンが劣位メスに直接作用し、生殖ホルモンを変化させるのだ。

人間でもフェロモンが生殖機能を調節している可能性が、マーサ・マックリントックの別の研究で示されている。この論文は、1998年のはじめに発表された。マックリントックは、ラットの研究から導き出された、二種類のフェロモンがあるという自らの仮説を、直接人間の女性でテストした。彼女は、避妊薬を使用していない二〇歳から三五歳までの二九人の女性を、実験の「受け手（被験者）」に選んだ。一方、それとは別に、九人の女性を「提供者」に選んだ。提供者には、毎日、風呂やシャワーの際に香料の入った石鹸や化粧品を使わないようにしてもらったのち、腋の下に綿のガーゼのパッドを八時間つけてもらった。この研究で腋の下の分泌物が用いられたのは、人間では、哺乳類のフェロモンの分泌に関与していることが知られている腺がみなこの部分にあるからである。さらに人間では、腋の下の分泌物は、思春期までは無臭であることから、そのおもな化学的変化は生殖に関係していることが示唆される。

一日の終わりにパッドが集められ、小さなガーゼ片に切断された。次の朝に、これらのガーゼ片を被験者の女性の鼻先にもってゆき、軽くこすり、そのあとの六時間はその部分を洗わないように教示した。この手順が二か月にわたって毎日繰り返された。結果は、ラットで得られた結果とほとんど同じだった。排卵直前（「排卵前」）の時期にあった提供者の腋の下から集められた分泌物は、すべての被験者で、次の排卵までの時間を速め、月経周期の長さを短縮させた。一方、排卵直後の提供者から集められた分泌物は、被験者の排卵を遅らせ、月経周期を長くした。

この驚くべき結果は、人間がフェロモンによってコミュニケーションできるということを強く示唆している。これらの研究では、鼻からとり込まれた無臭の化学物質が互いの生理状態についての情報を伝え、被験者自身の生理状態を変えた。人間の場合も、ラットで示されたフェロモンによる生殖調節と同じようなパターンになるのだ。人間で得られた効果が本当にフェロモンの作用だということをはっきり証明するためには、鋤鼻器官の機能が損なわれている女性で、直接これをテストしてみる必要がある。また、嗅覚機能の損なわれている女性に同じテストをして、間接的な情報を得ることもできるだろう。

このマックリントックの最新の発見は、彼女が三〇年もまえに最初に報告した月経周期の同期現象に説明を与え、ウィニフレッド・カトラーが最近発表したいくつかの驚くべき結果も説明する。カトラーは以前、月経周期が異常に長い女性や、周期がきわめて不規則な女性が、男性の腋の下の分泌物を週に三回、数か月間嗅ぎ続けると、月経周期が規則的で正常になるということを明らかにしている。これは、メスのマウスをオスのフェロモンにさらすと、発情周期が加速されるという、まえに紹介した研究を思い起こさせる。

カトラーが実験によって見出したのは、これらの分泌物から抽出されたフェロモン（その後実験室で合成されたフェロモンも）を嗅いだ女性は、彼女のパートナーの男性が報告しているところでは（フェロモンを嗅いでいるということはどちらも知らなかった）、セックスの回数や性的活動が高まった、ということだった。男性のパートナーの場合は、高濃度の男性のフェロモンか不活性物質のどちらかが入ったガラスビン（実験者が区別できるように記号がついていた）を渡され、それを自分のアフターシェーブローションやコロンに加えた。この試行前と後で彼らが女性と性的に「うまく」いった回数を詳細に比較してみてわかったのは、フェロモンを渡された男性は、不活性物質を渡された男性よりも、パートナーの女性との性的活動が高まる、ということであった。この研究では、フェロモンの影響を受けて男性のほうの性的活動が高まったという可能性も排除できないが、高濃度のフェロモンが入ったビンを渡された男性では、マスターベーションの頻度に増加は見られなかった（本人の報告によるものだが）。いずれにしても、明らかに、男性のフェロモンによってパートナー間の性的活動が直接的に増加したのである。

マックリントックとカトラーの発見が確かなものだと認められるにはさらに検証が必要だが、これらの発見は、製薬会社の研究熱に油を注ぐことになるだろう。いずれ、それらの効果に関与している化学物質の正体も突き止められるはずだ。それらの化学物質は、生物学的に厳密な意味でのフェロモンなのだろうか？　これは、今後の研究に待つしかない。それらは確かにフェロモンの特性の多くを備えている。意識にのぼらずに作用し、基本的な生殖行動をコントロールするように見えるからだ。そして、人間を鋤鼻器官をもたない動物として片づけることも、もはやできないように思われる。ただし、いまのところ、問題となる化学物質が実際に鋤鼻器官を通してどのようにはたらくのかは、わかっていない。

これらの化学物質がどういう性質をもつにせよ、分離できれば、それらを用いて、女性の排卵や生殖についてのさまざまな問題が解決できる見込みがある。しかし、化学物質の特定ということで言うなら、それは直接的な実用ということを越えて、行動の遺伝的基盤に重要な意味をもつだろう。フェロモン合成に関する遺伝子が発見される場合には、その集団内でのそれらの対立遺伝子も発見されるにちがいない。それらの対立遺伝子の産物はおそらく、フェロモンの合成・分泌能力に違いをもたらし、さらに部分的にはこれが影響して、異なる対立遺伝子をもつ個体では、仲間の個体に情報を伝える際の有効性に違いが出てくるだろう。同様に、フェロモンの受容体をコードしている遺伝子があるだろうし、おそらくその対立遺伝子もあるはずだ。これらの受容体のさまざまな対立形質の違いによって、まわりの人間についての重要な情報を受けとる能力に差が出てくるだろう。これらの遺伝的差異は、個人の行動に大きな影響をおよぼしうる。

確かに、人間に比べて動物では、フェロモンが生活にきわめて重要な役割を果たしている。人間の相互作用では、化学的コミュニケーションに代わって、視覚と言語が重要な役割を占める。人間が日常生活においてどの程度フェロモンによってコミュニケーションしているか、また人間にも生殖行動やほかの生理機能に影響を与えるフェロモンがあるのかどうかは、まだわかっていない。人間の赤ん坊も、ほかの哺乳類の赤ん坊と同じく、乳首から放出されるフェロモンによって、乳を飲む行動がガイドされていることを示す証拠もある。人間のコミュニケーションにおいてフェロモンが重要な役割を果たしている可能性があり、これは真剣に検討すべき問題である。ほかの哺乳類では、ある種の行動――たとえば、同じ動物種の個体間の優劣関係、家族や社会集団の個体認識、個体のなわばりのマーキング――を調節するのに、さまざまなフェロモンが関与している。鋤鼻器官は、人間の第六感の場所なのだろうか？　フェロモンは、二人の人間の「相性《ケミストリー》」のもとなのだろうか？　確かに言えるのは、マックリントックらの最新の研究結果が発表されたあとでは、人間の化学的コミュニケーションの可能性と行動へのその影響という問題そのものが、また新たな注目を集めるだろうということである。

4章 線虫も学習し記憶する

単細胞ではない生命形態の出現には、長い時間がかかった。この別の生命形態が生まれるまで、単細胞の原生生物は、少なくとも二〇億年もの間、地球上に君臨していた。ゾウリムシのような原生生物の一種は、細胞がとりうる最大の大きさになり、きわめて複雑な生きものになった。多細胞生物では、生殖器官と神経系は別々のものになるが、その原型はこれら原生生物に見ることができる。原生生物は、酸素に適応するようになり、その先祖であった原核生物を効率よく捕食し、場合によっては原生生物どうしでも捕食するようになっていった。しかし、体が大きければ争いに有利なものの、単一細胞のとれる大きさには限界があり、大きさはあるところで頭打ちになった。おそらく、原生生物が支配する二〇億年のうちに、単細胞のデザインは洗練されてゆき、細胞内にはさまざまの特徴がどんどんつけ加えられてゆき、細胞の外側の部分も大きく特殊化をとげていった。しかし、次の段階に進む上で——最初の生命が誕生した海だけでなく、地球のほかの生息場所《ニッチ》にも版図を拡大する上で——、決定的なできごとが起こった。それは、多細胞生物の出現である。

どのようにして多細胞生物が出現したのかは、想像してみることができるだけだ。もしゾウリムシが大核と小核の間に膜を作ったということがあれば、それは二細胞の多細胞生物——もう少し正確に言うと、体細胞と生殖細胞——の先駆けだったと言えるかもしれない。しかし、そういうことが起こったという証拠は、いまのところあがっていない。よりありそうなのは、個々の単細胞生物が寄り集まって、多細胞の集合体とかコロニーを形成するようになり、多細胞生物はそれらから進化したという可能性である。海綿《カイメン》は、現生のもっとも原始的な多細胞生物の一種だが、その細胞は、単独型の生活様式から集合型の生活様式への移行段階にある細胞のように見える。

単細胞生物は、ほかの細胞との、生存と繁殖の権利をめぐる競争を通して進化した。多細胞であることの利点を探る細胞にとって、この自己中心的な競争傾向は克服される必要があった。いったん多細胞になることが決まってしまうと、一部の細胞は繁殖の権利を捨てて体細胞になり、ほかの細胞——運よく生殖細胞になったもの——を支援しなければならなくなった。自然淘汰は個体の繁殖効率を高めることだけにもとづいて作用するが、この観点から見て、これがどのようになされたのかは、はっきりわかっているわけではない。多細胞であることがいったん成功してしまうと、コロニーを形成している個々の細胞間の相互作用がぎこちなく混乱したものにならないように、細胞間で連絡をとり合う方法が発展しなければならなかった。この相互作用が、より大きな構造と、それに寄与する個々の細胞をもたらした。新しい多細胞生物は、環境に対してだけでなく、内部の信号に対しても、反応することを学ぶ必要が出てきた。

多細胞生物の大きな利点のひとつは、体を大きくできるということに加えて、さまざまな生物学的機能を別々の細胞の系列で分担できるという点である。約八億年まえに、多細胞生物がついに原生生物から出

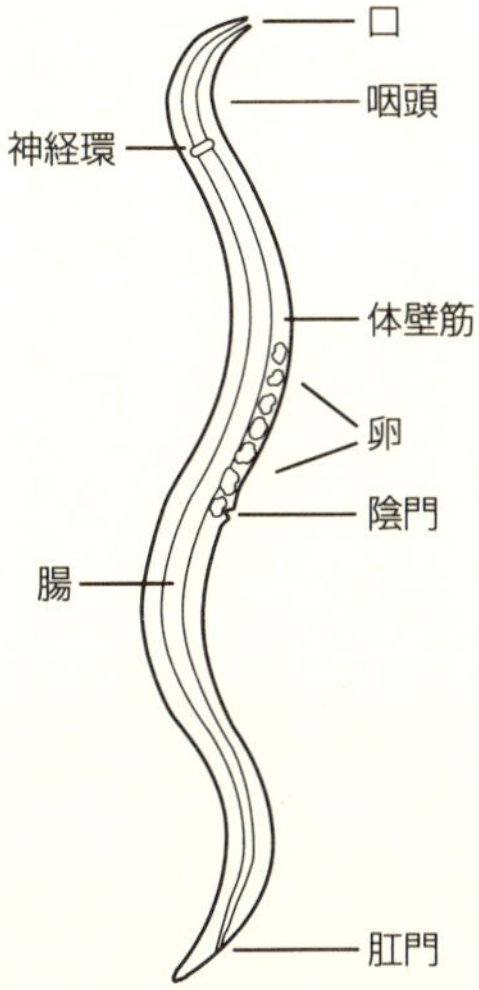

図4. 1　線虫（C・エレガンス）。

現して動物界が誕生したとき、生殖のDNAと体のDNAが別々の細胞系列に分かれただけでなく、ゾウリムシのような単細胞の原生生物がもっていた、神経に似た機能もまた別々の細胞系列に受け継がれた。外の刺激を感知して反応するという仕事を、ひとつの細胞がする必要はなくなった。それは、新しい神経系のなかで高度に特殊化された細胞の仕事になった。この本があつかっているのは行動だが、多細胞生物の神経系がこうした行動を生み出すのだ。

現存する初期の多細胞生物のなかでもっとも詳しく研究されているひとつが、線虫である（図4・1）。線虫の仲間は、土中、海底の泥のなか、そして人間の体内にもいる（旋毛虫症を引き起こす旋毛虫や象皮病を引き起こすフィラリアは、線虫の一種である）。線虫は、（ミミズの近縁ではないが）地球上の現存する動物のなかでかなり原始的なもののひとつで、たとえば、完全な消化器系を備えた最初の生きものであった。しかし、驚くほど成功している生きものであり、全体で見れば、多細胞生物のなかではもっとも種類が多いかもしれない。

この小さな線虫は、ゾウリムシと同じ行動の特徴の多くを示すが、一方で、環境内の刺激に対する反応行動の複雑さも見せ始めている。こうした複雑な反応行動は、神経系をもつ動物に共通した特徴である。だが、これらの反応を生み出す細胞のしくみ、そしてそれらの遺伝的・分子的制御は、線虫とゾウリムシとではほんのわずかしか違わないし、実際のところ、人間とも、そう大きく違うわけではない。

真核生物の数多くの特徴を知るためのモデル生物として線虫が使えるということに最初に気づいたのは、イギリスの科学者シドニー・ブレンナーだった。ブレンナーは、南アフリカで少年時代をすごしたあとイギリスに移住し、そこで誕生したばかりの分子生物学を学んだ。ちょうどこの頃、分子生物学は最初の黄金期を迎えつつあり、DNAの構造と機能が解明され、遺伝子コードが解読されつつあった。ブレンナーはすでに、ケンブリッジ大学で研究しているときに、DNAを構成するヌクレオチドのトリプレット（三塩基連鎖）がどのようにして遺伝子のアルファベットとして使われ、情報を保持しているかを解明し、業績をあげていた。ほかの研究者は、遺伝子がどのような機構によってはたらいているかをもっと詳しく描き出すことを続けていたが、ブレンナーは、1960年代後半になると、遺伝子の化学に見切りをつけ、遺伝子の生物学に、とりわけ遺伝子が複雑な多細胞生物の発生と機能をどう導くのかに関心を寄せた。そこで彼は、実験室でうまく育てることのできる複雑な生きもののなかでもっとも単純なものを探しにかかった。

分子生物学が歩き始めたころ、科学者たちは、生命のプロセスが遺伝によってどのように制御されているかに関心をもち、もっぱらバクテリア、ウイルス、酵母を研究した。多細胞生物は、通常の分子研究としてはあまりに複雑で、生育もきわめてむずかしいと考えられていた。単細胞生物は、遺伝の研究には理想的だった。育てるのが簡単だし、繁殖も速く、もっている遺伝子も少ないからだ。すべての生きている細胞がもつ多くの基本的な生物学的プロセスを解明するために、現在も単細胞生物を用いて精力的に研究が行なわれている。1960年代半ばになると、微生物の分子生物学と分子遺伝学を確立する過程で得られた経験と技術を、もっと複雑な生物システムに応用すれば、実り多い成果が得られるかもしれないと考えられるようになった。ブレンナーは、個々の細胞の生命のさらに先を研究しようと考え、より複雑な多細胞や細胞間のプロセスが遺伝子によってどう調節されているかという研究を開始した。なかでも、彼の関心は、遺伝子がどのようにして神経系のような複雑な組織の構造や機能を指示しているかにあった。

遺伝学では、連続する多世代にわたる形質の伝達と分離が必要である。そのため、ブレンナーは、神経系をもち、一世代が短い動物を探した。線虫は理想的に見えた。体もきわめて小さく（体長が一ミリ程度）、しかも飼うことができ、ゾウリムシと同じく、大腸菌などふつうのバクテリアを食べる。ふつうは土中に棲んでいるが、実験室で三日ほどで性的に成熟し、平均寿命は一三日ほどだったからだ。1974年に、ブレンナーは、線虫に関する最初の詳細な遺伝的分析の結果を発表した。その後研究が進み、現在では線虫のゲノムの全配列がわかっている。人間は二三対の染色体をもつが、線虫は六対の染色体をもつだけである。これらの染色体はかなり小さく、それらに含まれるDNA全体の量は、人間のひとつの染色体対に平均的に含まれるDNAの量にほぼ等しい。だが線虫は、人間が推定で三万五千ほどの遺伝子をもつのに対し、その半分ほどの数の遺伝子をもっている。だから、遺伝子がぎっしり詰まったゲノムだと言える。とりわけ、線虫で特定されている大部分の遺伝子は、人間でも対応するものが見つかっている。そして、人間のいくつかの遺伝子は、線虫に移植しても、まったく同じにはたらくように見える。

さまざまな領域の研究者が、多細胞のプロセスの研究において、モデル生物として線虫を用いる価値を認めていた。もっとも重要なことは、その当時、発生生物学者が、線虫の受精卵からどのように成体ができあがるのかを研究し始めていたことである。現在は、線虫の生活史のなかで、個々の細胞の起源と系譜の追跡が済んでいる。線虫は、こうした全細胞の「系譜」が得られている唯一の多細胞生物なのだ。線虫の個々の神経細胞がどこにあって、どこに連絡し、ほとんどの場合、それがどんなはたらきをするかも明らかにされている。成体の線虫は、全部で九五九の細胞からなり、そのうち三〇二は、ニューロン（神経細胞）である。これらのニューロンは、大別すると三種類になる。ひとつめは、求心性の感覚ニューロンで、環境の刺激や内部刺激を感じとる。二つめは、介在ニューロンで、複数のニューロン間の情報伝達を行なっている。三つめは、運動ニューロンで、体のなかのほかの細胞と相互作用し、知覚された環境や内部刺激に対して適切な反応を引き起こす。運動ニューロンは、筋細胞を興奮させて体の動きや体内の器官の収縮を生じさせたり、腺を刺激してホルモンやそのほかの化学物質を放出させたりする。神経系がこうした三種類のニューロンから構成されていることは、人間も含めて、すべての高等生物に共通している。線虫の三〇二の神経細胞の間には全部で約五千の連絡があり、それらのほとんどが特定されている。

神経系全体で三〇二のニューロンしかないのであれば、神経のはたらきに影響する遺伝子の突然変異と特定のニューロンとを関係づけることができるかもしれない。そしてそれは、神経系が実際にどうはたらくか、なかでも、それが学習、記憶、行動をどのようにして生み出すかについて、新たな洞察が得られるかもしれない。ブレンナーは、線虫を用いる利点をそう予見した。学習とは、まわりの環境についての情報が生物の神経系に書き込まれるプロセスだ。それは、その生物が内外の世界について情報を得るやり方である。記憶は、その情報をあとで用いたり参照したりするために、貯蔵し、とり出すプロセスである。7章で見るように、記憶のプロセスでは、個々のニューロンは、環境についての情報を伝える結果として、物理的にも化学的にも変化を起こす。行動は、複数の運動ニューロンの活動の結果として生じ、三次元空間のなかでその生物の動きと機能全般をガイドする。このように、細胞レベルで見ると、行動は、神経系の情報処理の最終産物だと言える。そして神経系は、外に向いた個々の感覚ニューロンを通して、環境が生物の行動を変えるための手段を与える。したがって、遺伝子が行動に影響するということで言えば、関与の可能性がもっとも高いのは、神経系のはたらきに影響を与える遺伝子だろう。

単純な多細胞生物がみなそうであるように、線虫の感覚ニューロンの大部分は、線虫の体の表面にあって、環境とじかに接している。興味深いことに、これらのニューロンの多く、とりわけ環境内の化学物質を検出するニューロンは、先端が外に向いた長い繊毛を備えている。これらの繊毛は、ゾウリムシが動き回るときに使う繊毛と基本的には同じものだ。線虫でも、ほかの多細胞生物でも、神経の先端部の繊毛は、外界の信号をとらえる受容体がより多く発現できるように表面積を大きくする役目を果たしている。さらに、線虫の三種類のすべてのニューロンで、ゾウリムシの場合とまったく同じイオンチャンネルとイオンポンプがはたらいている。

ゾウリムシの反射行動の多くは、線虫にも受け継がれている。たとえば、線虫の感覚ニューロンの多くは、触覚刺激に敏感である。ゾウリムシと同様、線虫も、体の先端を突かれると、それと反対方向に逃げる。しかし、この動きは、ゾウリムシのように繊毛を使うのではない。物理的な接触によって、ゾウリムシで紹介したのと同じ種類のイオンチャンネルの開閉が引き起こされるが、感覚ニューロンそれ自体に、動きの反応が起こるわけではない。イオンの変化がまず神経インパルスに変換され、これが多数の介在ニューロンを経て、筋細胞につながっている運動ニューロンに伝えられる。刺激への線虫の反応は、最終的にこの筋細胞で起こる。ゾウリムシの繊毛のポンプを作動させるのと似たような反応を通して、運動ニューロンによって刺激された筋細胞が収縮する。実際には、複数のグループの筋細胞が連続的に収縮すると、ヘビがくねるような動きになって、線虫を前や後ろに動かすのだ。

触覚刺激に対する線虫の反応は、純粋に反射的な行動のひとつである。しかし線虫は、単純な反射以上のことをする。体の先端に触れれば、つねに逃げる。同じところに触れれば、また逃げる。しかし、短時間の間に何度もこれを繰り返してゆくと、線虫は逃げるという反応をしなくなる。線虫は、考えることができない——少なくとも私たちのようには考えない——が、繰り返し触れられたのになにごとも起こらなかったので、それが脅威ではないことがわかったかのように、そして逃げて無駄なエネルギーを使うのはやめようと「決めた」かのように、ふるまうのだ。神経生物学者は、これを「馴化《じゅんか》」とよんでいる。馴化は、これまで単細胞の原生生物では見出されていない。それは、多細胞生物になってはじめて現われる新しいレベルの行動であり、いわゆる非連合学習の一種である。こうした学習が特殊だと言えるのは、ほかのタイプの刺激に対する線虫の反応、たとえば軽い電気ショックから逃げる能力が、触覚刺激に対する馴化によって弱められることはないからである。

この学習は、線虫のどこで起こるのだろうか？　高等生物の脳の構造から類推すると、可能性が高いの

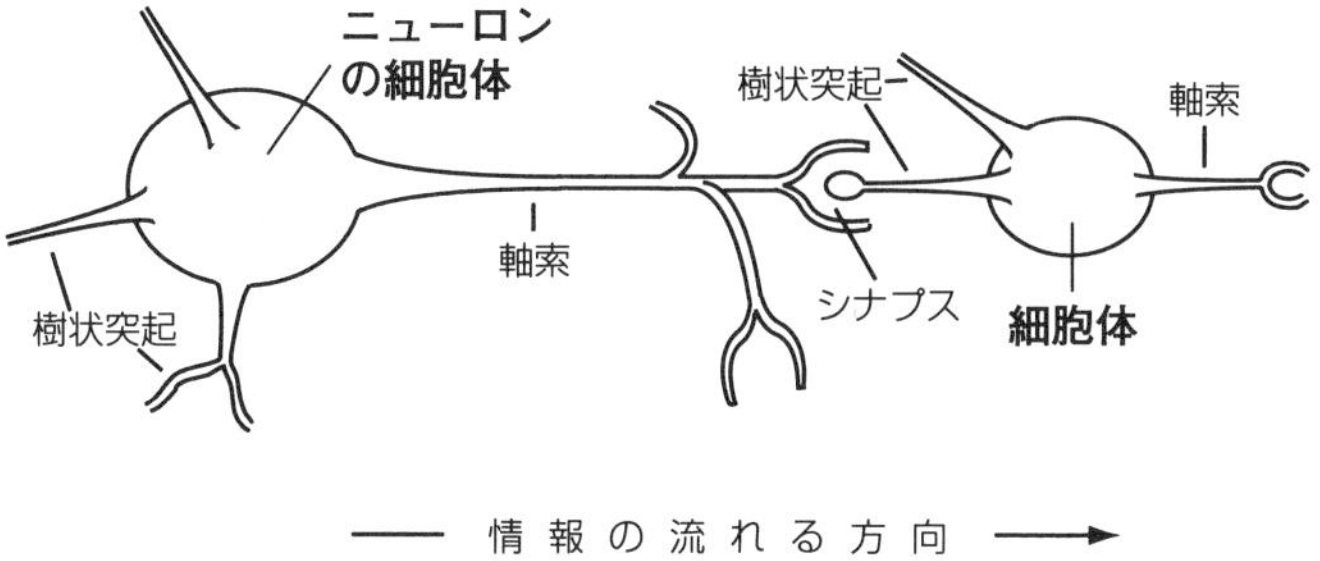

図4.2　2つのニューロンの軸索‐樹状突起間のシナプス。

は神経環とよばれる、線虫の首のあたりにある器官である（図4・1）。線虫の全神経細胞の約四分の三は、神経環にひとつ以上の神経線維を送っており、この場所でほかの神経線維と連絡している。神経環は、神経節（神経細胞が集まって小さな結節になっている）や進化的にあとになって現われる生物の原始的な脳（ここで信号の統合というきわめて重要な処理――体のさまざまな部分から来る情報を運ぶニューロン間の情報の比較――が行なわれる）によく似た構造をしている。

単細胞の原生生物と同じく、神経細胞は、帯電している。つまり、電気的に分極している。神経細胞は、その表面の膜をはさんでイオン濃度に著しい勾配があるのだ。神経細胞の内側は、外側に比べて、カルシウムイオンとナトリウムイオンの濃度がきわめて低く、逆にカリウムイオンは高濃度である。これが電位を生じさせ、この電位によって、神経インパルスがほかの神経細胞や筋細胞に伝えられる。神経細胞は細い神経線維を外へと伸ばして互いに連絡し合っているが、この神経線維には二つの種類がある。樹状突起は、神経細胞に情報をとり込み、軸索は、逆に情報を送り出す（図4・2）。ほとんどのニューロンでは、軸索がひとつだけか、あるいはせいぜい二つか三つあるだけだが、樹状突起のほうはふつうはたくさんある。さらに、軸索も樹状突起も分枝をもつことがあり、それぞれの分枝は、別のニューロンと連絡している。人間の脳の神経細胞では、樹状突起の先端が一〇万を越えることもある。このようにして、ひとつのニューロンは通常、ほかのたくさんのニューロンと直接連絡をとり合うことができる。線虫では、これが神経環だけで起こる。

ニューロンの軸索から伸びた枝は、ほかのニューロンの樹状突起に、あるいは筋細胞の表面に連絡している。ニューロンは、シナプスとよばれる特別なすきまを通して神経インパルスを送ることによって、ほかの細胞と情報のやりとりをする。神経インパルスはほとんどの場合、化学的に伝達される。たとえば、感覚ニューロンは、触れて刺激されると、細胞膜の内外のイオン濃度が均一になって、即座に脱分極する。これらの変化は、ゾウリムシのところで見たのと同じタイプのイオンチャンネルによって仲介される。脱分極によって、軸索の先端から、神経伝達物質とよばれる特殊な化学物質が放出される。神経細胞は、さまざまな神経伝達物質を用いて、情報を伝え合う。以下では随所で、こうしたさまざまな神経伝達物質について紹介する。線虫では、神経細胞と筋細胞の間で使われる神経伝達物質は、アセチルコリンとよばれる低分子である。進化の歴史において、線虫に至る枝と人間に至る枝とが分かれたのは、およそ一〇億年もまえのことなのに、線虫の用いているアセチルコリンは、人間の神経細胞間の情報伝達で使われているのと同じものである。動物の神経系の構造と機能には、驚くべき保守性が数多く見られるが、これもその一例にすぎない——神経系の原理はすでに進化のごく初期に確立していたのだ。

神経伝達物質は、シナプスのすきまに拡散し、受け手側の細胞の受容体にとらえられる。すると、その細胞に反応が引き起こされる。その細胞がニューロンの場合は、脱分極し、軸索から多量の神経伝達物質が放出される。こうして、神経インパルスがまた次の細胞へと伝わってゆく。もし受け手側の細胞が筋細胞であれば、神経伝達物質がその筋細胞に収縮を引き起こし、さまざまな仕事をさせる。

線虫のもっとも重要な利点のひとつは、個々のニューロンがすべて特定されているので、ニューロンをひとつひとつ壊してゆくことによって、その結果どんな障害が生じるかを観察できるということである。これには、ノマルスキー微分干渉顕微鏡――標準的な光学顕微鏡を利用したもので、生きている線虫の個々の細胞を見ながら確認できる――とレーザーを用いる。この顕微鏡を通して、きわめて細いレーザー光線を標的となるニューロンの核に照射する。熟練すれば、強いレーザー光線をほんの数回当てるだけで、個々のニューロンを破壊できるようになる。単一のニューロンを欠いた線虫がどのような神経的欠損を示すかを観察してゆけば、それぞれのニューロンがどんな行動に関わっているのかを特定することができる。

ニューロンが集まって、脳のような複雑な器官や人間の脊髄にあるような神経節になると、あるいは線虫の神経環のような単純な器官でも、ニューロンは互いに影響を与え合うことが多くなる。ひとつのニューロンへの刺激作用が、そのニューロンが連絡するほかのすべてのニューロンにも影響をおよぼし、ほかから信号が届いたときに脱分極を生じやすくしたり、生じにくくしたりする。ニューロンへの刺激作用が、それ以前には連絡していなかったほかのニューロンへも情報を伝え、連絡経路を形成することもある。介在ニューロンのほとんどはほかの多くの神経細胞から樹状突起を介して入力を受けとるので、ある信号に対する個々の介在ニューロンの反応は、変換を受けた多数の信号が同時に届くことによっている。おそらく、これが信号の統合の基本であり、馴化や非連合学習などの決定的要素である。

線虫は、触覚に加え、化学物質や熱にも敏感だ。熱受容体と化学受容体が線虫の体表面のさまざまな部分に分布していて、特定の感覚ニューロンの外に向いた部分にある。線虫は、一一対のニューロンをもち、数百種もの化学物質が区別できる。線虫は、塩、ビタミン、アミノ酸などの物質に引きつけられ、ほかの多くの物質から——本来の誘引物質の濃度があまりに高すぎる場合にも——遠ざかる。求愛行動や産卵行動などでは、ほかの化学物質がフェロモンとして作用する。高等生物の味覚や嗅覚と同じように、わずかに異なる特異性をもついくつかの化学受容体が、同じ刺激に異なる強さで反応するのかもしれない。

線虫の行動の遺伝的基盤

線虫の行動をコントロールしている遺伝子では、多数の突然変異が見つかっている。それらの遺伝子がどんな特徴をもっているかという研究は、ゾウリムシについての理解にとどまらず、行動の遺伝の理解も前進させてきた。正常に機能する感覚ニューロンの能力に悪影響をおよぼす突然変異は、環境を感知する線虫の能力を壊し、運動ニューロンに悪影響をおよぼす突然変異は、環境内のできごとに反応する線虫の能力を損なう。しかし、遺伝子がこうしたきわめて基本的なレベルでどうはたらくかがわかると、神経系がどう機能するかについてもさまざまなことがわかる。たとえば、人間の味覚や嗅覚に対応する線虫の化学受容の遺伝的基盤については、かなり詳しいことがわかっている。線虫の一一対の化学感覚ニューロンは、数百もの異なる種類の化学受容体を備えている。化学物質の種類に応じて、線虫は引きつけられたり、遠ざかったりする。

神経レベルでは、誘引や反発はどのようにして制御されているのだろうか？　ある種の化学感覚ニューロンは、誘引物質の受容体だけをもっていて、刺激に向けて線虫を前進させる動きの回路につながっているのかもしれない。別のニューロンは、忌避物質の受容体だけをもっていて、後退を引き起こす機構に直接連絡しているのかもしれない。あるいは、化学感覚ニューロンは、みな両方のタイプの受容体をもっていて、どちらのタイプの受容体が物質を受けとるかによって、違ったタイプの運動反応を引き起こしているのかもしれない。実は、この問題には、線虫の化学受容体の遺伝子の分離とクローニングに成功したことで、すでに答えが出されている。こうした遺伝子のひとつが *odr-10* で、ジアセチルとよばれる誘引物質に対する感覚をコントロールしている。研究者たちは、*odr-10* を発現するニューロンを変えることによって、線虫がジアセチルに近寄ったり、遠ざかったりすることを発見した。このように線虫は、嫌いな物質の受容体を一組のニューロンに集中させ、好みの物質の受容体を別の一組のニューロンに集中させているように見える。ニューロンは、人為的に導入された受容体であれ、受容体のひとつに作用する化学物質によって刺激されると、一種類の反応だけを起こす。ゾウリムシの場合には、ひとつの細胞が誘引反応と反発反応を発達させるしかなかったが、多細胞生物の線虫は、これらの反応を別々の感覚システムのコントロールの下で行なうのだ。

遺伝子と突然変異の研究が、ほかの種類の行動でも行なわれている。最近、線虫の社会行動の興味深い側面をコントロールしている遺伝子が報告されている。世界中の研究室で飼われているさまざまな系統の線虫の採食行動を調べた結果、二種類の表現型が見つかった。一方の種類は、バクテリアのいる培養皿におくと、皿全体に均一に広がり、基本的に「単独採食者」として行動する。これらの線虫は、互いにぶつかると、四方に散る傾向がある。もう一方の種類は、つねに塊をなして集まり、「集合採食者」として行動する。この種類の線虫は、活発にぶつかりあっては、体を曲げ、のたくりながら採食する。こうした行動は、食物があると引き起こされる。食物がなければ、集合採食者も皿に均一に分散する（図4・3）。

採食行動におけるこうした違いは、線虫の系統が *npr-1* という単一遺伝子の二つの対立遺伝子のうちどちらをもつかによって決まっている。*npr-1* の *215f* という対立遺伝子は、集合採食の系統の線虫にのみ見つかり、*npr-1* の *215v* は単独採食の系統の線虫にのみ見つかる。重要なのは、これらの対立遺伝子が実験的に作られたものではなくて、線虫に自然に見られる対立遺伝子だということである。集合採食の系統の線虫の *npr-1* 遺伝子を *215v* におきかえてみると、それらの線虫は単独採食をするようになった（図4・3参照）。*npr-1* 遺伝子は、哺乳類の「神経ペプチドY」とよばれる神経伝達物質の受容体によく似たタンパク質をコードしているということがわかっている。二つの対立遺伝子は、このタンパク質を合成しているが、それぞれのタンパク質は、構成成分の数百のアミノ酸のうちたったひとつが違うだけである。線虫は、神経ペプチドYを神経伝達物質として使っているわけではないが、神経ペプチドYにそっくりな分子を合成し、その分子が *npr-1* のコードしている受容体に作用するのである。おそらく、「集合採食」の線虫は、このシステムを用いて、採食時に互いにコミュニケーションをとり合っているのだろう。

もっとも重要な行動のひとつで、多細胞生物が登場するまで現われなかった行動は、連合学習である。これは、パヴロフ以来、「古典的条件づけ」として知られているものである。この種の学習は、環境の刺激に対してすばやく反応する能力に加えて、過去の経験を安定してとり出すことのできる記憶を必要とす

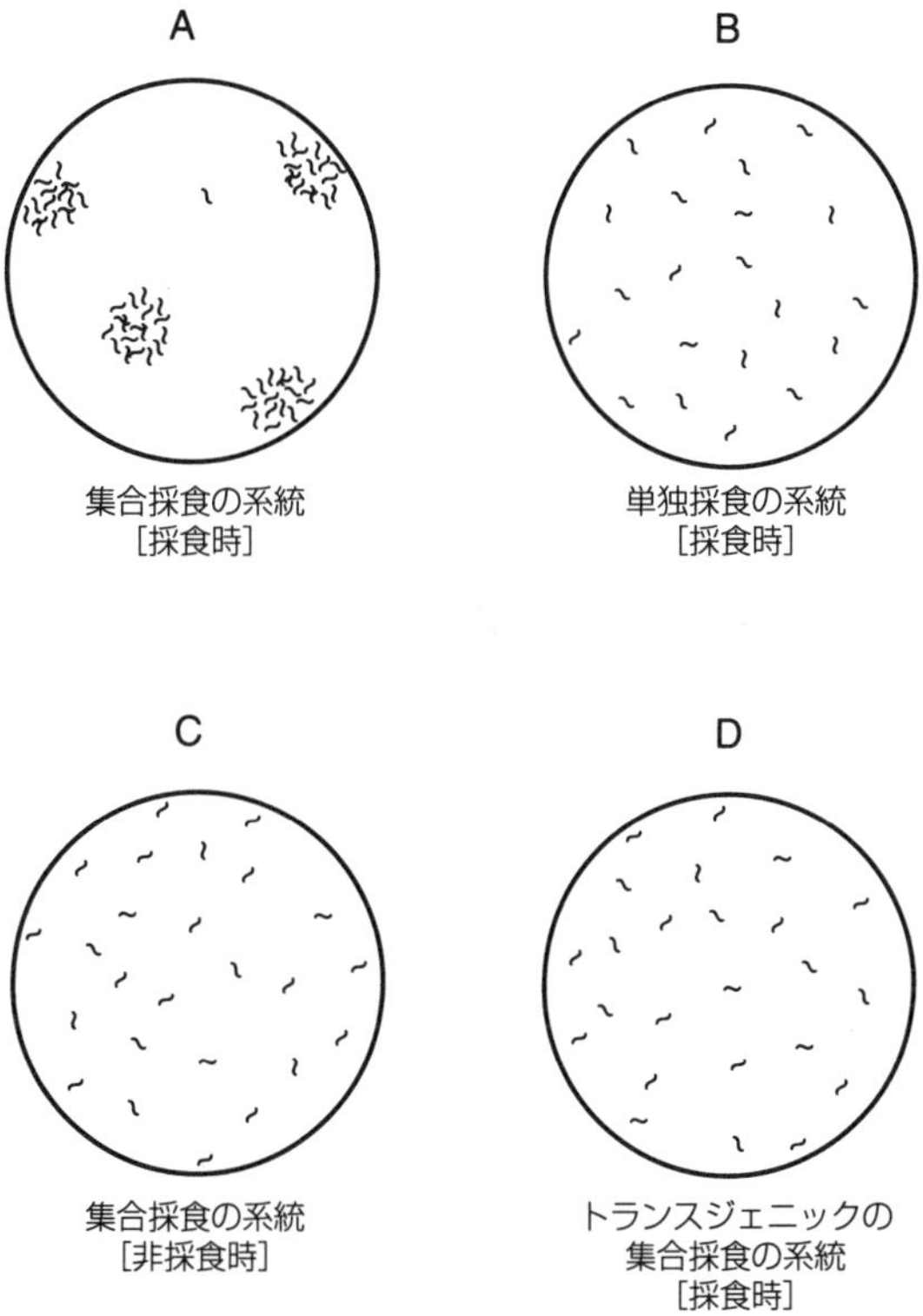

図4. 3　線虫の採食行動。Aの「集合採食」の個体は，*npr-1* 遺伝子の *215f* の対立遺伝子を，Bの「単独採食」の個体は *215v* の対立遺伝子を発現している。Aのような集合行動が見られるのは，採食時だけである（C)。「集合採食」の *215f* の対立遺伝子を *215v* におきかえると，その個体は「単独採食」行動を示すようになる（D)。

る。

最近発表された実験によると、線虫のレベルですでに、古典的条件づけや連合学習が見られる。線虫は、自分のまわりのナトリウムイオン（Na^+）と塩素イオン（Cl^-）とを感知する別々のニューロンをもっていて、通常は、それらのイオンがほどよい濃度のところに向かって動く。条件づけの第一段階では、線虫の好物の食物（バクテリア）か大嫌いな物質（ニンニクエキス）のどちらかが、ナトリウムイオンと塩素イオンの一方と水のなかで混ぜ合わされた（つまり、組合せが四種類あった）。線虫をこれらの混合液に入れ、そのあと体を完全に洗ってから、皿の上に載せた。次に、ナトリウムイオンか塩素イオンのどちらかを含んだ（今回はバクテリアやニンニクエキスは含まれていない）水滴を線虫の近くにたらした。水滴中のイオンが先程バクテリアと組み合わされたイオンである場合には、線虫は水滴のなかに入り、活発に食物を探し回った。水滴中のイオンがニンニクエキスと組み合わされたイオンである場合には、線虫は水滴を避けた。同じ研究者グループによる別の実験でも、ニオイと食物の間で同じような連合学習が成立した。

線虫は、条件づけの経験の記憶を数時間もの間保持し、そのあとの何度かのテストでは、この記憶を用いて行動した。このこと自体、驚くべき発見である。このきわめて単純な線虫で起こる行動は、はるかに複雑な神経系をもつ動物が示す学習行動の特徴のすべてを備えているのだ。線虫は、プラスの報酬（バクテリア）やマイナスの報酬（ニンニクエキス）と、それらとはまったく独立した第二の信号（ナトリウムイオンか塩素イオン）とを関係づけることができ、報酬がないときでも、第二の信号に応じてテストの水滴に近づいたり、遠ざかったりできるのである。さらに研究者たちは、私たちが用いている記憶のプロセスと同じように、線虫の短期記憶には時間的限界があり、短期記憶が長期記憶に移行するということも示すことができた。

　しかし、これらの研究者たちは、さらに驚くべき発見をした。線虫における単一遺伝子の突然変異が、ほかの生物学的機能にはこれといった影響を与えずに、連合学習だけをできなくさせるのだ。彼らは、突然変異誘発物質を用いて線虫のゲノムにランダムな変異を生じさせ、それらの線虫に右に述べた条件づけの実験を行ない、その学習能力の点からふるい分けを行なった。その結果、突然変異によって学習能力が欠損した二つの遺伝子が見つかった。これら二つの遺伝子はそれぞれ「ラーン1（*lrn-1*）」と「ラーン2（*lrn-2*）」とよばれている。[注]これらの遺伝子のどちらかが突然変異を起こしている線虫では、ナトリウムイオンと塩素イオンを感知する能力も、バクテリアを好みニンニクエキスを嫌うという性質も正常に保たれており、動く能力も完全だし、食物やイオンにも適切に反応できる。だが、特定の食物と特定のイオンを関係づける連合学習はできない。

　ラーン1とラーン2遺伝子はまだ分離もクローニングもされていないので、それがなにをしているのかはいまのところわからない。大部分の遺伝子のように、タンパク質をコードしている可能性はきわめて高いし、おそらくそれらのタンパク質が連合学習に重要な役割を果たしているのだろう。この役割を特定するのにそれほど時間はかからないはずである。この点が、実験的なモデル生物として――ニューロンがど

注　ある遺伝子がなにをコードしているかは不明だが、その遺伝子の突然変異がわかっているとき、遺伝学では、その発見者がつけた突然変異体の名前を短縮して、イタリックで記すのが慣例である。

のように配線されているかを知るために――線虫を用いる大きな利点のひとつである。まず最初のステップは、この新しい連合学習のテストで、どのニューロンが関与しているのかを突き止めることである。これには、マイクロレーザーを用いてニューロンをひとつずつ壊していき、連合学習に決定的役割を果たしているニューロンを特定する。もちろん、食物やイオンを感知するのに使われる感覚ニューロンも関与しているし、それらの機能を損なわせるものはすべて学習も阻害するだろう。さらに、食物への線虫の接近や後退を制御している運動ニューロンも関与しているはずである。しかし、これらの反応はすべて、いま紹介した実験で分析されており、ラーン1変異体とラーン2変異体では、どれも十分に機能していることがわかっている。したがって可能性がもっとも高いのは、介在ニューロンであり、おそらくは神経環のニューロンである。

次のステップは、ラーン1遺伝子とラーン2遺伝子を分離し、クローニングし、塩基配列を決定し、最終的には、それらの機能を明らかにすることである。まったく未知の遺伝子の分離という作業は、通常時間がかかり、退屈なものだが、それはこの場合にはあてはまらない。線虫のゲノム計画は最近完了したところで、線虫のもつおよそ一万七千の遺伝子のそれぞれについてクローニングと配列決定が済んでいる。[注1] ラーン突然変異と線虫の遺伝子とを対応づけるのに、そんなに時間はかからないはずだ。それがはっきりすれば、これらの変異遺伝子に起こった変化を調べ、これらの対立遺伝子の違いが行動の個体差をどのように生み出すのかを解明できるだろう。どのニューロンが関与しているかという確かな知識と、ラーン1とラーン2遺伝子、そしてその対立遺伝子のはたらきについての知識とを総合することによって、遺伝子がどのように行動をコントロールしているかという、これまでになされていない分析が可能になるだろう。

神経細胞のはたらきの基本的要素は、進化の歴史のなかで驚くほど変化していないから、近い将来人間にも、ラーン1とラーン2に対応する遺伝子が（もし存在するとしたらだが）見つかる可能性は高い。人間の脳で発現する遺伝子にはどういうものがあるかについては、かなり完全な「ライブラリー」が作成されているが、いまのところ実際に機能が知られているのは、そのうちごくわずかである。線虫の遺伝子は、そのライブラリーのなかからラーン1とラーン2に対応するものをスクリーニングするのに使える。[注2] 線虫のこれらの遺伝子は、人間の神経系でも同じような機能を果たしている可能性は高い。こうして私たちは、人間に見られるこれらの遺伝子の対立遺伝子がさまざまな人間行動、とくに学習と記憶に見られる個人差と相関するのかを問題にできる。このように、線虫のような下等動物での研究は、人間行動、そして人間の脳の機能に重要なヒントを与えてくれる。

注1　推定で三万五千の遺伝子があるとされるヒトゲノムの配列決定は、2003年に完了する予定だ。
注2　どのようにして遺伝子を分離し、クローニングし、配列決定するか、また遺伝子ライブラリーをスクリーニングするために、分離された遺伝子をどう使うかは、W・R・クラーク『遺伝子医療の時代――21世紀人の期待と不安』(New York : Oxford University Press, 1997. 共立出版、1999）に述べてある。

5章 遺伝子と行動

これまでの章では、動物と人間の行動に見られる個体差の大部分を説明する上での遺伝子の役割について、多くの直接的・間接的証拠を見てきた。しかし、遺伝子がどのようにその役割を果たすのかについては、わずかに触れただけだった。というのも、どのように遺伝子が行動に影響をおよぼすのかについて、詳しいことがわかっているわけではないからだ。以下で見るように、これまでの研究では、ほとんどの行動（とりわけ人間の行動）は遺伝的に複雑で、ひとつの遺伝子だけでなく、多くの遺伝子の影響を受けている、ということが示されている。しかし、ある行動に影響をおよぼすのがどんな遺伝子かがわからないかぎり、それらが連携してどうはたらくのかを言うのはむずかしい。私たちはやっといま、個々の遺伝子がどれかを特定できるところにたどり着いたばかりなのだ。

線虫のラーン1やラーン2遺伝子の例で見たように、単一遺伝子の突然変異は、ある行動をいとも簡単に壊してしまう。同じく、個々の欠陥遺伝子が人間の行動を壊してしまう例も多い。たとえば、ハンチントン病を引き起こす遺伝子や、遺伝性のアルツハイマー病の遺伝子がそうである。しかし、このことは、問題とする行動が単一遺伝子によってコントロールされているということを意味するわけではない。行動というのはみな表に現われたもの――表現型――であって、多数の異なる遺伝子によって調整される生物システムのはたらきを反映しており、それらは互いに作用し合い、環境とも相互作用している。大部分の行動では、関与する遺伝子の数はおそらく数十に、場合によっては数百にもなるだろう。単一遺伝子の突然変異がある行動をまるごと壊すことがあるという事実は、その行動のもとにある生物システムがきっちり調節されていて、その要素がひとつでもダメになってしまうと経路全体が機能しなくなってしまう、ということを示しているだけなのかもしれない。これは、記憶装置へのファイルの出し入れにたくさんの部品が関係しているコンピュータのことを考えていただくとよい。これらの部品がひとつでも故障すれば、記憶の機能は失われてしまう。しかし、だからと言って、コンピュータの記憶が故障したひとつの部品だけで説明できるわけではない。人間の複雑な形質の決定に関与する遺伝子の場合にも、似たようなことが言える。

行動の遺伝的調節の複雑さのもとにある問題は、この調節に関与すると考えられる遺伝子のタイプと密接に関係している。行動の遺伝的基盤を解き明かすには、まず、どの種類の遺伝子から探せばよいだろうか？　人間の特定の行動形質――たとえば、大胆か臆病か、好奇心旺盛か無関心か――を問題にするとしたら、これらの形質のさまざまな表現型を直接かつ正確に生み出す対立遺伝子をもつ固有の遺伝子が見つかると期待すべきなのだろうか？

さまざまの人間行動に影響をおよぼすと予想される遺伝子について考えるなら、まず人間の別の二つの生物学的現象を見ておいたほうがよいかもしれない。それは、ガンと老化である。ガンと老化については、関与遺伝子を発見しようとした過程で、そのメカニズムについて重要な洞察が得られている。

　ガンは、その症状や経過からして、千かそれ以上の異なる病気だと考えられていた。少なくとも、体のなかの細胞のタイプごとに異なる種類のガンがあって、それぞれに異なる治療が必要で、そしてその結果も異なるというわけである。少なくとも数種類のガンには遺伝的基盤があるという示唆もあったが、だれも、どこから手をつければよいのかわからなかった。もしガンが遺伝子によって引き起こされるのなら、膨大な種類の異なるガン遺伝子が――ガンのタイプごとに少なくともひとつの遺伝子が――あるはずである。長い間、この可能性がガンの遺伝的基盤を解明しようとする科学者の望みを挫いていた。

　幸いなことに、すべての科学者がこの問題の追究を諦めたわけではなかった。この賭けに挑戦し続けた研究者は、最終的に、実際には「ガン遺伝子」そのものはない、ということを発見した。実際には、ガンの発生に関与するかなり少数の遺伝子があり、まったく同じ遺伝子が――あるいは少なくとも同じ遺伝子の集合が――どの組織かに関わりなく、個々のガンを引き起こす。ガンは、正常な細胞分裂の調整を担当する遺伝子の対立遺伝子によって引き起こされることがわかっている。ガン細胞は、少なくとも最初にできたときには、ガンに冒されていない近隣の細胞と、あることを除けば、なんら変わりない。そのあることとは、ガン細胞は、なんらかの理由で細胞分裂の遺伝子の対立遺伝子をもっていて、その対立遺伝子が、細胞分裂すべきではないときに細胞を分裂させるのである。その点を除けば、細胞はまったく正常だ。それぞれのガンが異なるのは、ガンができる細胞が異なるからだが、それを引き起こしている遺伝子は同じであることが多い。ガンとはどういうものかについてのこの新しい考え方は、ガンの発見と治療の方略に革命をもたらし、その新たな方略が臨床場面で用いられつつある。

同じような考え方の変革が、老化の研究でも起こった。外に現われる老化の兆候すべてを数え上げていって、それらを検査からわかる加齢による体内の変化と結びつけていくと、加齢にともなう変化の長いリストができあがる。多くの研究者は、こうしたさまざまなできごとを説明するには、老化が起こるときには膨大な数の異なるプロセスが、体のさまざまの組織や細胞で進行していなければならないと考えた。そしてガンの場合と同じく、老化が遺伝子によってコントロールされているのなら、関与遺伝子は膨大にあり、最低でも、老化のタイプの数以上の遺伝子があるはずだと考えた。

だが、わかったのは、そうではないということだった。体中のすべての細胞に発現する単一遺伝子のはたらきの変化にともなう変性プロセスは、体中の多くの異なる細胞の機能を阻害するのだが、そのやり方が細胞ごとに異なっているのだ。たとえば、ウェルナー症候群では、単一遺伝子の突然変異が、多くの異なる組織の老化を加速させる。この症候群の患者は、二〇歳前後で発症すると、髪が白くなり、皮膚が老化し、骨がもろくなり、筋肉が落ち、白内障になり、心臓病になる。これらすべてが、単一遺伝子の変化によって引き起こされる。それは、ＤＮＡの損傷（老化を引き起こす大きな原因になる）を修復するのに先立って、ＤＮＡのねじれをほどくのに関与する遺伝子である。このウェルナーの遺伝子は、老化に関与する唯一の遺伝子ではない（いずれほかの遺伝子も見つかるはずだ）。しかし、この単一遺伝子がきわめてたくさんの種類の細胞において驚くべき範囲の表現型を生じさせるということからすると、少数の遺伝子によってかなりの割合の老化の表現型が説明できるかもしれない。

確かに、ガンも老化も行動ではない。だが、そのもとにある遺伝的メカニズムの研究は、行動の遺伝を考える上で重要な意味をもっている。第一に、これまで見てきたように、ある生物学的現象が複雑だからと言って、そこにたくさんの遺伝子が関与しているということには必ずしもならない。もちろん、ガンと老化には複数の遺伝子が関与している。しかし、ガンや老化にさまざまなタイプがあっても、まったく異なる別々の遺伝子のセットが関与しているわけではないのだ。第二に、ある表現型の調節に関与する遺伝子は、その表現型と明らかな結びつきをもつこともあるし、もたないこともある。振り返ってみると、細胞分裂を制御する遺伝子とガンとの間の関係は、場合によっては数十年まえに見出されていたかもしれないが、もしだれかがDNAの修復酵素の遺伝子を発見し、ウェルナー症候群にそれが関与していることを示さなかったとしたら、老人の白内障とDNAの修復酵素の間に関係があることはいまだにわからなかったかもしれない。

DNAと遺伝子のことば

ヒトのゲノムでは、二四の染色体――どの細胞にも対で存在する二二の「常染色体」と性染色体のXとY――の上に、推定では三万五千ほどの遺伝子が並んでいる。遺伝子は、体の各細胞の核のなかにある、長い線状のDNAの鎖に含まれている。人間は膨大な量のDNAをもっていて、細胞ひとつあたりのDNAは、長さにして1・2メートルほどになる。もしおとなの人間（大雑把な数で言うと一〇〇兆の細胞がある）がもっているすべてのDNAの端と端をつなげたとしたら、地球と月の間をそれこそ何千往復もするほどの長さになる。

DNAは、ヌクレオチドとよばれる小さな化学的単位からなる（図5・1）。その単位はたった四種類で、A（アデニン）、C（シトシン）、G（グアニン）、T（チミン）という略字で示される。これらがつながって、DNAの鎖ができる。このときの並び方に制約はなく、同じ鎖なら、隣にどのヌクレオチドが来てもよい。細胞のなかで、DNAはつねに、よく知られた「二重らせん」――二本の鎖が互いにねじれているらせん――の形をとる。二重らせんの二つの鎖の間で向かい合ったヌクレオチドは、お互いに結合し、二重らせんをしっかり固定している。この場合には、どれとどれが手をつなぐかには制約がある。一方のらせんにあるAは、もう一方のらせんのTとだけ、CはGとだけペアになる（図5・2）。

二本の鎖の間でヌクレオチドがペアを作る際のこの制約こそ、DNAが正確に複製されるためのミソである。細胞が分裂するとき、二本の鎖はそれぞれ、まったく同じDNAの二重らせんが新たな娘細胞のそれぞれに伝えられるように複製されなければならない。図5・2に示したように、DNAの二本の鎖はほどけて、それぞれが、新しい鎖を組み立てるための鋳型になる。AとT、GとCというペアリングのルールにしたがって、個々のヌクレオチドの新しいコピーが作られ、鋳型の鎖に沿って並ぶのだ。新しいヌクレオチドが鋳型に沿って並んで、ヌクレオチドどうし、鎖どうしがしっかり固定されれば、これでできあがり！　もとのらせんをそっくりそのまま複製した新しい二重らせんができあがる。この洞察によって、ジェイムズ・ワトソン、フランシス・クリック、モーリス・ウィルキンスは、1962年にノーベル賞を受賞した。

遺伝子は、DNAの二本の鎖（どちらも使われる）のそれぞれの上に並ぶ、開始点と終止点とがマークされた一定のヌクレオチド配列である。これら二つの点にはさまれたヌクレオチドが三つをひとまとまり

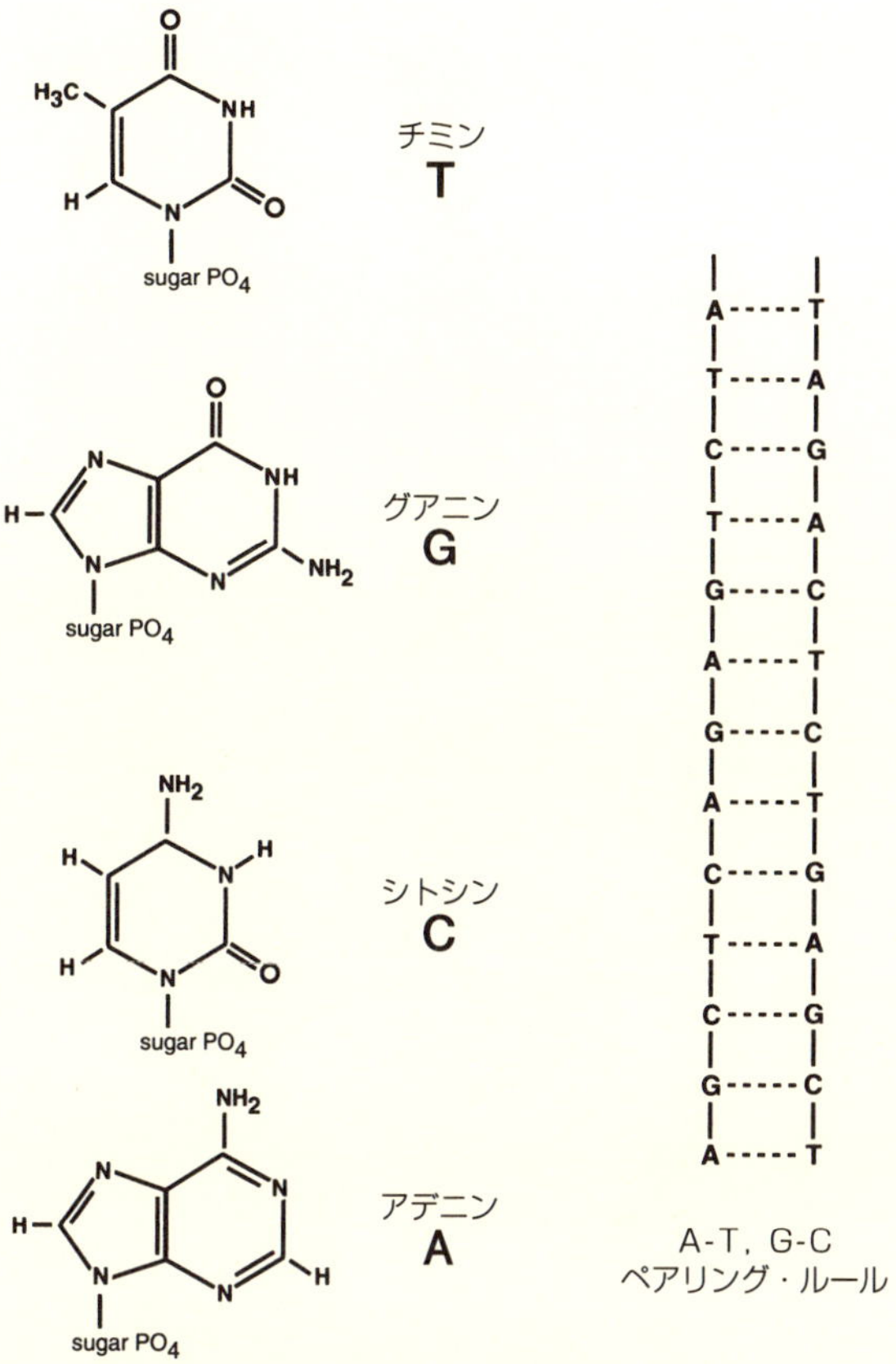

図5.1　DNA を構成する4種類のヌクレオチド。

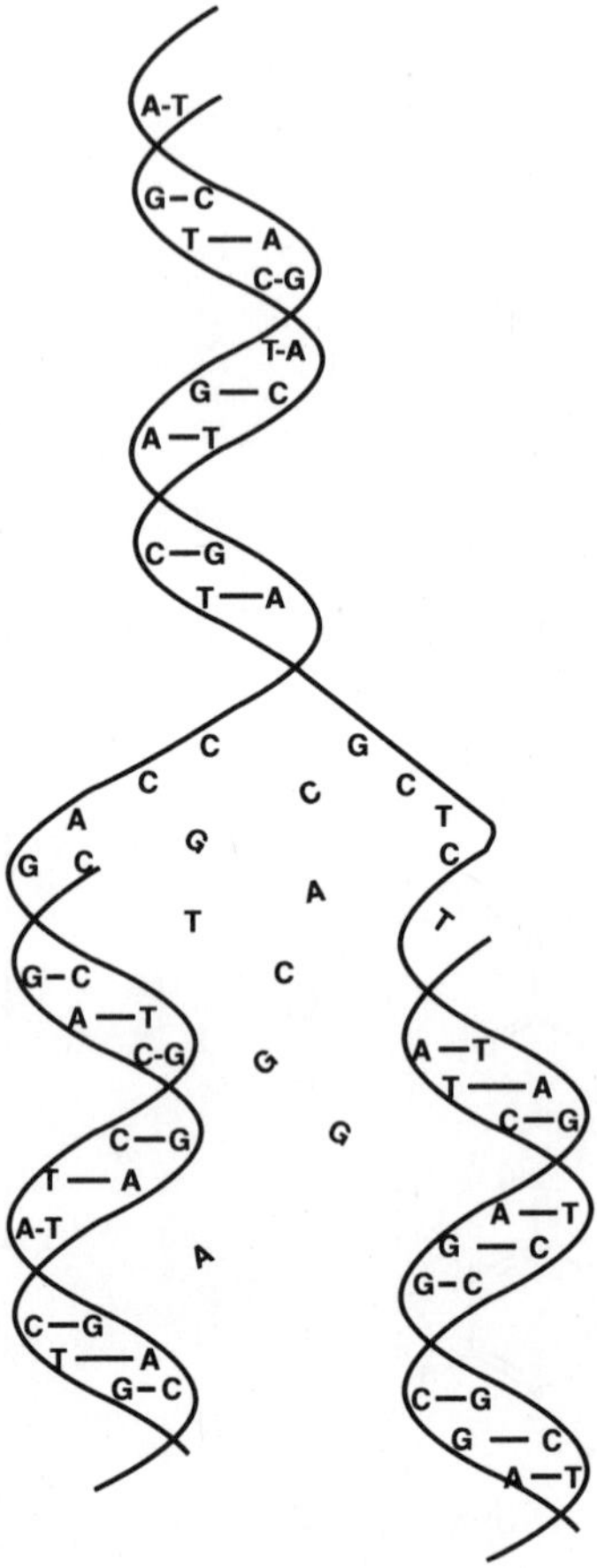

図 5. 2　DNA の複製。ほどけた鎖を鋳型にして，遊離しているヌクレオチドを用いて，新しい鎖が作られる。

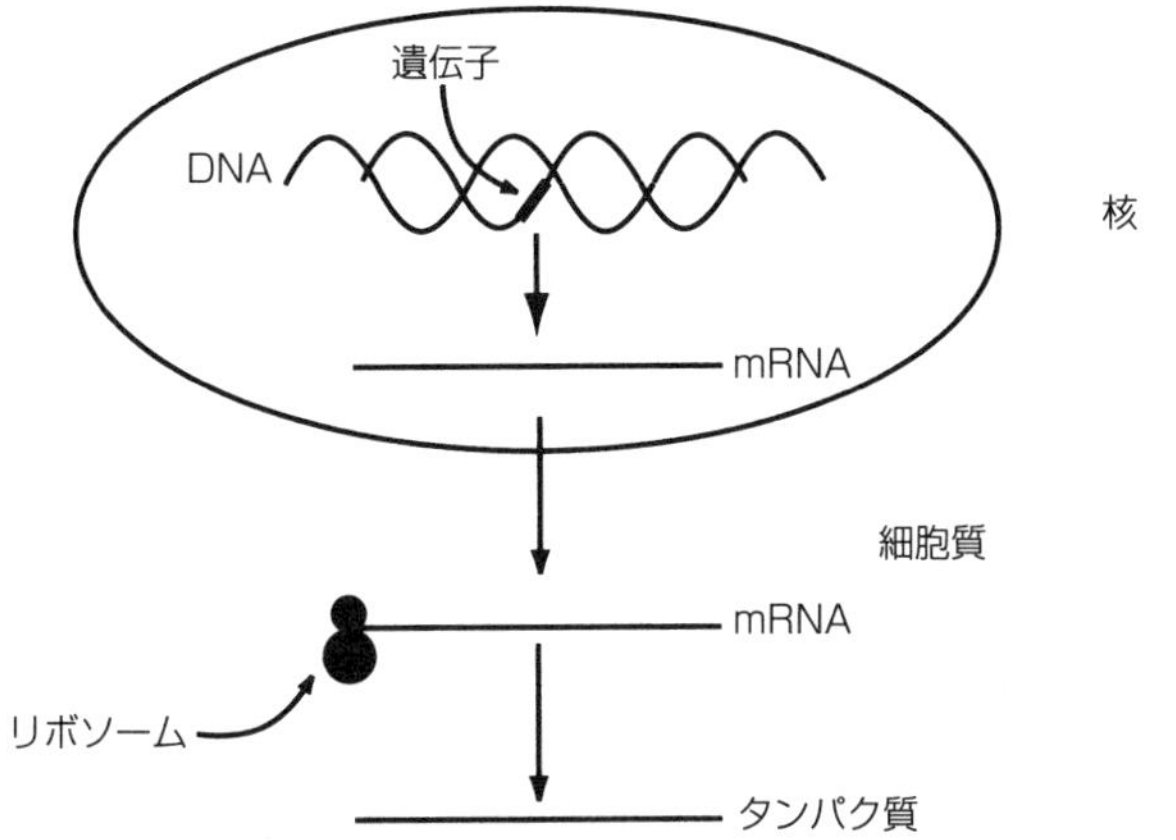

図5.3　情報の流れ：DNA→RNA→タンパク質。

として読まれ、この単位（トリプレット）それぞれが特定のアミノ酸を指定する。こうして、遺伝子は全体で、特定のタンパク質を決めるのだ。特定の遺伝子に対立遺伝子があるということは、この遺伝子のヌクレオチド配列に個体間で少しだけ違いがあるということだ。これが、対応するタンパク質のアミノ酸の小さな違いを生み出す。対立遺伝子は、DNAの複製プロセスが必ずしも完璧ではないために生じる。DNAが細胞分裂で複製される際に、遺伝子に複製のエラーが起こることがある。この新たな形のコピーが受け継がれてゆくと、それは、もとの遺伝子の対立遺伝子になる。

細胞のなかで遺伝子がタンパク質を作り出すやり方が、図5・3に示されている。ある遺伝子がまずコピーされて「メッセンジャーRNA（mRNA）」とよばれる形になる。RNAは、DNAとよく似ている。RNAという別の形の遺伝子になることには、利点がある。個々の遺伝子のコピーが、ゲノムのほかの遺伝子の邪魔をせずに、核から外に移動し、細胞内のタン

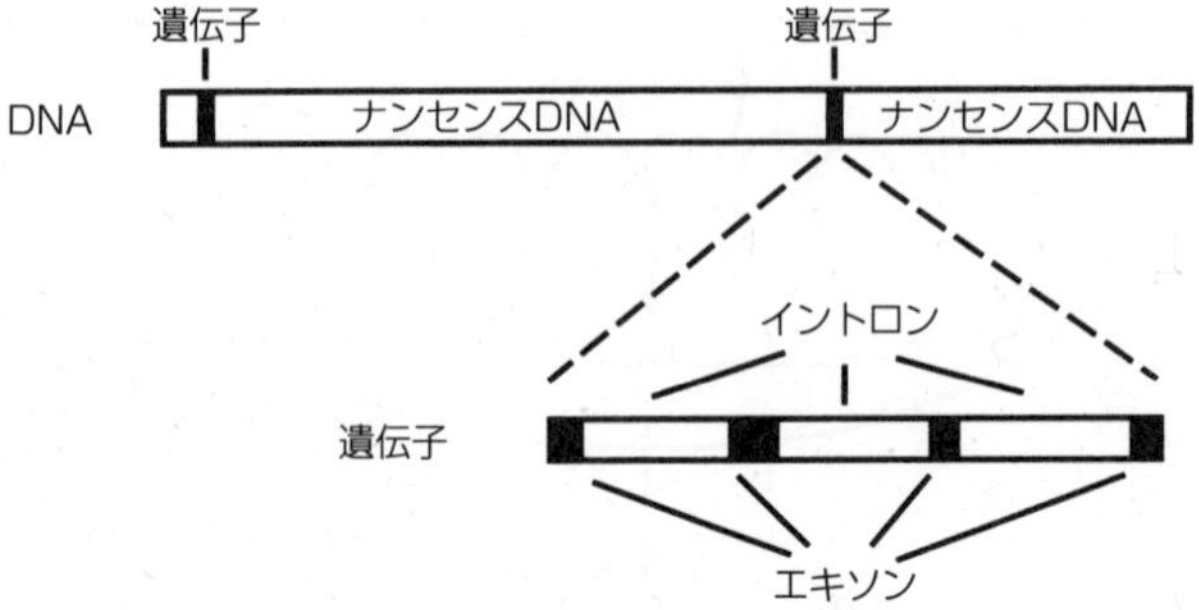

図5.4 遺伝子DNAとナンセンスDNA。下は遺伝子を拡大したもの。黒の部分（エキソン）だけが，特定のタンパク質をコードしている。

パク質を合成する部分に入ることができるのだ。この場所に入ると、遺伝子のメッセンジャー役のコピーは、リボソームとよばれる小器官に付着し、そこでその配列がトリプレットごとに読みとられ、タンパク質のアミノ酸配列に変換される。

それぞれの遺伝子は、平均すると千ほどのヌクレオチドからなる。人間のゲノムには約三万五千もの遺伝子があるとしても、明らかに、ＤＮＡ全体のなかで遺伝子の占める割合はほんのわずかである。実際の遺伝子は、なにもコードしていないＤＮＡの膨大な配列によって隔てられるようにして、ゲノム全体に散らばっている（図５・４）。遺伝子のなかにも、なにもコードしない「イントロン」とよばれるヌクレオチド配列がある。こういうすべての余分なＤＮＡはなにをしているのだろうか？その一部はおそらく、進化の歴史の遠い昔に使われたことがあったが、現在では不用になったものだろう。また一部は、新たな遺伝子を生み出すための材料として使われるのかもしれない。けれども、本当のところはわからない。それらは、「ジャンク」ＤＮＡとか「ナンセンス」ＤＮＡとよばれることもある。しかし、あとの章や付章１で紹介するように、これらの一部のＤＮ

Ａの特性は、ＤＮＡの特定の部分の「マーク」として、ある世代から次の世代へとその部分を追跡するために利用されている。

メンデル型の形質と量的形質

二〇世紀の遺伝学の研究は、古典的な伝達遺伝学も、そして最近の分子遺伝学も、単一遺伝子が中心であった。すなわち、単一の遺伝子がどのように受け継がれ、どの形質に影響を与えるか（伝達遺伝学）、そしてその遺伝子の構造、機能、調節の研究（分子遺伝学）であった。たとえばメンデルは、エンドウマメで遺伝の研究をした。彼は、エンドウマメの形や色、あるいは茎の背の高さといった形質が、個々の「遺伝単位」によって支配されているということを証明した。この単位は、のちに遺伝子とよばれるようになる。メンデル以前には、遺伝は、それぞれの親の形質全体が混じり合うものと考えられていた。メンデルは、個々の生きものは多数の個々の形質から構成されていて、それらの形質はそれぞれ、互いに独立したものとして別々に、次の世代へと伝えられてゆくと考えた。この考え方は、遺伝をどう見るかに大きな革命をもたらした。

メンデルはまた、対立遺伝子を最初に記述した人間でもあった。対立遺伝子は、ある生物集団内に存在する同じ遺伝子のうち少しだけ形の異なる遺伝子である。この違いは、突然変異のさまざまなプロセスを通して生じ、遺伝子配列内のヌクレオチドに変化を起こす。こうした変化した遺伝子（対立遺伝子）がコードするタンパク質に生じた変化は、そのタンパク質の機能に関して不利なことも、有利なことも、また中立のこともある。不利な突然変異は、自然淘汰のふるい分けのプロセスを経るため、一般に生き残ることはない。中立な突然変異や有利な突然変異は、通常維持される。有利な対立遺伝子は、それが繁殖効率を高めるなら、時間がたつにつれて集団内での頻度が増してゆく。突然変異は、物理的損傷によっても生じる。その原因は、紫外線、それにDNAを壊す特定の化学物質などである。しかし、集団内の遺伝子を変化させる突然変異のもっとも大きな原因は、おそらく、生殖細胞の分裂の際にDNAの複製過程で発生するエラーである。紫外線や化学物質による損傷は発見も修復も比較的容易だが、複製のエラーのほうはそうはいかず、遺伝子の変化は修正されないままになることが多い。それが新たな対立遺伝子となり、その遺伝子に自然淘汰が作用する。

ほとんどの動物種では、ゲノムを構成する大多数の遺伝子には対立遺伝子があり、これらは、「多型」である、つまり複数の型がある。行動の個体差の遺伝的基盤の点で、まず問題になるのは、こうした多型遺伝子である。行動遺伝学者は、ある集団内に見られる行動の個体差がどの程度遺伝的差異によるのか、ということを問題にする。遺伝にもとづく差異は第一には、多型遺伝子のさまざまな対立遺伝子の遺伝による。そういうわけで、ここからは、行動を調節する遺伝子そのものにはあまり言及せずに、おもに、行動の個体差に寄与する遺伝子の対立遺伝子について述べてゆこう。

メンデルはまた、優性遺伝子と劣性遺伝子という重要な概念を定義した。各個体は、それぞれの遺伝子の二つのコピー——それぞれの親からもらった遺伝子をひとつずつ——もっている。もしその生物集団内に、ある遺伝子に関して複数の対立遺伝子があるなら、ある個体は、その遺伝子について二つの異なる対

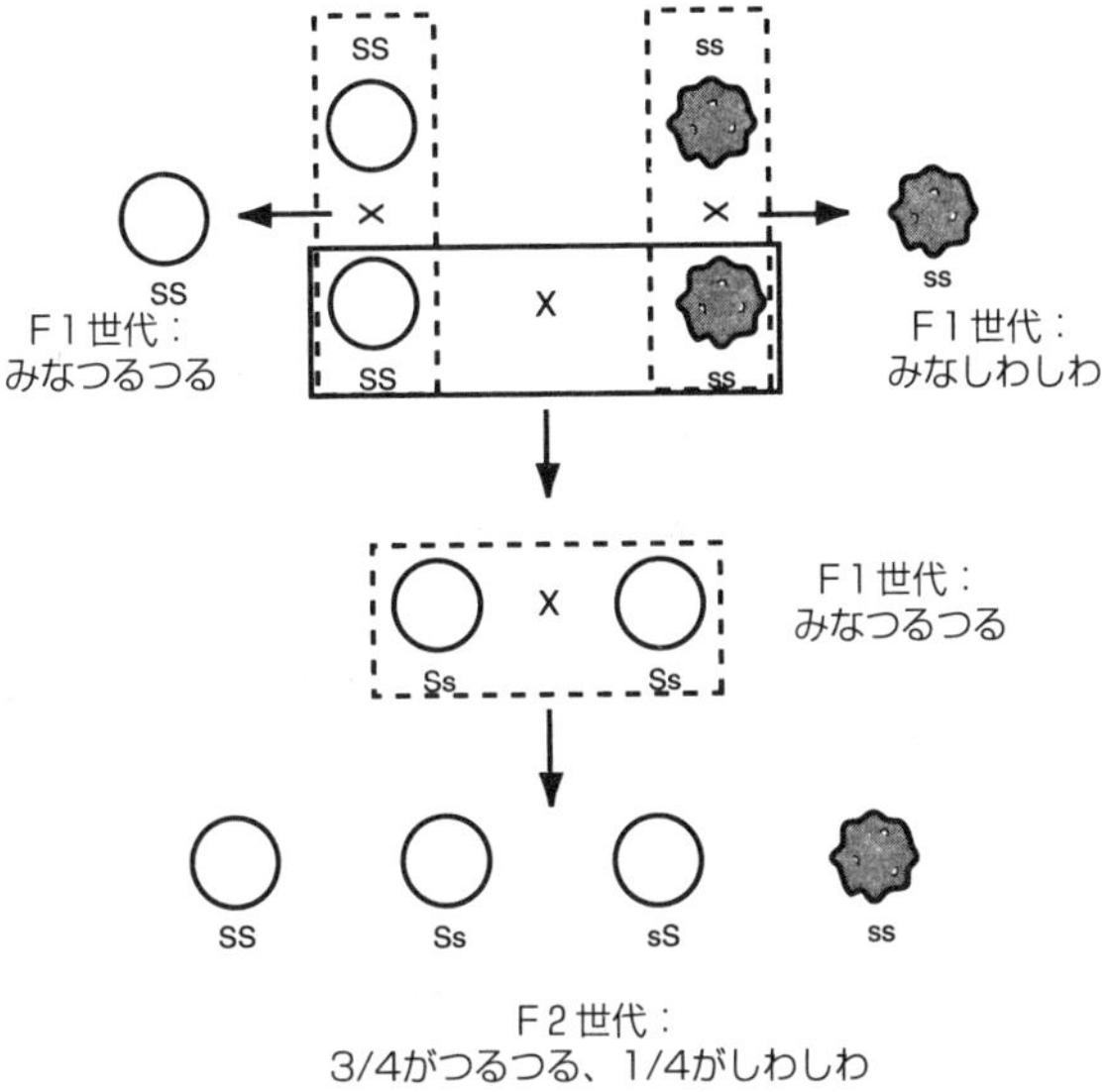

図5．5　メンデルのエンドウマメの交雑実験の結果。箱のなかに示されているのは，かけあわせるペア。

立遺伝子をもっているかもしれない（この場合、その個体がその遺伝子に関して異型接合体だという言い方をする）。それぞれの対立遺伝子がコードするタンパク質は通常、少しだけ異なる特性をもつ。たとえばメンデルは、個々のマメの皮の質を支配する遺伝子を突き止めた（図5・5）。この遺伝子の対立遺伝子のひとつ（S）はつるつるした皮を、もうひとつ（s）はしわしわの皮をコードしている。メンデルは、彼の交配実験で、もし個々のエンドウが二つの「つるつる」遺伝子をもっているなら（遺伝の用語で言えば、つるつる遺伝子について同型接合体、すなわちSSなら）、そのエンドウからできるマメは、つるつるになるということを示した。もし二つの「しわしわ」遺伝子をもっているなら（しわしわの同型接合体、すなわちｓｓ）、できるマメは、しわしわになる。しかし、エンドウがつるつるとしわしわの遺伝子をひとつずつもっているなら（異型接合体、すなわちＳｓ）、できるマメは、つるつるとしわしわの中間になるわけではない。これらの形質は混ざらないのだ。この場合、できるのはすべてつるつるのマメだ。したがって、つるつるの対立遺伝子は、しわしわの対立遺伝子に対して優性だと言うことができる。ここで注意すべき重要なことは、同型接合体のつるつるのマメ（ＳＳ）と異型接合体のつるつるのマメ（Ｓｓ）は、見たかぎりでは、つまり表現型では区別できないということだ。

行動遺伝学者を悩ませる大きな問題は、古典的なメンデル型の遺伝（単一遺伝子の遺伝）が行動における遺伝子の影響を説明する上でどの程度使えるか、である。人間でも、行動を支配する単一遺伝子の例がいくつかある。一例をあげると、フェニルチオ尿素（ＰＴＣ）の味がわかるかどうかを決める単一遺伝子がそうである。味覚能力に影響する遺伝子は、環境への生物の反応に関与するという意味では、行動に決定的な影響をおよぼす。人間のＰＴＣの味覚遺伝子には二つの対立遺伝子があり、一方はＰＴＣの味覚能力をもたらし、他方はもたらさない。味覚能力をもたらす遺伝子のほうが、優性である。したがって、両方の対立遺伝子をもっていれば、ＰＴＣの味がわかる。人間では、こうした形質が単一遺伝子によって支配されていることは、家系内の遺伝パターンを見ることによってわかる。およそ25％の人は、ＰＴＣの味覚能力がない。これは、この遺伝子の劣性の対立遺伝子が人間の集団の約半分にあるということを示している。[注]

統制された交配実験が行なえる動物では、遺伝パターンの違いは、これとは少し違ったやり方で決定できる。*ptc*遺伝子がマウスにあって、人間の場合と同じような優性・劣性のパターンをもっているとしよう。(ここでは簡単のために、優性と劣性の対立遺伝子がそれぞれひとつずつあると仮定している。)マウスをランダムに交配し、生まれてきた子どものPTCの味覚能力をテストしてみるとしよう。次に、PTCの味覚能力のない子孫間とその能力のある子孫間で、それぞれ別々に選択的交配を行なうとしよう。

こうした交配実験の結果がどうなるかが、図5・6に示してある。基本的には一世代で、すべての個体がPTCの味覚能力を欠いているマウスの系統を作り出すことができる(曲線A)。*ptc*遺伝子の欠陥遺伝子(劣性)を二つもったマウスのオスとメスを選び、交配させると、次の世代には、この欠陥遺伝子が受け継がれる。このようにすれば、交配のたびに、子孫にこの欠陥が一〇〇パーセント受け継がれる。一方、全員がPTCの味覚能力をもったマウスの系統を作り出すには、それよりも数世代多くかかる(図5・6の曲線B)。これは、優性と劣性の遺伝子をひとつずつもっている個体と優性遺伝子を二つもっている個体は、表現型には違いがなく、両者ともPTCの味がわかるからである。次の世代で交配させる個体のプールから、二つの劣性遺伝子をもった個体を排除すると、劣性遺伝子はしだいにその集団から消えてゆく。もしPTCの味覚能力が複数の遺伝子によってコントロールされていて、それぞれ優性、劣性の対立遺伝子があるなら、一方のタイプの系統(傍系)を作ろうとすると、結果は曲線Cのようになる。

注　PTCの味覚能力にどういう意味があるのか、あるいはなぜ人間にその味覚の二種類の対立遺伝子があるのかは、よくわかっていない。PTCは、食べ物には含まれていない。PTCの味覚能力はおそらく、ある標準的な味覚受容体がたまたまPTCにも敏感だということによるのかもしれない。ここで例としてとりあげている対立遺伝子は、この味覚受容体の対立遺伝子である。

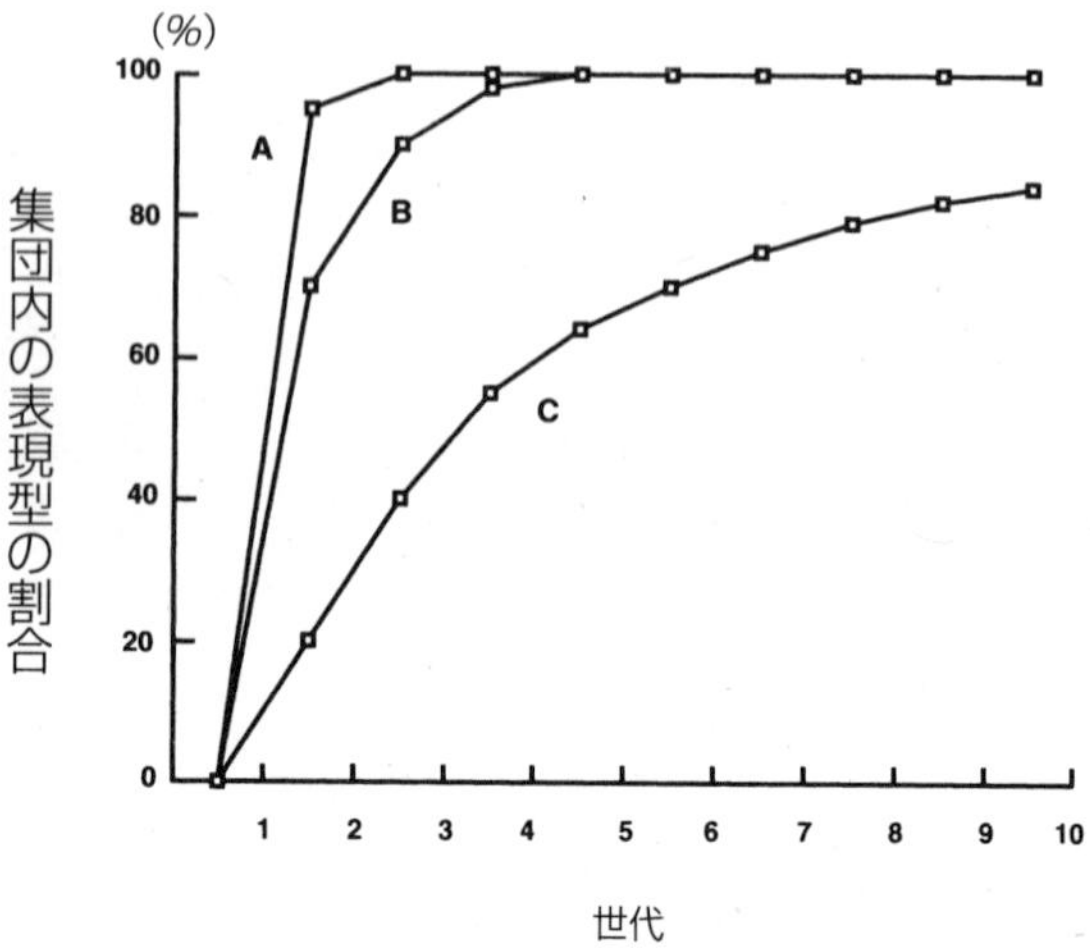

図 5. 6 PTC の味覚能力の選択的交配。集団内に表現型が確立されてゆくまでの推移を示す。

では、マウスの性格について、遺伝的に複雑な表現型――臆病と冒険好き――の交配・淘汰パターンを見てみよう。野生マウスの集団の場合、マウスを一匹ずつ、上から明るく照明した大きな箱（オープンフィールドとよばれる）のなかに入れると、行動にはかなりの幅の個体差が見られる。恐怖で硬直し、箱の片隅ですくんで動かなくなるマウスもいる。失禁や脱糞もする。大部分のマウスは、ほんの少し好奇心を示し、ある程度箱のなかを探索し、なかには多少大胆にふるまう個体もいるが、ふつうは壁に身を寄せながら動き回る。少数ながら、見るからに平気そうに、箱の床面をくまなく歩き回り、探索する個体もいる。

マウスの集団にこういう行動の個体差があることは、自然界で生き延びる上でいくつかの意味がある。食物が豊富にあるときには、臆病なマウスは、臆病でないマウスよりも捕食者に食べられてしまう確率が低いだろうから、それなりの生存価をもつだろう。この場合には、用心深いのはよいことである。しかし食物が不足したときには、臆病なマウスは用心深すぎて食物を積極的に探しにいかないだろうから、生存には不利になる。同様に、配偶相手を得ることもむずかしくなるだろう。このように、臆病さに関係した行動形質にある程度幅があることは、種全体にとっては利点がある。

最初に右に述べたような個体差を示す、選択的に交配されていない自然のマウスの集団から、臆病なマウスと大胆なマウスという二つの傍系を作ろうとすると、結果は、まえに述べた単一遺伝子によってコントロールされているPTCの味覚能力の場合とはまったく異なるものになる。右で述べた「オープンフィールドの箱」のなかにマウスをおき、マウスがどの程度動き回ってまわりを探索するのかを、ビデオカメラと検知器を用いて観察する。これらのマウスを交配し、その子どもたちをまたオープンフィールドの箱のなかに入れて観察し、その結果にもとづいてとりわけ臆病なマウスと大胆なマウスを選ぶ。それぞれのグループ内だけで交配させて、この同じ手続きを繰り返す。交配の結果生まれた子どもたちをさらに、もっとも臆病なマウスと大胆なマウスに分け、グループ内で交配を繰り返す。

この交配実験の結果は、図5・6のCの曲線のようになる。こちらの望む形質の選択的交配を一〇世代も繰り返すと、臆病さに関して百倍以上も違うマウスの傍系を作り出すことができる。臆病な傍系マウスは、オープンフィールドの箱のなかにおかれると、凍りついたように動かなくなる。一方、大胆なマウスのほうは、ほとんど怖いもの知らずに動き回って、箱のなかを探索する。ここで重要なことは、これらのマウスが、自分の母親のもとで育っても、あるいは生後すぐにそれとは反対の性質をもつ里親のもとに移されてそのもとで育っても、いま述べたような結果を示すということである。それぞれの系統の生まれたばかりの子どもたちを混ぜて里親にあずけても、それぞれの子どもは、里親や乳のみ兄弟の性質ではなく、自分のもって生まれた性質を示すようになる。この実験は、いくつか重要なことを物語る。第一に、これらの性質は、ほかの個体との接触とは無関係に、子に忠実に受け継がれ、したがって、それらは学習されるものではなくて、遺伝するものだと結論づけられる。しかし、表に現われる臆病さ・大胆さの遺伝的性質の程度は、選択的交配を続けてゆくにつれて連続的に変化してゆく。これについてもっとも妥当な解釈は、これらの行動の調節には多くの遺伝子が関係していて、それらの遺伝子の大部分には、表現型全体への寄与の程度に異なる影響を与える複数の対立遺伝子がある、というものである。つまり、この表現型を完全に支配している「*frfl*（*fearful*）」とよべるような単一遺伝子はありそうもない、ということだ。

臆病さや大胆さは遺伝するもので、学習されるものではないという事実からわかるのは、それはほとんどが遺伝形質だ、ということである。しかし、自然の（淘汰されていない）集団では、全部の個体が臆病か大胆かどちらかでしかない、ということはありえない。もし個体ごとのスコアをひとつのグラフにプロットしていったとするなら、表現型は、極度の臆病から極度の大胆まで連続した曲線を描き、大部分の個体は典型的な釣鐘曲線のどこかに位置するだろう（図5・7）。この曲線の両端に位置する個体は、選択的交配によって作り出された二つの傍系――きわめて臆病か、きわめて大胆か――の個体によく似ている。淘汰されていない集団内での遺伝的にコントロールされた表現型がこのような範囲をとることが、いわゆる「量的遺伝形質」の定義である。たくさんの異なる遺伝子がこの形質に関与しており、この曲線上のどの個体の位置も、その個体の、臆病さ・大胆さの形質のもとにあるさまざまな遺伝子の対立遺伝子の集合の反映である。人間でこれまでに分析されている行動は、ほとんどみな、図5・7に示したような曲線を

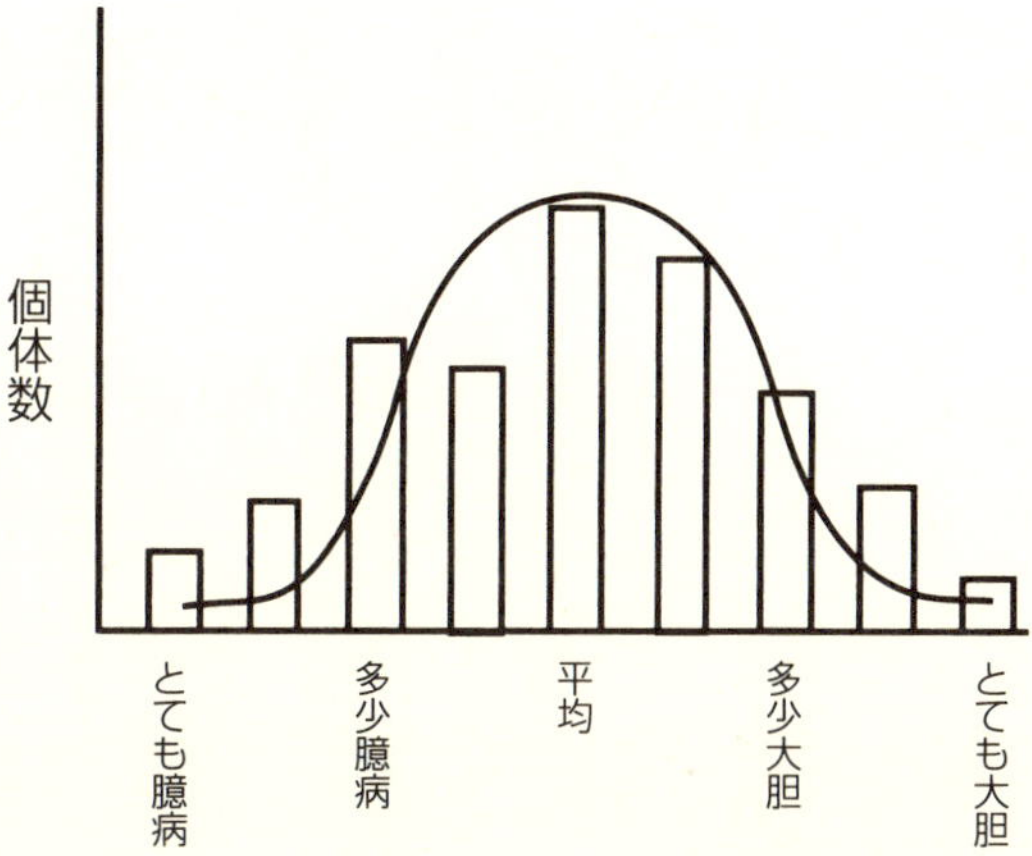

図5.7　野生マウス集団での臆病さ・大胆さの性格の分布。典型的な釣鐘曲線になる。

描く。

オープンフィールド・テストにおける行動は明らかに量的形質だが、個々の遺伝子の影響は、全体的な行動パターンのなかに見てとることができる。マウスの白化現象《アルビニズム》は、単一の劣性遺伝子によってコントロールされていることが知られている。マウスの場合、アルビノになる対立遺伝子をもっているという点でだけほかの個体と違い、それ以外では遺伝的に同一のマウスがいる。このようなアルビノのマウスは、同じ環境で育ったアルビノでないマウスよりも神経質である。この違いのおもな原因は、アルビノのマウスが、明るい、通常のスペクトル光に過敏だからである。アルビノのマウスが過敏でない赤色光を用いてテストを行なうと、彼らも、オープンフィールド内の行動に関してはアルビノでないマウスと同じような行動パターンを示す。さまざまな種類の遺伝子がこのように微妙に相互作用しており、多くの行動への遺伝的寄与をとり出すのがいかに複雑かがよくわかる。

本書のなかでこれから論じてゆく動物や人間の行動のほとんどは、量的形質である。今後数十年の分子生物学と分子医学の大きな目標のひとつは、量的形質――行動形質のことも、病気のことも、あるいは人間のそのほかの複雑な生物学的側面のこともあるが――に関連する遺伝子をできるだけたくさん特定してゆくことである。ある量的形質に関係する複数の遺伝子は、ひとつの染色体上に隣り合うようにしてまとまっていて、互いに作用し合うというのなら、とてもわかりやすいのだが、実際にはそうなっていない。単一の形質に関与している遺伝子は、通常はゲノム全体にある程度ランダムに散らばっている。オープンフィールド・テストでのマウスの行動に影響を与えるアルビノの遺伝子のように、特定の量的形質に関係するさまざまな遺伝子の染色体上の場所は、「量的形質遺伝子座」、略してＱＴＬとよばれる。これらのＱＴＬにある遺伝子のいくつかは互いに大きく依存する形で作用し合って、結果的に特定の行動を特徴づける表現型を生み出しているかもしれない。一方、ほかの遺伝子は、互いにある程度独立に、その行動に影響を与えているかもしれない。ここでとくに重要なことは、特定の形質にすべてのＱＴＬが等しく影響をおよぼしているわけではない、ということだ。あるＱＴＬは、「打率が高く《ヘヴィー・ヒッター》」、その形質の遺伝的要素の四分の一とか三分の一とかを占める。ほかのＱＴＬはその形質に相対的に小さな、やっと検出できる程度の寄与しかしないかもしれない。分子生物学者は、ある形質のもとにある特定可能なすべてのＱＴＬに関心をもちがちで、これに対して分子医学では、一般に高打率のＱＴＬに関心がある。

しかし、遺伝子は量的形質の個体差のすべてを説明できるわけではなく、環境もまた役割を果たしている。これは、行動遺伝学の研究結果を解釈するときに見過ごされがちな点である。大部分のデータは、どんな行動かにもよるが、環境の影響が30％から70％の範囲だということを一貫して示している。行動の決定に環境が果たす役割に関して、念頭におくべき重要なことが二つある。第一に、私たちが行動を測定するときには、それは、遺伝子型を測っているのではなく、表現型を測っているということだ。表現型は、特定の遺伝子型が環境と相互作用することによってのみ決まる。第二に、遺伝子型が同じでも、異なる環境におかれると、特定の特性——行動特性、あるいはほかの特性——に関してまったく異なる表現型が生じることがあるということである。本書でとりあげる研究の多く——たとえば、同一の遺伝子をもつ一卵性双生児の研究——では、行動への環境の影響力は、多くの場合、かなり小さいように見える。なぜそうなのかと言うと、問題にしている異なる環境というものが必ずしもそう大きく違うわけではないし、そのふたごが自分の環境を操作し、その環境から結局はよく似たものを選び出すからである。

　行動への環境の影響力は、右に述べたオープンフィールド・テストの個体差にはっきり現われる。ウサギの母親は哺乳類のなかでは変わり種で、生まれたばかりの自分の子どもにほんの少ししか時間をかけない。母親は、一日の大半巣を離れ、外でエサを探して食べ、夕方巣に戻ると、一日一回だけ子どもに授乳する。実験環境で飼われているウサギも、生まれたばかりの子に最小限の接触しかしない。乳離れしたばかりの子ウサギは、オープンフィールド・テストで箱のなかにおかれると、ラットとマウスに見られるのと同じ範囲の反応を示す。すなわち、ある子ウサギは、壁にそって体を丸めてほとんど動かず、また別の子ウサギは、あまり恐がる様子も見せずに、箱のなかのフィールドを探索する。

　研究者たちは、乳離れする以前に子ウサギにさまざまな感覚経験を与えると、つまり、ハンドリング（人間が手で体に触れて馴らすこと）したり、手荒くあつかったり、ふつうよりも高い気温や低い気温にさらしたりすると、のちのオープンフィールド・テストでは、フィールド内を探索する傾向が大幅に強められることを発見した。おとなになったときの冒険好きの程度が増大するかどうかは、乳離れする以前のハンドリングの量と大きな相関があった。しかし、選択的に交配されたマウスでの遺伝的な大胆さとは異なって、環境の初期経験の結果得られた大胆さは、次の世代へと受け継がれることはない。「環境によって生み出された」大胆な両親から生まれた子どもは、臆病さ・大胆さの表現型については、臆病な両親から生まれた子どもとまったく同様のランダムな分布を示す。

環境の影響は、標準的な近交系のマウスでも見ることができる。近交系は、マウスの一組のオスとメスから始めて、彼らをかけ合わせて生まれた兄弟姉妹を次の世代でかけ合わせ、そこで生まれた兄弟姉妹をその次の世代もかけ合わせてゆくことによって作られる。ここでの目的は、特定の形質を淘汰することではなくて、その系統内のすべての個体が、人間の一卵性双生児のように、遺伝的に実質的に同じにすることにある。こうした交配を三〇世代ほど繰り返してゆくと、近交系ができあがる。近交系のマウスは、ガンや臓器移植、そして遺伝的保証が必要なほかの生理学的現象を研究する上で貴重な存在である。

近交系内のマウスはみな遺伝的に同一だが、異なる近交系のマウスどうしには、遺伝的な違いがある。異なる系統間のマウスでは、臆病さ・大胆さといった表現型の違い——これは意図して淘汰されたものではないのだが——が現われ、この違いは大部分は遺伝的なものだ、と考えられる。しかし、同一の系統のマウスの個体差は、当然ながら、遺伝的なものではありえない。同一の系統内のマウスでは、そういう特性についてある程度の個体差がある。これらの違いは、選択的交配によって強められることはない。なぜなら、それらは、次の世代には伝わらないからだ。そうした個体差がマウスでどのように生じるのかは、まったく明らかというわけではない。これらのマウスは共通のやり方で飼育されているが、専門の飼育係が個々のマウスをあつかう際に違いが生じるのかもしれない。生育環境の密度、同じケージのなかのオスとメスの割合、ウイルスや細菌などの病原体の経験の違いなども、行動に影響を与えているかもしれない。環境因子は完全にはコントロールできないが、近交系のマウスの個体差からはっきりわかるのは、環境因子が行動に影響を与えうる、ということだ。こうした個体差が学習されるものではないことは、たとえば、臆病な母親から生まれた赤ん坊を生後すぐに攻撃的な母親のもとに里子に出すといった実験で示されている。おとなになったときには、これらのマウスの臆病さの個体差は、臆病な母親のもとで育ったマウスとほとんど違わないのだ。

人間の環境と遺伝の相互作用の明確な例は、工業国でこの一〇〇年間に肥満者の数が急増したことである。多くの研究が示すところによれば、肥満者の割合は、一九世紀末の約四倍になっている。人間のような繁殖速度のゆっくりした集団では、体重に影響をおよぼす対立遺伝子の分布、つまり遺伝子構成がこれほど短期間に変わることはありえない。したがって、この変化は第一には環境によるものにちがいない。おそらくは、食生活が変化したことと、日常生活においてエネルギーをそれほど使わなくなったことが、その原因である。これらの環境の変化は、いまある個人の遺伝子型のプールとさまざまなやり方で相互作用してきた。体重の変化の多くは、純粋に行動に原因がある。この問題については、10章で詳しく見ることにしよう。

遺伝子を探す

行動遺伝学の目標のひとつは、ある行動の個体差を生み出している対立遺伝子をもつ遺伝子を発見し、特定することである。つまり探すべきは、人間や動物の特定の集団内の個体の間に複数の形で存在する多型遺伝子ということになる。行動は、すべての実際的な目的のために、脳や神経系によって（ホルモンを合成する器官の助けを借りて）コントロールされているのだから、調べなければならないのは、脳や神経系で発現する遺伝子だろう。しかし、どうすればこれらの遺伝子を見つける作業にとりかかれるだろうか？

遺伝子を分離して特定する上でもっとも重要な道具は、正確なゲノム地図だ。ゲノム地図は、ゲノムを作り上げている個々の染色体の、いわゆるＤＮＡマーカーの位置が明示された、物理的な配置図である。ゲノム地図作りが始められた最初のころ、ＤＮＡマーカーは、たんに遺伝子の位置を示すものだったが、それは、その遺伝子がどの染色体上のどの場所にあるかをたいへんな労力をかけて突き止めたものであった。線虫やショウジョウバエのようなモデル動物では、ふつうはまず、観察可能な表現型を生じさせる突然変異によってそれぞれの遺伝子が見つけられる。特定の遺伝子が特定の染色体と物理的に関係があるということがわかると（なんと言っても、こういう遺伝子を最初に見つけるのが一番むずかしい！）、その遺伝子は、その染色体の「マーカー」として使われる。新たな突然変異が見つかった場合、その変異がマーカー遺伝子の対立遺伝子と一緒に受け継がれるかどうかを問題にできる。もし一緒に受け継がれるのであれば、それはマーカー遺伝子と同じ染色体上にあるにちがいない。この同じ染色体上にあるマーカー遺伝子が多数になるほど、地図もより正確になる。[注]二〇世紀初頭、研究者は、ショウジョウバエで多型遺伝子の染色体上の位置を確定し始め、現在では数多くが確定されている。

ヒトゲノムの場合、遺伝子の位置を突き止めるのは、これまで困難で骨の折れる作業だった。実際、遺伝子が特定の染色体上に最初に位置づけられたのは、ようやく1968年になってからだ。ショウジョウバエでは染色体が四対だが、なんと言っても、人間には二三対の染色体があり、それだけ遺伝子の数も多いからである。だが、1980年代までには、人間の千ほどの遺伝子で、染色体上のかなり正確な位置が突き止められた。現在、ヒトゲノム計画の一環として、遺伝子マッピングを助けるために、各染色体上のマーカーが確立されつつある。

すでにマッピングが済んでいる遺伝子の位置は、既知マーカーとして使われる。分子遺伝学者は、これだけでなく、遺伝そのものには関与しないDNAマーカーも確立してきた。実際の遺伝子は、染色体上に端と端がつながるようにして隣接して並んでいるわけではない。それらは、なにもコードしていないDNA、いわゆる「ナンセンス」DNAの配列によって隔てられている。だが、科学者たちは、このDNAの特定部分が世代から世代へときわめてよく維持され、集団内に複数の変異形として存在し、忠実に受け継がれるということを発見した。これらのナンセンスDNAマーカーは、新しい遺伝子の染色体上の位置を

注　DNAマーカーを用いて新しい遺伝子の位置を確定する方法については、付章1に詳述してある。

突き止めるために、対立遺伝子と同じように使われる。このマーカーを含んでいるDNAの部分が分離されて、新しい遺伝子を見つけるために、組織的に探し出される。この遺伝子が分離されると、次にその塩基配列が決定され、それをもとに、それがコードするタンパク質が推定される。もちろん、この遺伝子そのものも、次には、それが位置する染色体地図上のマーカーになる。

ヒトゲノムに一連の詳細なDNAマーカーが使えることは（最初のものはほんの数年まえに使われ始めたばかりだが、現在精密なものになりつつある）、分子遺伝学者に、複雑で量的な遺伝形質に関連する複数の遺伝子を特定する上でもうひとつのアプローチを提供する。この驚くほど強力な新しい手法は、「ゲノムスキャン」とよばれる。ある量的形質の場合、その形質の遺伝と、ヒトゲノムの全範囲の遺伝（あるいはヒトゲノムの一部の遺伝）との相関を調べることができるのだ。これには、たくさんの数の人間、できるなら三世代以上にわたる人間のデータが必要である。このテクニックによって、どのDNAマーカーが特定の形質と一緒に受け継がれるのかがわかり、それによって、その形質のもとにある遺伝子の染色体上での大体の位置が明らかになる。次に、候補となる遺伝子を探して、DNAマーカーの周囲の領域が調べられる。ゲノムスキャンの大きな利点は、形質に関係する、思いもよらない遺伝子を発見する系統立った方法を提供するということである。[注]

この章で述べてきたことから、行動の遺伝的基盤を探る際に念頭におくべきことがいくつかある。実際のところ、行動のほとんどは量的遺伝形質であって、単一遺伝子や少数の遺伝子によって支配されているわけではない。しかも、これらの遺伝子の影響は、程度はさまざまだが、環境によって変化する。しかし、ガンや老化などの現象についてわかっていることからすると、行動に影響する遺伝子は、行動の種類が異なっても、それほど違っていないかもしれない。では、「臆病」遺伝子を探すべきなのだろうか？　心的機能だけを担当する遺伝子が見つかると期待したほうがよいのだろうか？　芸術家とかエンジニアへと方向づける特別な遺伝子があったりするのだろうか？　数十年まえなら、多くの研究者がイエスと答えたかもしれない。今日、研究者は、この可能性だけでなくほかの可能性も探りつつあり、明確な答えを出せる新しい強力な手法も手にしている。以下のいくつかの章では、遺伝子と行動の関係を理解する上で、研究者に慎重だが有望なアプローチをとらせるきっかけとなった実験をいくつか紹介しよう。

注

ゲノムスキャンが、どのようにして予想もしなかった遺伝子を見つけ出すのかについては、付章1に詳述してある。

6章 第四の次元——体内時計と行動

生命が進化してきた過去の環境のなかで、そして現在の生きている環境のなかで、つねに変わらない特徴のひとつは、周期性である。日、月、年はめぐり、潮は干満を繰り返し、四季も移ろいながらめぐる。一方、地球のほかの特徴——海や大気の組成、地表面の熱や地磁気のエネルギー量——は、最初の生命の誕生以来、大きく変わり続けてきた。しかし、地上の時間的リズムには、ほとんど変化がなかった。数十億年まえに地上に最初の生命が姿を現わして以来、生命は、これらのリズムのなかで生まれ、進化し、その結果そのリズムは生命のしくみのなかに組み込まれ、生物時計になった。

生物時計は、行動を左右する。それは、バクテリアにも、植物にも、動物にも、ほとんどありとあらゆる生命に見つかる。動物の生殖活動、採食、睡眠、覚醒はすべて、暮らす環境のリズムにしたがう。秒、分、時間、月などの概念は人間が作り出したものだが、一日や一年の長さはそうではない。それらの時計がどうはたらくか——どのようにセットされ、どのようにして行動を調節するか——は、現在、生物学のなかでもっとも研究が盛んなテーマのひとつである。これらの時計は、体のどこにあるのだろうか？ そのはたらきの基礎には、どんな細胞や分子のメカニズムがあるのだろう？　行動の個体差を説明するような違いが時計にあるのだろうか？　もしあるのなら、遺伝子はその違いにどんな役割を果たしているのだろうか？

生物時計には、多くの種類がある。わかりやすいように、その時計が測る時間の長さの点から種類分けがなされている。「ウルトラディアン（超日）」時計は、秒や分の範囲の周期をあつかっている。この例は、心拍を規則正しく調節するペースメーカーや、ショウジョウバエの求愛ソングの羽根の振動の周波数を決めているオシレータなどである。「サーカディアン（概日）」時計は、たとえば睡眠のように、地上の通常の二四時間の周期に合った活動に関係する時計である。「インフラディアン（一日一回未満）」時計は、月から年の範囲で周期的に起こる活動を担当する。たとえば、月の周期に関係した行動や、ある種の大型哺乳類の繁殖パターンなどがそうである。時計をこのように種類分けしておいたほうがよいのは、これらの種類の計時それぞれのもとにある分子メカニズムがおそらく違うからである。

私たちがよく知る時計は、地上の一日である二四時間を基本にした時計——「大体一日」という意味のラテン語を用いて「サーカディアン（概日）」時計とよばれる——である。こうよばれるのは、ほとんどの時計の周期は、二四時間よりも少し長かったり、短かったりするからである。たとえば、人間はもともと、平均すると二四時間よりも少しだけ長い概日時計をもっている。ほかの生きものは、二四時間よりも長かったり、短かったり、あるいはほとんどぴったりといった周期の時計をもっている。生物時計の刻む時間と地上の標準時との差は、「位相差」とよばれる。

人間の体内時計の位相差は、人間を一定の明るい照明状態や暗室状態に長期間おくと、観察できる。このような状態では、一日のリズムが体内時計だけでコントロールされる。睡眠と覚醒は依然として、大体二四時間ごとに繰り返され、目覚めている間は何度か空腹を感じる。しかし、光の変化がないから、体内時計は実際の二四時間とは同期しなくなり、少しずつずれてゆく。しばらくすると、ほかの人間がみな眠っている時間に起きていて、みなが活動しているときに眠るようになる。通常の環境では、このような小さな位相差は、たえず地上の明暗のリズムにさらされているために補正されている。しばらく明暗の変化にさらされていなくても、自然状態に戻れば、体内時計はそれほど時間がかからずにリセットされる。しかし、この体内時計のとりわけ興味深い特徴は、いったんセットされたあとは動き続けて、時計を調整する明暗の変化の信号がなくても体の営みを維持し続ける、ということである。

体内時計が有益なのは、私たちにこれからするべき活動を予期させ、準備を可能にするからである。私たちの体温や代謝率は、外が明るいか暗いかに関係なく、それぞれの体内時計の時間によって自動的に調整される。体内時計は、さまざまの行動を、ほとんどの場合はホルモンを介して調整している。ホルモンの放出は、視床下部とよばれる脳の部位で調節されている。体内時計によって制御されているもっともわかりやすい例は睡眠と覚醒だが、ホルモンの変化も体内時計によって調整されていて、腎臓や肝臓などの主要な器官、そして体温、血圧、心拍数、呼吸数などに影響を与える。免疫系、そして化学物質や電磁気による損傷に対処する体の能力も、部分的には体内時計によって調整されている。体内時計が原因で生じる身体の機能障害の大部分は、行動の変化として目に見える形で現われる。

進化の過程で光にさらされたことのあるほとんどすべての生きものには、光によって駆動される体内時計が見つかる。単細胞生物もそうである。実際、概日リズムがもっとも詳しく研究されている生物のひとつは、単細胞の真核生物であるアカパンカビだ。これは、私たちの身近にいて、古くなったパンに生えてくる黒いカビである。すべての体内時計の基本要素はオシレータだが、アカパンカビの細胞では、オシレータの存在が簡単に示せる。オシレータは、時間を分割するしくみである。たとえば振り子時計では、振り子の長さによって刻む時間の長さが決まり、これがオシレータの役目を果たす。ゼンマイ仕掛けの時計では、巻かれたゼンマイの与えるエネルギーが脱進歯車を動かし、この歯車がオシレータの役目を果たす。ほかのすべての生きものと同様、アカパンカビでも、オシレータ役を果たすのは特定の遺伝子によって合成されるタンパク質である。

アカパンカビの細胞でオシレータがどうはたらくかは、アカパンカビが胞子をどう形成するかを観察して、そのプロセスに光がどのような影響を与えるかを見るとわかる。寒天の上にアカパンカビの細胞をおいて、たえず一定の光を当てた状態で培養すると、おかれたところを中心に細胞が円状に広がってゆく。ときどき、アカパンカビの細胞は「分生子」とよばれる小さな胞子を作り出す。これは、成長してゆくほかの細胞と違って、色素をもち、カビの生えたパンにできる黒い斑点を生じさせる（図6・1A）。分生子は、時間的に多少ランダムに形成され、円状に広がる表面に均一に散らばる。一方、アカパンカビの細胞を暗闇で培養すると、分生子は時間的な規則性をもって形成されるようになる。細胞は、おかれたところを中心に外側に向かって一定不変の速さで成長してゆくが、分生子はごく短時間だけ形成される。この「分生子形成」は21・6時間の周期で起こる。その結果、アカパンカビの細胞は一定速度で円状に成長してゆくが、その円の上に分生子の黒い帯の同心円ができる（図6・1B）。

暗闇の状態で、アカパンカビの細胞はどのようにして時を刻むのだろうか？　新しい「日」の始まりや、

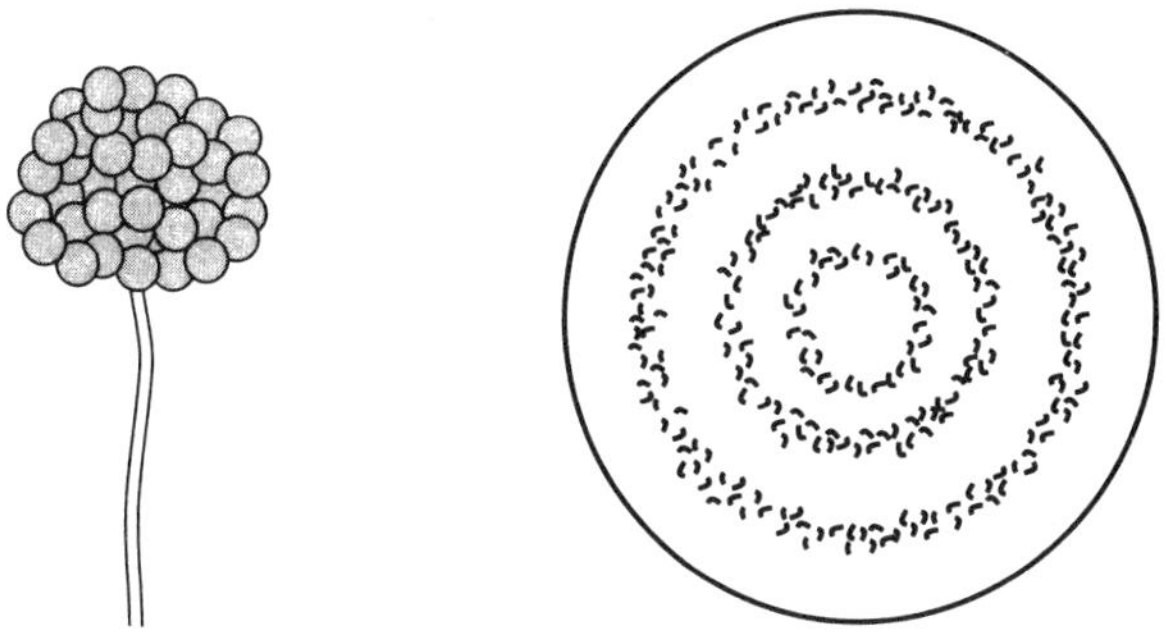

A　　B

図6.1　(A) 胞子が中央の柄に集まった分生子。(B) 恒暗中で培養皿の中央から周辺に向かって成長するアカパンカビ。皿は均一にアカパンカビの細胞でおおわれるが，分生子は21.6時間おきに作られる。分生子形成周期間の細胞は無色である。

いまが胞子を作る時間だとかを、どうやって知るのだろう？　細胞をいつも一定の明るい状態におくと、なぜ分生子のリングが出現しないのだろう？　単純な生物のほかの多くの生命現象の場合と同じで、この疑問を解く鍵も、まずアカパンカビの遺伝子の突然変異、とくに分生子の周期に影響を与える突然変異が突き止められたことから得られた。アカパンカビの分生子のオシレータに関係しているもっとも重要な遺伝子は、「フリークエンシー（*frq*）」とよばれる遺伝子である。これまでのところ、*frq*遺伝子には半ダース以上もの突然変異が報告されている。*frq*遺伝子のこれらの変異遺伝子には、概日周期の長さを長くするものもあるし（最長二九時間）、短くするものもある（最短一八時間）。

　*frq*遺伝子は、周期的に合成されるFrqというタンパク質をコードしている。[注]アカ

パンカビでは、真夜中に相当する時間帯にＦｒｑタンパク質が細胞からなくなり、朝に相当する時間帯にその合成が再開される。細胞内のＦｒｑタンパク質の量はしだいに増えてゆき、昼すぎに相当する時間帯に最大レベルに達する。Ｆｒｑタンパク質は核のなかに入り、その後それが最大レベルに達すると、*frq*遺伝子に作用して、その合成にストップをかける。その結果、Ｆｒｑタンパク質はしだいに細胞からなくなってゆき、「真夜中」にさしかかるころにはまったくなくなってしまう。細胞内にＦｒｑタンパク質がなくなると、*frq*遺伝子が再びはたらき出し、この周期が繰り返される。

時計の一日の長さを決めているのは、*frq*遺伝子の発現をストップさせるだけ十分な量のＦｒｑタンパク質が合成されるのにかかる時間、そしていまあるＦｒｑタンパク質が細胞からなくなり、*frq*遺伝子が再び発現するのにかかる時間である。これが、アカパンカビの概日のオシレータにおいて分子レベルで起こることだ。光は、このプロセスに決定的な影響をおよぼす。いつも一定の明るい状態で培養されたアカパンカビの細胞はこれといった周期性をもたず、分生子をつねに形成し続ける。直接的な測定から明らかになったのは、Ｆｒｑタンパク質の合成を開始させるには九〇秒間以上光を照射すればよく、Ｆｒｑタンパク質の増加は照射する光の量に比例して増加するということである。もしＦｒｑタンパク質が分生子形成を刺激し、光によってＦｒｑタンパク質がどんどん誘導されてＦｒｑタンパク質の合成の自己抑制の量を上回ると仮定するなら、この発見は、分生子形成に光が影響するという明白な証拠である。はっきりしているのは、いつも明るい状態では、細胞内のＦｒｑタンパク質がずっと高いレベルに保たれ、これが分生子の形成を継続させる、ということである。

細胞内のＦｒｑタンパク質の量に光が与える効果の点から、ほとんどすべての概日時計がもつプロセスのもうひとつの特性も説明できる。それは、光によって時計がリセットされるということである。暗闇中で培養されているアカパンカビの細胞が一日の早い時間帯に光にさらされると、細胞内のＦｒｑタンパク質の濃度が上昇し始める。Ｆｒｑタンパク質の濃度が上昇すると、細胞は通常よりも早く「昼」に達し、その結果一日が短くなる（図６・２）。細胞内のＦｒｑタンパク質が減りつつある午後の時間帯に光を照射すると、Ｆｒｑタンパク質が一時的に増加し、午後を遅らせ、一日が長くなる。時計が光によってリセットされた場合、概日リズムはまえと同じ長さの周期で進むものの、外的な「地球」時間とは少し位相がずれる。体内時計のリセットが動植物にとって重要なのは、昼夜の長さは年間を通じて変化するので、時計をたえず調整する必要があるからである。このプロセスは、あとで見るように、時差ボケから回復するのに光が効果的だということとも関係する。

アカパンカビのオシレータは解明されつつあるが、現在検討されているのは、時計の機能に関係する次の二つの問題である。細胞の表面に当たる光は、どのようにして細胞内で起こるプロセスに影響を与えるのだろう？　そして、時計がオシレータによっていったん動き出してからあと、時計はどのようにして細胞内で起こることをコントロールするのだろうか？

光は、細胞内で光受容体とよばれる特殊な種類のタンパク質によって受けとられる。そのタンパク質の

注　特定の遺伝子がコードしているタンパク質がどういうものかわかっていないとき、そのタンパク質は遺伝子と同じ名前でよばれる。ただし、同じ名前では混乱するので、両者を区別するために、タンパク質は最初の文字だけ大文字にして、ローマン体で表記される。遺伝子名は、小文字のイタリック体で表記される。

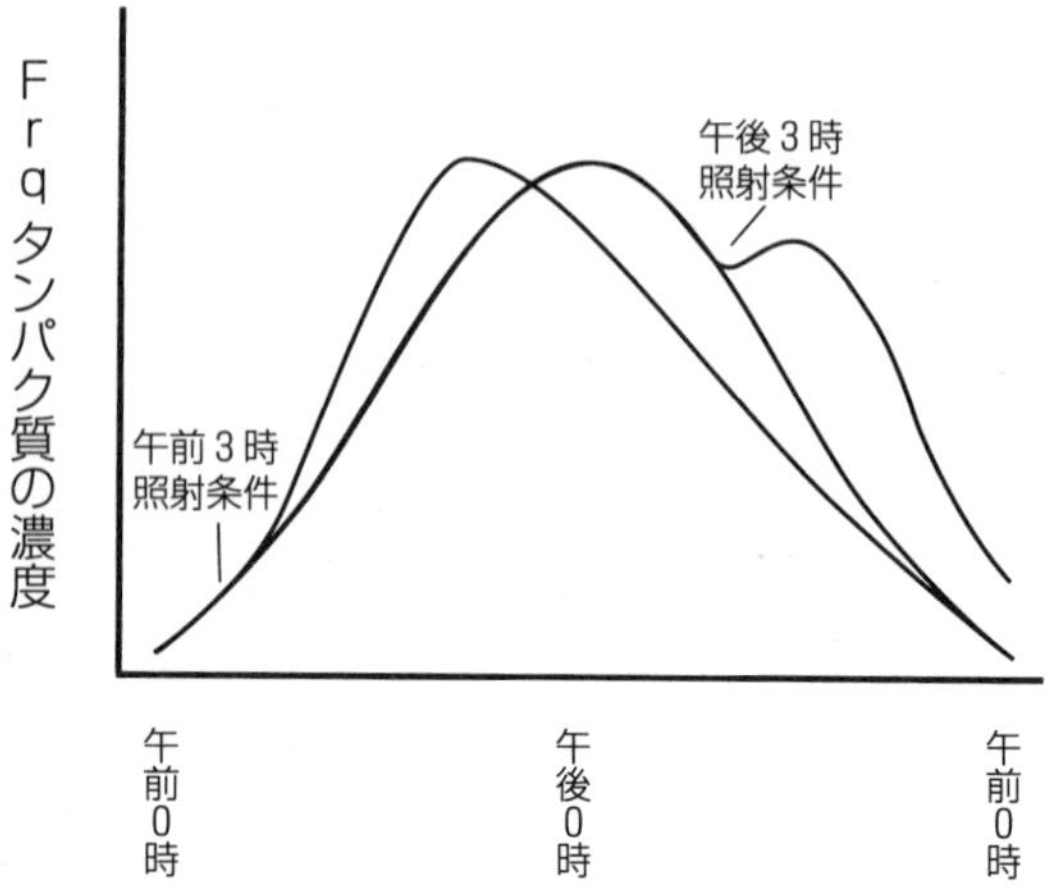

図6. 2　恒暗中で成長するアカパンカビの細胞内のFrqタンパク質の１日の濃度変化。中央に示した曲線が正常な分布パターン。午前３時に光を照射すると，この分布が，時刻の早いほうにずれ，午後３時に照射すると，時刻の遅いほうにずれる。

仕事は、光の信号を体内時計のオシレータに伝えることだ。多細胞生物では、光受容体は、眼の役目を果たす特殊化された細胞だけにある。アカパンカビでは、ほかの単細胞生物と同じく、多細胞生物の機能のすべて――呼吸、神経機能、環境内の光やほかの信号に対する反応――が、ひとつの細胞内で行なわれる。光受容タンパク質の多くは細胞膜のなかに埋め込まれているが、アカパンカビのような植物の場合、光受容タンパク質は細胞質内にあり、発色団とよばれる特別な化学物質が付着している。この発色団は、光子が当たると化学変化を起こす。標準的な哺乳類の視覚では、発色団はビタミンAの一種である。これが、なぜ視覚にとってビタミンAが重要かという理由である。アカパンカビの発色団は、ビタミンBの一種らしい。発色団を通して光による活性化が起こるときにはつねに、光受容体タンパク質の構造にわずかな変化が生じ、それが微妙にそのタンパク質の活性を変える。

時計が動き出すとなにが起こるのかも、現在の研究の焦点になっている。アカパンカビの時計を動かしているオシレータは、Ｆｒｑタンパク質の増減だということが確かめられている。この時計は、細胞内で起こっているほかの生物学的プロセスとどう結びついているのだろう？　Ｆｒｑタンパク質は、分生子形成の関与遺伝子のはたらきを、相互作用を通してオンやオフにすることによって調節していると考えられている。Ｆｒｑタンパク質が*frq*遺伝子そのものと相互作用して、それをオフにできるという証拠はかなり有力で、Ｆｒｑタンパク質そのものも、ほかの遺伝子と直接ないし間接的に相互作用しているということも十分ありえる。恒常的に明るい状態は、Ｆｒｑタンパク質を高いレベルに保って分生子形成を持続させるが、このことから、Ｆｒｑタンパク質が関与遺伝子の発現を引き起こしている可能性もある。*frq*遺伝子の配列をもとにＦｒｑタンパク質の構造を推測した研究によれば、ＤＮＡと相互作用して遺伝子の発現を調節しているのは、これらのタンパク質かもしれない。アカパンカビの時計によって選択的に制御されている——時間に依存して活性化、もしくは抑制される——*ccg*（*clock-controlled gene*）とよばれる一連の遺伝子も見つかっている。これまでに、八つの遺伝子が特定されているが、これ以外にもまだあることはほぼ確実である。これらの遺伝子がなにをコードしているか、そしてそれらが作るタンパク質が細胞内でなにをするのかはいまのところわかっていないが、それも数年以内にははっきりするだろう。

このように、時計は、多細胞生物が地球上に出現するよりもおそらく一〇億年まえに、すでに単細胞生物に存在していた。では、多細胞生物が出現したときには、なにが起こったのだろうか？　多細胞生物の細胞はみな時間を知っているのだろうか？　それともこの機能は、ほかの機能の多くと同じように、特定の器官だけが果たすのだろうか？　もっとも複雑な動物に見られる生物時計の要素のほとんどがアカパンカビにも存在しており、あとで見るように、これらの要素に関係している人間の遺伝子も、こうした単純なカビの遺伝子と極端に違っているわけではない。しかし、これらの遺伝子はどこで発現するのだろうか？　進化の過程で時間を計るという仕事にどういうことが起こったのかを見るために、アカパンカビと人間の中間に位置する生物の体内時計がどうなっているかを、アカパンカビと同程度に詳しく研究されている動物で見てみよう。その動物とは、ショウジョウバエである。

ハエの体内時計

動物の活動を制御する上で生物時計が重要だということから、シーモア・ベンザーは、ショウジョウバエの行動の研究を、まずその時計の機能の遺伝的基盤を明らかにすることから開始した。ハエは明確な神経系をもつ多細胞生物であり、アカパンカビよりもずっと活動が多様である。体内時計の関与も、行動が多様な分だけより広範囲で、複雑である。一二時間明、一二時間暗の通常の明暗周期にハエをおくと、次の二つの行動が時間的にランダムに分布してはいないということが、すぐわかる。「羽化」とよばれるプロセスでは、サナギから成体のハエが現われるが、これがもっとも頻繁に起こるのは夜が明けた直後（「夜明け」）である。この活動はその後しだいに減ってゆき、夕暮れで暗くなってしまうと（「日没」）、起こらなくなる。ハエは、夜明け直後と日没直前にもっとも活発に飛び、動き回る。しかし、それに近い時間帯にも、多少ながら活動が見られる。すなわち、夜明けの直前から動き回り始めるハエもいるし、そのころにサナギから羽化するハエもいる。日没直後でも動き回っているハエもいるが、しかしそれ以後、基本的に活動がやむ。

この行動が体内時計によって制御されているというのは、いくつかの観察から言える。たとえば、どちらの行動の概日リズムも、明暗周期を変化させることによってリセットできる。明暗周期を大きくずらしたとしても、どちらの行動も依然として「夜明け・日没」のパターンをとる。その行動に直接影響を与えているのはたんに太陽の光のようにも思えるが、そうではない。まっ暗ななかにハエをおいても、このリズムが維持されるからだ。暗闇のなかでハエが示す概日リズムは二四時間にきわめて近く、明暗周期が存在するときと同じスケジュールで「夜明け・日没」の行動が起きる。しかし、これらの行動が体内時計によって支配されているという最終的な証拠は、ベンザーの研究室の学生ロン・コノプカによって発見された。どちらの行動も、「ピリオド」、あるいはパー（per）とよばれる単一遺伝子の突然変異によって影響を受けるのだ。パー遺伝子の変異遺伝子は、体内時計の一日の長さを変えることによって、これら行動のリズムを変化させる。最初の研究で、コノプカとベンザーは、パーの三つの変異遺伝子を発見した。ひとつめは、一日を約28・5時間へと長くし（パーl）、二つめは一日を19・5時間へと短くし（パーs）、そして三つめはリズムを完全に消失させてしまった（パー0）。暗闇のなかでは、パー0の突然変異体は昼夜に関係なく不規則な時間帯に動き飛びまわり、一日の時間帯とは無関係にサナギから成体が出てくる。ショウジョウバエの行動の突然変異体は現在数百ほどが知られているが、これはその最初のものだった。

1971年、コノプカとベンザーは、いまは古典となった論文のなかで、パー遺伝子がショウジョウバエのオシレータの重要な成分を制御していると主張した。その後パー・タンパク質の量は、一日のなかで周期的に上がったり下がったりするということが判明するが、概日リズムをパー遺伝子そのものの作用に直接関係づけるのには無理があった。この問題は、その後「タイムレス」とよばれる別の突然変異が発見されて解決した。この突然変異の遺伝子は、ティム（*tim*）とよばれる遺伝子である。タイムレス突然変異体は、パー*0*変異体のように、概日リズムの完全な消失を示すが、ティム遺伝子とはパー遺伝子とはまったく別物である。

タイムレス突然変異の重要な特徴は、これも細胞内のパー・タンパク質の概日周期を壊してしまうことである。このことから結論されるのは、パー遺伝子とティム遺伝子は一緒にはたらき、パー・タンパク質とティム・タンパク質の不可欠な相互作用を通して、ショウジョウバエの体内時計が制御されている、ということだ（図6・3）。周期が一二時間明、一二時間暗のように正常だと、これらのタンパク質はほかのすべてのタンパク質と同様、細胞質内で合成される。明の期間、ティム・タンパク質は低いレベルに保たれているが、夕暮れに近づくにつれて、その量が増え始める。それからティム・タンパク質はパー・タンパク質と結合し始め、この複合体が核のなかに入る。そして核のなかで、アカパンカビのFrqタンパク質と同じく、それ自体をコードしている遺伝子をはたらかなくするのだ。その結果、細胞質内のティム・タンパク質とパー・タンパク質が少なくなり始め、さらにティム・タンパク質は光によって分解される。核からティム・タンパク質とパー・タンパク質の複合体がなくなり始めると、それらのタンパク質の

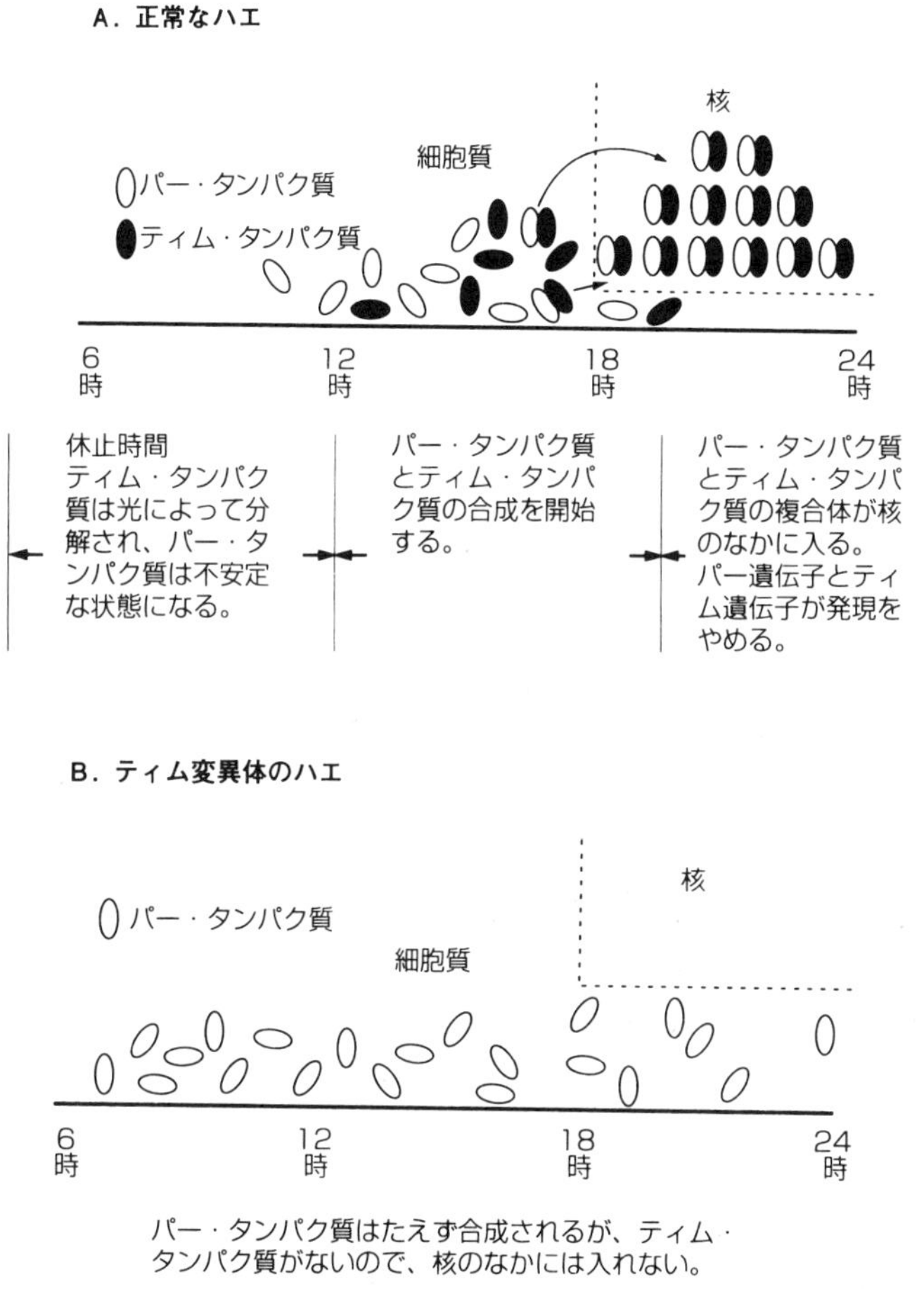
A．正常なハエ
核
細胞質
パー・タンパク質
ティム・タンパク質
6時
12時
18時
24時
休止時間
ティム・タンパク質は光によって分解され、パー・タンパク質は不安定な状態になる。
パー・タンパク質とティム・タンパク質の合成を開始する。
パー・タンパク質とティム・タンパク質の複合体が核のなかに入る。パー遺伝子とティム遺伝子が発現をやめる。
B．ティム変異体のハエ
核
パー・タンパク質
細胞質
6時
12時
18時
24時
パー・タンパク質はたえず合成されるが、ティム・タンパク質がないので、核のなかには入れない。

図6．3　(A) ショウジョウバエの細胞を24時間の明暗周期にさらしたときのパー・タンパク質とティム・タンパク質の正常な周期パターン。(B) ティム変異体の細胞のパー・タンパク質。

合成が再開される。ティム・タンパク質のないティム変異体では（図6・3B）パー・タンパク質は合成されるが、ティム・タンパク質と複合体を作ることができないので核のなかに入れず、細胞質内にとどまった状態になる。パー変異体では（図には示されていない）ティム・タンパク質が合成されるが、それはたえず光によって分解される。

ショウジョウバエとアカパンカビの時計を動かすオシレータの基本的メカニズムは、このように、分子レベルで見るとよく似ている。どちらの場合も、時間は、タンパク質の周期的な合成と分解によって測られ、それらのタンパク質は特定の遺伝子がコードしている。アカパンカビと同様、ハエの場合も、時計はもっぱら細胞レベルではたらく。アカパンカビの場合、細胞自体がその生きものだから、時計がどこにあるかということは問題にならない。しかし、ショウジョウバエは高度に組織化された多細胞生物であり、細胞や組織によって機能が異なる。ここで問題になるのは、ショウジョウバエでは時計がどこにあるのか、ということだ。個々の細胞は時計をもっているが、多細胞生物では、時計は単細胞なのか、多細胞なのか？　もし多くの細胞が関与しているなら、それらはそれぞれ独立にはたらくのか、それとも協同してはたらくのか？

体内時計はみな光に影響されるので、時計の場所のひとつは明らかに、光の信号を受けとり処理する神経系のどこか、おそらくは脳の部分だろう。確かにパー・タンパク質は、ショウジョウバエの眼の組織と脳組織の両方に見つかるので、ここが一日の周期を生み出している場所だと考えられる。このことから、研究者は最初、ショウジョウバエの脳にある中央の時計が、ハエの体を通して——おそらく脳によってホルモンの量を調節することによって——周期的な行動をコントロールしている、と考えた。しかし、そうではないことがすぐに明らかになった。さらに詳しく調べてゆくと、なんと、パー・タンパク質は、調べたほとんどすべてのタイプの細胞に見つかり、周期的に変化していたのだ！

脳にある時計は確かに周期性をもつ行動全般の調節に大きな影響をおよぼすのだが、ハエの大部分の組織は自前の時計をもっていて、局所的な活動を調節して脳の時計を助けている、そう現在では考えられている。これらの時計が本当に独立したものだということを実験で示すには、ハエの体のさまざまな部分を切りとり、別々の培養皿のなかにおいて、その部分が数日間生きている状態にする。[注]その結果明らかになったのは、オシレータのタンパク質の概日リズムが脳との連絡のない組織でも暗闇中で維持され、そしてその周期は光を選択的に照射することによって独立にリセットできる、ということだった。ごく最近、これらのどの組織でも、個々の細胞が時計をもっていることが明らかにされた。これらの時計は、体中の広範囲にわたるさまざまな周期的活動を調節している。

この場合には、培養皿のなかの体の部分は眼と連絡していないので、眼から光の信号が伝わっていないのは明らかである。では、どのようにして個々の細胞は光の信号をとらえているのだろうか？　それは、アカパンカビと同じようにしてである。つまり、細胞内の光受容体によって光をとらえているのだ。ショ

注　これは、思うほど不思議なことではない。ハエの体は小さく、その体節は人間の体の組織片よりも大きくはないので、体から切り離しても、培養液のなかで数日程度は生き続けるのだ。たとえば哺乳類の心拍は、夜よりも昼のほうが速い。もし、心臓の細胞を個々の細胞に分離して培養液中においたなら、その細胞は、生きている間は、同じ概日リズムで打ち続けるだろう。

ウジョウバエは、もちろん多細胞生物ではあるが、人間に比べれば体はかなり小さいので、体のなかにある程度光が入り込む。ハエでは、人間の場合と同じように、視覚に関係する典型的な感光性のタンパク質をもっているのは網膜の細胞だけだが、広範囲の非神経細胞に青光の受容体が見つかっている。これらの受容体はこれまで、ショウジョウバエの時計機能と関係づけられたことはなかったが、その可能性はかなり高い。時計機能は、単一の、中心的なペースメーカーのなかにしまい込まれているのではなく、体のいたるところにあるという考えは、概日リズムについての科学者の考え方の枠組みを根底から変えつつある。

哺乳類の概日リズム

哺乳類の体内時計は、行動に直接影響を与える数多くの体の活動、たとえば、体温の日内変動、睡眠と覚醒の周期、精神的覚醒状態、体の活動レベルなどを支配している。しかし、もっとも体の小さな哺乳類でも成体のショウジョウバエの何千倍も大きいし、細胞の大半は体表面から奥深いところにあって、環境中の光は届かない。つまり、哺乳類では概日リズムの証拠は豊富にあるが、そのリズムの調整は、光をとらえる眼の能力によるところがきわめて大きいのだ。哺乳類には、人間も含めて、視交叉上核とよばれる脳領域がある。ここが概日リズムを作り維持する上で重要な役割を果たしていることは、かなり以前からわかっていた。視交叉上核は、ホルモンを合成する視床下部のなかにあり、光をとらえる眼の網膜細胞と神経で直接つながっている。齧歯類では、視交叉上核をとり去ると、リズムのある行動がまったくとれなくなる。

哺乳類にとって、概日リズムをもつ行動をとるためには視交叉上核がきわめて重要である。このことは、ハムスターを用いた実験で劇的に示されている。ハムスターは通常は、二四時間にきわめて近い概日リズムで活動し、ケージ内におかれた車輪を回す活動もこの周期にしたがう。暗闇の状態においても、彼らは、毎日同じ時間帯に活動する傾向がある。ところが、概日リズムが二〇時間の変異体のハムスターの系統が作り出された。これらのハムスターは、恒常的な暗闇か恒常的な照明下におかれると、同じ条件下の正常なハムスターが示す周期を示さず、その周期からすぐにずれてゆき、体内で調節される活動スケジュールを示す。

研究者たちは、変異体のハムスターの視交叉上核に熱線を慎重に差し込んで、この部分を壊してみた。ハムスターが手術から回復してからテストしてみると、体内時計の機能が完全に失われていた。次に、破壊された視交叉上核に近い部位に、正常なハムスターの胎児からとった視交叉上核の組織を移植した。移植を受けた変異体のハムスターは今度は、正常な二四時間の周期を示した。同じようにして脳の皮質の組織を移植した場合には、時計機能を回復させることはできなかった。これを逆にした実験も行なわれた。正常なマウスが変異体の視交叉上核を移植されると、二〇時間の概日リズムを示した。この実験は、確かに、哺乳類ではおもに視交叉上核が日常行動における活動性を調節している、ということを示している。

哺乳類が概日リズムを調節するための光をどのようにしてとらえているかは、最近まで謎だった。両眼から脳に行く神経を切れば、もちろん、通常の視覚は完全に失われてしまう。体内時計は、手術以前に周囲の光によってセットされたリズムで、手術後も動き続ける。しかし、もはや光によってリセットされることはない。つまり、もしその体内時計の刻む周期がもともと二四時間きっかりでない場合には、正常な一日の周期から少しずつずれてゆく。視覚が健常な人でも、恒常的な暗闇におけば、これと同じことが起こる。ここで重要なのは、視覚を失った人の場合には、光を当てても体内時計がリセットされないということである。このことは、時計を調節するには眼が決定的に重要だということを示している。

視覚のために光をとらえる眼の網膜の細胞は、桿体や錐体である。桿体は、網膜全体にわたってほぼ均一に分布し、ロドプシンとよばれる感光色素によって光をとらえる。桿体細胞は、光が乏しいなかでものを見るのに使われ、色ではなく、明るさの識別に用いられる。色覚を担当するのは錐体細胞であり、この細胞は桿体細胞より数が少なく、網膜の中心に密集して分布している。錐体細胞は、三種類の色素――オプシンという共通のタンパク質の三種類の色素――を用いており、それぞれ長波長、中波長、短波長の光(基本的に、赤(黄)、緑、青に対応)をとらえる。どのオプシンでも、光をとらえる色素分子はシス・レチナールで、これはビタミンAの一種である。色を検出するオプシンの遺伝子にはさまざまな種類があるが、これらはすべて、およそ八億年まえに動物に出現した一種類のオプシンの遺伝子に始まっている。

哺乳類で視交叉上核によって制御されている時計を毎日リセットするのに用いられる光は、明らかに、眼を通して入ってくる。だが、錐体と桿体が変性してしまって光をほとんどとらえることのできないマウスでも、概日リズムが維持されるだけでなく、眼の見えるマウスとまったく同様に、光によって簡単にリセットされる。さらに人間では、盲人の多くは明暗の周期によって体内時計をリセットする能力を失っており、もっぱら体内時計の概日リズムで活動する。これが、夜は眠ることができず、逆に昼は眠ってしまうという慢性の睡眠障害の原因になる。彼らの概日リズムが外的な明暗周期に近づくにつれて睡眠パターンも正常に近づいてゆくが、それをすぎるとまた周期が少しずつずれ始め、これが繰り返される。このような人たちは、時差の大きな地域間を飛行機で移動しても時差ボケにかからない。しかし、視覚という点では光をとらえる能力を欠いている盲人でも、正常に機能する体内時計をもっていることがある。これらの時計は正確な二四時間のリズムを刻み、毎日の明暗の交替やその季節的変化に同調する。これらの人々は、視覚が健常な人たちと同じく時差ボケに悩まされる。

　では、盲目のマウスや一部の盲人は、どのようにして概日リズムを周囲の光によってリセットしているのだろうか？　この疑問を解く鍵は、通常の視覚では桿体や錐体が光をとらえるが、哺乳類の体内時計を動かすのに用いられる光はそれらによってとらえられるのではないという、最近の研究にある。研究者たちは、哺乳類の眼の奥深いところに、桿体や錐体とは別に、光をとらえるシステムがあることを発見した。これが、もっぱら体内時計の調節を受けもっている。それは、青光を吸収するクリプトクロムとよばれる光受容体で、輸送タンパク質と、光をとらえる色素分子であるビタミンB_2の一種からなる。クリプトクロムはショウジョウバエが用いている発色団であり、おそらくアカパンカビの青光の光受容体とも近い。クリプトクロムは、光をとらえて概日リズムを調節する植物のシステムとも密接な関係がある。このように、通常の視覚で使われる光をとらえるシステムと行動を変えさせる体内時計で使われるシステムとは、別のシステムであり、その点では、哺乳類の嗅覚システムに似ている。哺乳類の嗅覚では、嗅覚ニューロンがニオイの信号の役割を果たす揮発性の化学物質をとらえ、鋤鼻ニューロンが行動の変化を引き起こすフェロモンをとらえているからだ。

　光をとらえる植物のシステムと基本的に同じものが哺乳類でも（人間でも）はたらいているという発見

は、大きな驚きであった。植物と動物とは、少なくとも一〇億年まえには、別々の進化の道を歩み出していた。クリプトクロムのようなタンパク質の遺伝子は、動物が出現したのちも、そのままの形で受け継がれたようだ。植物は、*cry-1*と*cry-2*とよばれる、クリプトクロムの二つの遺伝子をもっている。これらの遺伝子は、人間やマウスでも見つかっている。ショウジョウバエの遺伝子をプローブ（検出物質）に用いて、研究者たちは、ハエのパー遺伝子の場合と同じく、*cry-1*も*cry-2*も、人間も含めて哺乳類の体のほとんどの細胞内に存在し、しかも活発に発現することを見出した。もっとも重要なのは、それらが眼でも視交叉上核でも発現するということである。これらの遺伝子は、視覚で用いられる感光色素の遺伝子が発現する網膜内の細胞とは違った細胞で発現することがわかっている。このことは、桿体と錐体の機能を失った人が周囲の光によって自分の体内時計をどのようにリセットしているのかを説明するヒントになる。視交叉上核では、*cry-1*遺伝子の発現が明確な概日周期で変化することがわかっている。明期には発現が適度に起こり、暗期には発現が見られないのだ。

　だが、視交叉上核だけによる体内時計で、話は終わらないかもしれない。最近『サイエンス』誌に載った研究によれば、人間の概日リズムが、網膜に当たる光ではなく、膝の裏に当たる光によってもリセットされるというのだ！　この研究では、体内時計によって調節されている二つの指標——体温と血中のメラトニンの量——が記録された。人間の体温は、夜には0・5度ほど低くなり、午前二時から六時の間に最低になり、その後上がり、昼にはもとに戻る。この変化パターンは明暗の変化がなくても持続し、この場合は、それがまわりの光にではなく、体内時計の概日周期と同期する。血中のメラトニンの量は、体温とは逆のパターンをとる。メラトニンは松果体[注]で合成されるホルモンで、松果体は、神経を介して視交叉上核と連絡している。メラトニン合成は、通常は真夜中にピークを迎え、これとほぼ同じころに体温も最低になる。昼間にメラトニンを投与すると、体温は0・5度ほど低くなる。このことから、メラトニンの増加はたんに夜間の体温低下と相関しているだけではなく、それを引き起こしている可能性もある。

体温の変化もメラトニンの量の変化も、通常の暗い時間帯に光を全身に浴びると、リセットされる。つまり、体内時計がリセットされる。『サイエンス』誌に発表された研究で見出されたのは、膝の裏に強い光を当ててもこの二つの概日リズムの指標がリセットされる、ということだった。健康な被験者を、徹底した明暗の交替のスケジュールのもとにおいて、体温と血中メラトニン量の基本的変動パターンが測定された。次に、カバーのついた光ファイバーのパッドを膝の裏側につけ、強い光が三時間照射された。被験者の下半身は、光が洩れて眼に入ることのないようにしっかり遮蔽されていた。概日周期のさまざまな時点で光を照射することによって、研究者たちは、概日周期を進めることも、遅らすこともできた（図6・4）。

眼ではなく、体表面に当てた光が、脳にある時計にどのようにして影響をおよぼすのかは、いまのところ不明である。皮膚に当てた強い光が、皮膚の表面のすぐ下の毛細血管を通る血中のガスを変化させ、それが脳の時計まで運ばれて影響をおよぼすのではないか、という指摘もある。しかし現在、青色に感光す

注　松果体は、もともとは脳の器官ではなかった。下等な脊椎動物のなかには、松果体が眼に似た構造をしている動物がおり、実際、光をとらえる役目を果たしている。哺乳類では、松果体は内分泌腺のようになり、頭蓋の内側の奥深いところに位置していて、光をとらえる機能はおそらくもっていない。

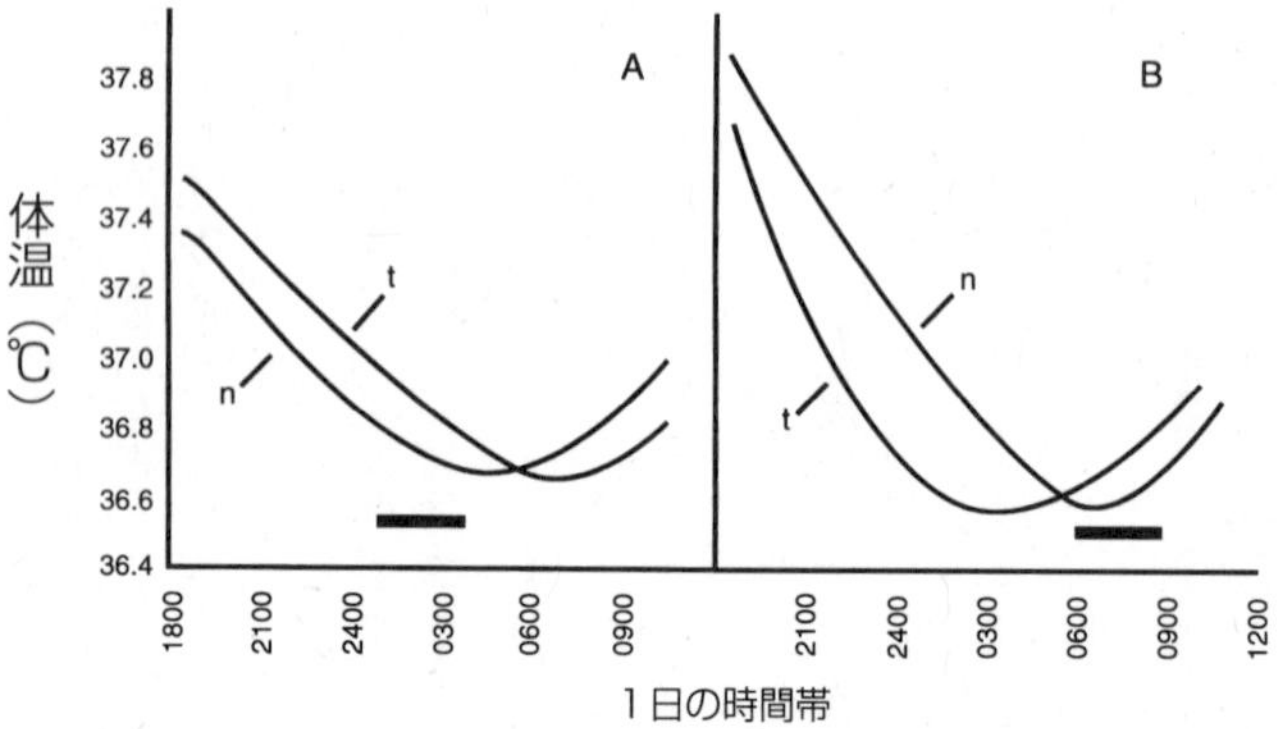

図6. 4　人間の膝の裏側に光をあてることによって引き起こされた概日周期の変化。（A）体温は通常，夜間に最低になるが（n），最低体温になるまえに光をあてると（黒の横棒），最低体温は3時間ほど後ろにずれる（t）。（B）最低体温になったあとに光をあてると（黒の横棒），最低体温はまえにずれる（t）。Campbell & Murphy, *Science* 279 : 396–399（1998）のデータにもとづいて作成。

る色素が体中の細胞に分布しているということもわかっている。強い光にさらされると、体表面の細胞内に化学的メッセンジャーが生じる可能性もある。このメッセンジャーが血液中に放出されて、視交叉上核に届くのかもしれない。

体のほかの部分は試されていないが、光を感じるのが体表面のなかで膝の裏だけだとは考えにくい。大部分の研究が示唆しているのは、光が網膜に当たらないかぎり、通常の太陽光や家や職場での照明が人間の概日リズムに影響をおよぼすことはほとんどない、ということである。日常の活動において、眼は、時計の機能を調整する光を集めるために欠かせない。だが、こうした光を集めるために眼が用いているのと同じ光受容体が体のいたるところにあるというのは、興味深い話だ。こういう光受容体が季節の変化をとらえる上でなんらかの役割を果たしているのか、あるいはその役割が光をとらえることとはまったく無関係なのかについては、今後明らかにされてゆくことだろう。

哺乳類には、*cry-1*と*cry-2*に加えて、ショウジョウバエのところで紹介したパー遺伝子もある。１９９７年、二つの研究室が、マウスと人間のパー遺伝子の分離とクローニングに成功したと報告した。マウスと人間では、パー遺伝子の92％が同一であり、両者とも、ショウジョウバエのパー遺伝子とは45％ほどが同一である。マウスのパー遺伝子は視交叉上核で見つかっており、その発現は概日の時間パターンで変化し、そのパターンは恒常的な暗闇のなかでも持続し、光を照射するとリセットされる。マウスのもうひとつの遺伝子は「クロック」とよばれているが、これはつい最近クローニングに成功した。その遺伝子が合成するタンパク質は、パー・タンパク質とＤＮＡの相互作用を促進するようにはたらくようだ。現在までに出ている証拠はみな、もっとも初期の真核生物が典型的にもっていた時計の基本的な分子メカニズムを、現在の哺乳類も受け継いでいるということを示している。

体内時計・遺伝子・人間の行動

アカパンカビやショウジョウバエのような生物の時計を支配しているメカニズムと同じものが人間の体内時計にもあるということは、ほとんど確実だろう。なぜなら、体内時計を動かしている遺伝子とタンパク質は、これまで調べられてきたほとんどすべての生きもので同一であり、人間もこれらの遺伝子とタンパク質をもっているからである。人間がこれらをもっていながら、ほかの、それとはまったく異なるメカニズムで体内時計を動かしているとは考えにくい。まだ確認されたわけではないが、人間の体内時計も、合成と分解が周期的に繰り返されるタンパク質からなるオシレータによって調節されていると推測され、それは最近人間でも特定されたパー遺伝子が生み出している可能性が濃厚だ。ほかのタンパク質も関係しているにはちがいないが、現時点で得られているすべての証拠は、これらのタンパク質が、自らの発現と分解を調整しているだけでなく、周期的リズムをもつ行動に直接関係する、時計に制御される種類の遺伝子のオン・オフに関わっている、ということを示している。

体内時計が人間の行動に影響を与えることを示すもっともよい例のひとつは、ある種の心理的障害である。慢性の鬱《うつ》病患者は、行動に、とりわけほかの人との相互作用にさまざまな変化が見られるが、それに加えて、体内時計が正常に機能しないという症状も示す。彼らはほとんど決まって、明け方近くになると眠れなくなって、朝はきわめて重い鬱の発作に見舞われる。鬱病患者の多くでは、メラトニンの分泌量が異常に少ない。何種類かの抗鬱剤は、メラトニンの合成を正常に戻すだけでなく、体内時計をある程度進める役割も果たす。リチウムは躁鬱病を治療するのに使われるが、同様に体内時計を進めるはたらきもする。季節性の感情障害でも、鬱の状態には明らかに体内時計が関係している。この障害では、患者は冬の間だけ重い鬱の発作を経験する。一日の特定の時間帯に短時間強い光を浴びる光療法は、患者の概日リズムを固定したりリセットしたりするのにかなり成功している。

あらゆる生物時計と同じく、人間の体内時計も周囲の光によってリセットされる。これを示すもっともよい例は、時差ボケである。三、四時間以上時差のある地域間をジェット機で一気に飛ぶと、時差ボケを経験する。これは、現代の科学技術の発展によってはじめて明らかになった予期せぬ発見である。時差ボケになると、疲労を感じ、脱水状態になり、ストレスを感じるが、もっとも重要なのは、その人の体内時計が新たな場所の明暗の時間的パターンと合わなくなることである。飛行機に乗ることからくるストレスや疲労は数時間で回復するが、体内時計をリセットし、食事と睡眠の新たな時間を確立するのには数日かかる。夜勤で仕事をする人も同じような症状を経験する。昼間の光にさらされながら眠るため、自分の時計のリセットがほとんどできず、週末には時計がまったく逆になってしまう。宇宙飛行士も、体内時計の深刻な問題を抱えている。

時差ボケを詳しく調べてゆくと、東に飛ぶよりも西に飛んだほうが体内時計のリセットは容易である、ということがわかった。五時間以上の時差を越えて飛ぶ場合、私たちの時計は、西回りでは一日に九〇分ほどの速さでリセットされるが、東回りだと六〇分ほどでしかない。こうした調整の速さは、往路か復路か、飛ぶのが夜か昼かとは無関係である。体内時計の回復の速さがなぜ西回りと東回りで違うかは、人間の概日リズムの点から容易に説明できる。ほとんどの人間はもともと、二四時間よりも少しだけ長い概日リズムをもっている。東回りの場合、体内時計を調節するためには、位相をまえのほうにずらして、体内時計の一日を短縮する必要がある。西回りの場合には、現地時間に体内時計が追いつくまで体内時計の一日を遅らせる必要がある。人間の体内時計の一日はもともと二四時間よりも少し長いから、現地時間に追いつくには西回りのほうが少しだけ有利ということになる。

時差ボケの治療法として最近大きな関心を集めているのは、光とメラトニンを使う方法である。光によって概日リズムをリセットできるという動物や人間での研究から、光療法には確かな理論的根拠がある。しかし、メラトニンを薬として使うのは、問題がある。メラトニンは、もちろん、体内時計の周期の指標である。松果体でのメラトニン合成は光によって抑制されるが、その抑制は、視交叉上核が受けとる光の信号が間接的に作用することによっている。しかし、視交叉上核の細胞自体がメラトニンの受容体をもっていることもわかっている。したがって、松果体と視交叉上核の間には、双方向のコミュニケーションがあるのかもしれない。実際メラトニンは、動物でも人間でも概日リズムをリセットするのに使われているし、季節性感情障害などを含むさまざまの鬱病の治療にも使われている。多量に服用してもそれほど害にはならないものの、使う際には注意が必要である。というのは、メラトニンを長期間補い続けるとどんな影響があるのか、いまのところよくわかっていないからである。

まえに述べたように、多くの盲人では、時計の機能に関係する青光の受容体がないため、光をとらえることができない。最近の研究で、ドイツのひとりの盲人の患者を詳しく調べた報告がある。その患者の体内時計の一日は二四時間一五分であった。そのため、体内時計が実際の時間から一二時間ずれてしまうときが三か月と数日おきに訪れ、このときには昼間なのに起きているのがむずかしくなった。逆に、夜は眠ることができなかった。彼はとても聡明な人で、自分がどんな障害をもっているのかをよく知っていた。彼は、几帳面に自分の概日リズムの記録をつけていた。そしてまわりの環境からの視覚以外の時間の手がかり——車の音、ラジオ番組、まわりの人々の活動——を使って、なんとか自分の一日の活動を調整しようとした。でも、できなかった。何千人ものほかの盲人も、この彼と似たことを経験している。彼らは、自分の体内時計をリセットしようと、催眠や瞑想を含むさまざまな方法を用いているが、そのほとんどはうまくいかないようだ。このことは、人間の体内時計が光かメラトニンによってしか調整できず、心理的な手段ではだめだということを物語っている。

一方、青光の受容体が体中に分布しているという最近の発見と、人間の体内時計が眼以外の体の部分に強い光を当てることによってもリセットできるという発見は、人間の生物学に関していくつかの興味深い可能性を示唆する。時差ボケでずれた時計をリセットするために全身に光を浴びるという一般的な光療法に加えて、強い光の局部的照射の有効性についても、すでに研究が進められている。体内時計の同調が起こらない盲人にとって、このような光による治療は、正常な一日のリズムに時計をリセットする上できわめて有効かもしれない。その可能性も、きっと近い将来探られるようになるだろう。

体内時計は、あらゆる生物にとって行動を調整するもっとも基本的なもののひとつである。人間も含めて動物の行動のどの側面も、一日のうち自分がいまどの時間帯にいると感じるかによって決められる。バクテリアや植物も時計をもつが、時計に関与する遺伝子とタンパク質は動物とかなり異なるものの、両者の時計のはたらき方はまったく同じである。このことが示すように、時計のシステムは、進化の過程で何度も、互いにまったく独立に生じ、そのつど同一の基本的なオシレータのメカニズムを生み出したのかもしれない。この領域の研究の急速な進み具合からすると、数年以内には哺乳類の時計の構成要素の大部分が明らかにされるものと思われる。そのときには、これらの構成要素をコードしている遺伝子の種類が人間ではどれぐらいあるのかが問題になるだろう。これまで哺乳類で報告されている時計の大部分の構成要素に関係する遺伝子にはさまざまな種類があるから、おそらく人間の場合もそうだろうと予想される。次に知りたいのは、時計を構成するこれらさまざまの要素の違いが、体内時計によってコントロールされる行動にどのように影響するかである。概日リズムがある種の心理的障害に関係しているということからすると、人間行動の遺伝的基盤を理解する上で、これは、なかなか実り多い研究領域のひとつになりそうだ。

7章 覚える――学習と記憶の進化

人間でもほかの動物でも、行動のほとんどは中枢神経系が指揮している。中枢神経系とは、脳と、体に分散して存在する神経節とよばれるニューロンの集合体を言う。神経系のすべての機能のうち、行動に関してもっとも重要なのは、学習し記憶する能力である。学習とは、自分の内と外の世界に関する情報の痕跡が神経系に残ることを言う。記憶は、その情報を将来使うために保持しておくことである。記憶があってはじめて、ある経験を以前に起こったできごとと比較でき、未来の状況により効果的に対処できる。環境が行動に影響をおよぼすのもまた、この記憶を通してである。

記憶とは、経験をした結果、脳のなかに生じるなんらかの変化なのにちがいない。科学者は直観的に、ずっとそう考えてきた。しかし、その変化の性質の詳細が明らかになり始めたのは、つい最近のことだ。現在わかっているのは、記憶は、環境の刺激の影響を受けた神経細胞の物理的・化学的変化によって生じる、ということである。記憶の獲得は、脳における二種類の変化からなる。ひとつは、個々のニューロンのなかで行なわれる情報処理の分子的経路の変化である。もうひとつは、神経細胞どうしの相互作用の変化で、環境の入力刺激によってシナプスの性質と数の両方が変化することである。よくあることだが、これらの変化がどういうものかについての重要な知見は、人間の脳そのものの研究からではなく、もっと単純な生物——そのへんの庭にいるカタツムリの遠縁にあたるアメフラシ——でどのように変化が起こるのかを観察することによって得られた。

アメフラシの学習と記憶

カリフォルニア・アメフラシは、いわば海のナメクジで、カタツムリの親戚にあたる。一生を海のなかですごし、摂食し、生殖し、背中から突き出たエラを通して海水から酸素をとる（図7・1）。アメフラシは、線虫に比べればずっと複雑だが、モデル生物として数々の利点をもっている。神経系がとり出しやすく、個々の神経細胞もかなり大きいため、あつかうのが容易なのだ。線虫の成体の神経細胞が三〇二だったのに対し、アメフラシの神経細胞は二万ほどあり、確かに個々の細胞がどう連絡しているのかを追うには数が多すぎるが、単純な構造をしているため、鍵となるニューロン間の相互作用がすぐわかり、その多くが特定されている。これらのニューロンは、集まって個々の神経節を形成している。神経節は、線虫の神経環に多少似ているが、基本的には、ニューロンが集まって連絡をとり合う器官である。アメフラシでは、これら多数の神経節が、原始的な脳の特性の少なくともいくつかを備えている。

線虫は遺伝子操作が容易に行なえるという理由で選ばれたが、アメフラシが選ばれたのは、神経系の機

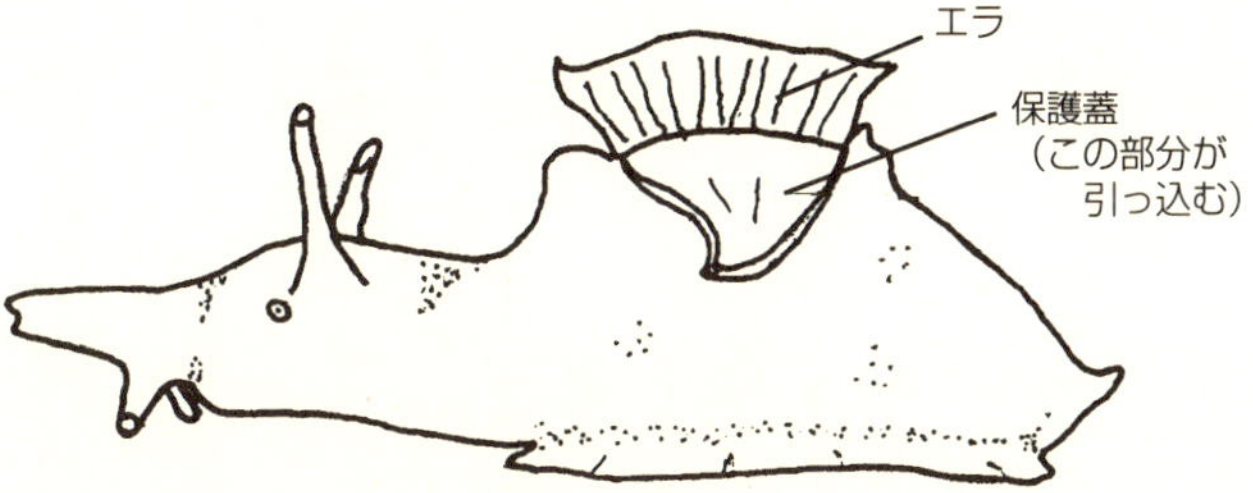

図7.1　アメフラシ。

能に影響する突然変異が特定されているためではなかった。アメフラシは、遺伝や行動そのものの研究というよりは、学習や記憶に関与する細胞や生化学的経路を詳しく調べるために用いられてきた。記憶には、基本的に二つのタイプがある。潜在（非陳述的）記憶と顕在（陳述的）記憶である。さらに、これらはそれぞれ、短期記憶と長期記憶に分けられる。潜在記憶はもっとも基本的なタイプの記憶で、ほとんどの場合、環境内の刺激に対する基本的に反射的な一定の神経筋反応を含んでいる。これは確かに記憶の一種だが、そこに「思考」は関与していないし、以前の経験と結びついたイメージがよび起こされることもない。これに対して陳述的記憶は、ほかの個体やできごと、あるいは学習された情報についての抽象的な心的イメージの想起をともなう。私たちがふつうに記憶と言うときに指しているのは、こちらのほうである。

線虫と同じく、アメフラシにできるのは潜在記憶だけである。顕在（陳述的）記憶は、脳や神経系の進化が脊椎動物の段階にならないと、現われてこない。しかし、脊椎動物にも（人間にも）潜在記憶はある。だから、潜在記憶の基本的なしくみは、線虫から人間まで、進化の歴史を通して同一だと考えられる。アメフラシ研究の大きな目標は、神経系による信号の知覚、知覚と過去の経験との統合、そして短期や長期の潜在記憶への変換といった過程に関与するすべての分子的経路を特定することである。究極的には、これらの経路にどんなタンパク質があるかをひとつずつ特定していって、それぞれのタンパク質がなにをしているのかを解き明かすのである。

潜在記憶への関与が確認されたタンパク質は、この数年で生化学者によく知られるようになったものばかりだ。それらのほとんどは脳だけに特有のものではなく、体のほかの細胞の通常の仕事にも関与している。アメフラシ研究が大きな価値をもつのは、記憶を作り、保持し、とり出すために、これらのタンパク質すべてがどうはたらき合うのか、そして行動を変えるためにどのように記憶が使われるのかを教えてくれるからである。遺伝性の行動形質の個体差をあつかう行動遺伝学者にとっても、アメフラシの研究で確認されたタンパク質は、いろんなことを教えてくれる。それらのタンパク質から、そのもとにある遺伝子へとさかのぼれるし、実際、そうした遺伝子のいくつかはすでに特定が済んでいる。次には、それらの遺伝子の違いが、特定の形質の違いとともに受け継がれるのかどうかを問題にできるだろう。逆に、もしある行動に関与する遺伝子が特定され、それがアメフラシで確認されているタンパク質のひとつをコードしていることがわかれば、その遺伝子がなにをしていて、どのようにはたらくかがはっきりする。

自然は、細胞をはたらかせる遺伝子や分子のレベルではかなり保守的なので、アメフラシでわかったことは、ほとんどの場合、ほかの動物にも（もちろん人間にも）あてはまる。では、アメフラシではどんなことがわかっているのかを簡単に見てみよう。その特徴の多くは、あとで述べる高等動物の学習や記憶のもつ特徴と、まったく同じだということがわかるだろう。

線虫と同じく、アメフラシは、体表面に分布しているさまざまなタイプの感覚ニューロンを通して環境に反応する。たとえば、背中のエラとそれに付属する器官には、圧力にきわめて敏感な数十ほどの体表神経がある（図7・1）。もしエラに強く水を吹きかけると、エラは即座に体のなかに引っ込む。これは、典型的な反射行動である。感覚神経は運動神経に直接信号を送り、運動神経は、エラのすぐ下にある小さな筋肉を動かす。アメフラシは、環境のなかに異常——脅威になりうるもの——を感じると、適切な動作を、つまりこの場合には、エラを引っ込める行動をとる。

この反応も、線虫の場合と同様、経験によって馴化《じゅんか》が起きる。しかしアメフラシの場合には、実際に、このプロセスにともなう分子的な作用を見ることができる。感覚ニューロンが繰り返し活性化されると、そのニューロンのカルシウムイオンチャンネルがしだいに不活性になってゆき、その結果感覚ニューロンが放出する神経伝達物質の量が減り、この感覚ニューロンがシナプス連絡している運動ニューロンには神経伝達物質が行かなくなる。やがて、放出される神経伝達物質（この場合にはグルタミン酸）の量が、エラの引っ込み反応を起こすには十分でなくなる。このように、馴化は、鍵となるニューロンの機能低下によって生じる。

単純な馴化の状態なら、エラを数秒おきに一〇回ほど続けざまに刺激すれば、起こすことができる。この状態からは、ほんの数分で回復する。したがって、馴化は一種の短期記憶だと考えられる。しかし、アメフラシをこうした刺激に繰り返し何度もさらし続けると、数週間以上も持続する馴化の状態を引き起こすことができる。こちらは、一種の長期記憶だと言える。この場合には、感覚ニューロンからの神経伝達物質の放出が低下するだけでなく、感覚ニューロンによって形作られるシナプス連絡の多くが妨害される。このシナプス連絡の「改変《リモデリング》」は、記憶の獲得の際に起こる第二の変化の例である。これは、長期の潜在記憶と顕在記憶の両方の形成に共通した物理的特徴だと考えられている。

アメフラシはまた、「鋭敏化」とよばれるより高度な学習も示す。有害な刺激にさらされると、アメフラシの感覚ニューロンの大部分が感度の高まった状態になり、しばらくの間この状態が続く。自分の身のまわりに危険があることを学習すると、その感覚システム全体が、外部の脅威に対して警戒するようになるのだ。たとえば、エラからかなり離れた体の部分に電気ショックを与え、そのあとでエラに触れるとしよう。これを何度か繰り返すと、エラを引っ込めるという反射が、予告刺激の電気ショックがない場合よりもはるかに強く現われるようになる。しかし、電気ショックを感知する感覚ニューロンと、エラへの触覚刺激を感知する感覚ニューロンとは、まったく別物である。どのようにして、一方の神経終末を刺激することが、まったく別の、場所の離れた感覚ニューロンの反応に影響を与えるのだろうか?

その答えは、促通性ニューロンとよばれる特殊なタイプの介在ニューロンにある。促通性ニューロンは、神経系の進化における大きな前進を示している。電気ショックは、促通性ニューロンのはたらきを強め、これらのニューロンは、その領域内のほかの多くの感覚ニューロンに、光、痛み、熱など、なにを感じるかに関係なく、神経線維を伸ばすようになる。その結果、これらの感覚ニューロンはみな感受性が高くなり、次からは、感知したどんな刺激に対しても、強い反応を示すようになる。さらに馴化では、エラの感覚ニューロンは、エラの運動ニューロンと連絡をある程度断つのに対し、鋭敏化では、促通性ニューロンがさまざまの経路にある感覚ニューロンとシナプス連絡の数を増やしてゆく。これも、長期記憶の形成過程の一部であり、ここにもシナプス連絡の物理的改変が見られる。しかし、こういう種類の反応がさらに洗練されているのは、以前には連絡のなかったニューロンどうしが促通性の介在ニューロンによって橋渡しされて、新たな経路を通して情報が行き来するようになる、という点にある。

促通性のニューロンは、多くの種類の神経伝達物質を放出するが、そのひとつがセロトニンである。このセロトニンは、ほかのニューロンによって、その細胞膜上の受容体を通してとらえられる。感覚ニューロンは、セロトニンをとらえた結果、刺激に対する感度を大幅に高める。感覚ニューロン上のセロトニン受容体は、セロトニンが結合すると、ATPとよばれる分子（DNAの成分だが、ここではまったく別のはたらきをする）をサイクリックAMP（cAMP）とよばれる細胞内分子へと変換するのを、間接的に誘発する。このcAMPは、いわゆる二次メッセンジャーの役目を果たし、細胞表面の受容体から細胞内部へと情報を伝達するのを助ける（図7・2）。cAMPは、神経細胞だけにあるわけではなく、多くの種類の信号の仲介役として、体中の多くの細胞で使われている。

cAMPの役割のひとつは、「キナーゼ」とよばれるタンパク質に結合して、それを活性化させることだ。短期記憶の形成において、活性化されたキナーゼは、（ゾウリムシの場合と同様）細胞表面のカリウムイオンチャンネルに変化を引き起こし、入力信号を長引かせ、増幅する。このキナーゼはまた、感覚ニューロンから、神経伝達物質の詰まった顆粒を次々と放出させる。長期記憶への移行では、cAMPによって活性化されたキナーゼは、その細胞の核のなかで新たな遺伝子の発現を（間接的にだが）引き起こす。これらの遺伝子のいくつかは、cAMPの合成に関与するタンパク質とは違って、脳に特有のタンパク質——たとえばより多くの軸索や樹状突起を作るのに関係するタンパク質——をコードしている。しかし、大部分のタンパク質は、脳に特有なわけではない。それらはごく平凡なタンパク質で、体内のどの細胞にもあり、引き起こされる変化も、全般的に見れば、その細胞をよりよく、より速くはたらかせるにすぎな

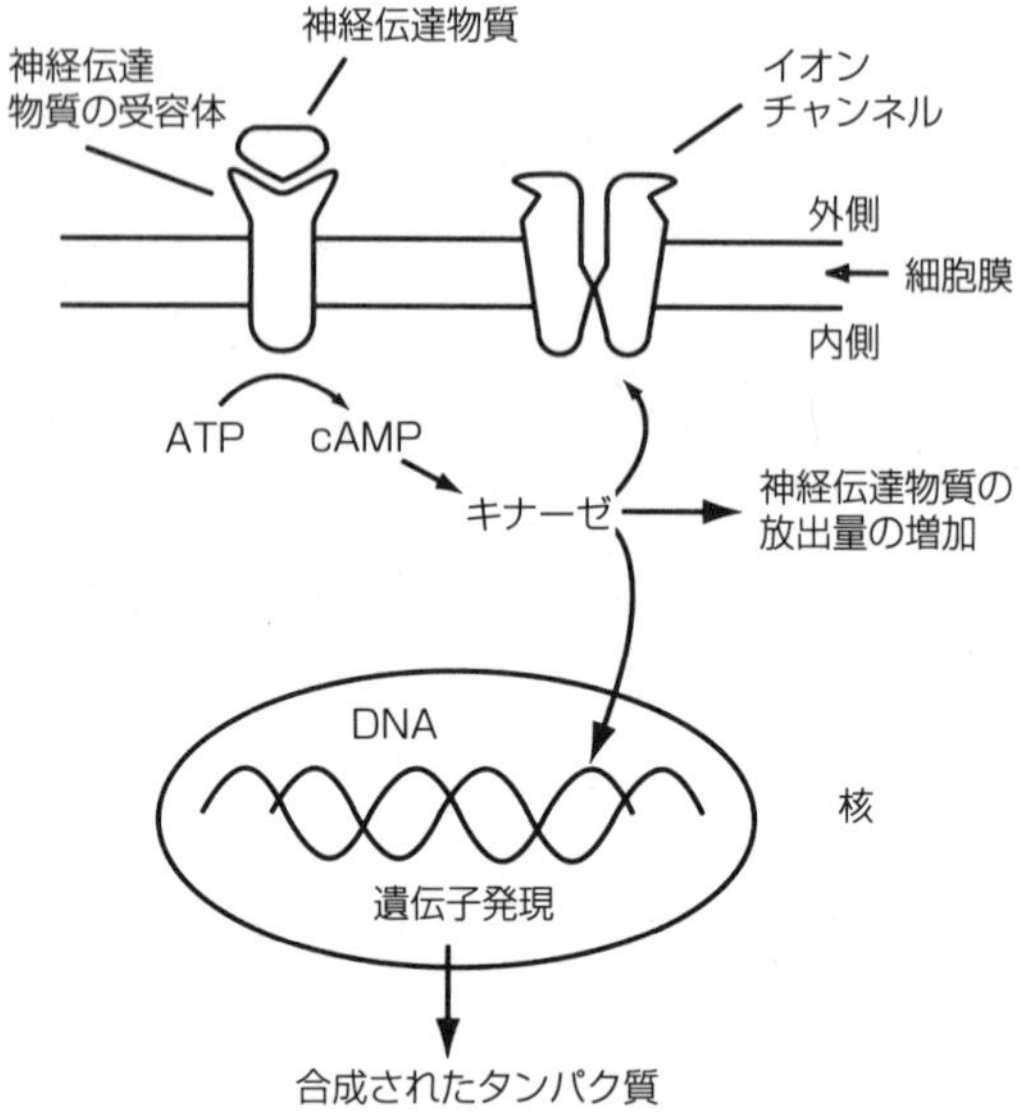

図7. 2 神経細胞内部では，サイクリック AMP（cAMP）は，「二次メッセンジャー」としてはたらく。

い。

この研究から明らかになるもっとも重要なことは、短期記憶から長期記憶への移行は、同じ細胞内で起こるということである。記憶の形成は、情報をあるタイプの神経経路から、より安定した形で貯蔵される別のタイプの神経回路へと移すことなのではない。その情報が最初に届いた回路そのものが変化することによって、次回に同じ情報が届くときに、それを以前とは違ったように——ふつうは、より速く、より効率的に——あつかえるようになるのだ。

促通性の介在ニューロンも、古典的条件づけに関与している。線虫と同じく、アメフラシは、ある感覚経路に入ってくる信号と、それとは別の感覚経路に入ってくる情報との結びつきを学習できる。ある意味では、促通性のニューロンは、二つの反応経路の橋渡しをするのだ。促通性の介在ニューロンと、セロトニンのような神経伝達物質とは、あとの章で見るように、人間も含むすべての動物で、多くの神経的反応に関係している。ほかの介在ニューロンは別の神経伝達物質を用いており、特定の経路に沿った反応を、長期にわたって、高めるのではなく抑えるという性質をもつ。

学習と記憶は、すべての行動の中心にある。記憶は、行動に新たなものをつけ加える。つまり、行動は三次元空間内で繰り広げられるが、記憶は、それに時間という第四の次元を加えるのだ。記憶を用いることによって、行動の決定は、いま直面している情報だけでなく、過去に遭遇した情報にもとづいても行なえる。

言えるのは、潜在記憶に関与する遺伝子とタンパク質は、下等な多細胞生物の単純な神経系でも、人間の脳でも、驚くほどよく似ているということだ。ＤＮＡが行なう情報処理の場合と同じく、感覚信号を受けとり、神経インパルスを送るやり方も、いったんできあがってしまうと、長い進化の時間を通してほとんど変化してこなかった。これこそ、なぜ、これらの分子的経路の研究やそのもとにある遺伝子による調節の解明が、人間行動の神経学的基盤の理解にそれほど価値があるのかの理由である。

ショウジョウバエの学習と記憶

ショウジョウバエは、どう見ても、遺伝学という重要な領域の研究を押し進める大きな原動力のひとつであるようには見えない。このハエは、台所の果物皿に群がり、朝食のテーブルのこぼれたメロン汁に集まったりする、カほどの大きさの、ちょっとだけうるさいハエである。だが、この小さな羽をもつ昆虫は、動物の生命プロセスの遺伝的・分子的メカニズムについて、ほかのどのモデル生物よりもたくさんのことを教えてくれる。二〇世紀の遺伝学の歴史のなかで、ショウジョウバエ研究の聖地は、トーマス・ハント・モーガンの先駆的研究にさかのぼる。

モーガンについて興味深いことのひとつは、最初のころはメンデルの遺伝理論とダーウィンの進化論を拒絶していたのに、1905年ごろから、実際に自分で実験を進めるうちに、それらの理論が正しいと考えるようになったことである。そして最終的には、両理論を支持するもっとも有力な証拠のいくつかを提出するのだ。(モーガンは、その業績で1924年にダーウィン賞を、遺伝に関する業績で1933年にノーベル賞を受賞した。)モーガンは、植物における離散的な表現型の遺伝についてのメンデルの理論が動物にもあてはまるということを最初に理解したひとりだった。彼の研究は、表現型に関わっている遺伝子が、各細胞の核のなかにある染色体とよばれる特別な構造と物理的に関係しているということを示す上で、大きな推進力になった。彼はとりわけ、個々の染色体には多数の異なる遺伝子がしまい込まれているという理解に大きく貢献した。モーガンがショウジョウバエの数々の特徴を明らかにしたことにより、このハエは、動物の生命現象全般の遺伝的基盤を理解しようとするほかの研究者にとって、モデル生物のひとつになった。

ショウジョウバエは、線虫よりも大きく、しかもずっと複雑だ。運動系もかなり精密で、食物を得る能力を大いに高めているが、さらに精巧にできているのは、その神経系である。まえに紹介したように、線虫の神経系は、ニューロンが三〇二しかなかった。アメフラシは二万だった。ショウジョウバエは、大きさこそアメフラシの数万分の一しかないが、二〇万を越える数のニューロンがある。線虫やアメフラシと同様、ショウジョウバエのニューロンも、三つに大別できる。環境の情報をとらえる感覚ニューロン、この情報を統合し処理して、学習や記憶を促進する介在ニューロン、そして環境の刺激に対して体の反応を起こさせる運動ニューロンである。

しかし、線虫では、これら三種類のニューロンはほぼ同数なのに対し、ショウジョウバエには、神経系の進化を特徴づけるある傾向が見られる。それは、感覚入力の処理と統合を担当する介在ニューロンの数と割合が格段に増えることである。線虫では、処理を担当する介在ニューロンの多くは、集合して、首の部分で神経環とよばれる小さな器官を形成している。神経環では、ニューロンの軸索と樹状突起が広く連絡し合っている。アメフラシではこれが進化して、体中に散在する神経節とよばれる、より精密な器官になる。ショウジョウバエには、このアメフラシと同じような神経節の構造があり、キノコ体とよばれる。キノコ体も、その軸索と樹状突起を通して、広範囲な神経細胞間の相互作用を示す。しかしこれらの器官は、ショウジョウバエではかなり大きくなっており、高等動物の脳の一部のようにはっきりわかる形になる。このキノコ体の神経線維は、環境を学習するときには数を増す。実験的にキノコ体を壊すと、ハエの学習能力は決定的な打撃を受ける。

学習の研究にショウジョウバエを使う利点に最初に気づいた科学者のひとりが、シーモア・ベンザーだった。シドニー・ブレンナーと同様、ベンザーも傑出した分子生物学者で、最初はバクテリアと、バクテリアに感染するバクテリオファージを研究していた。その当時、物理学出身の科学者で、微生物の遺伝研究のもつ可能性を目のあたりにして生物学に引きつけられていった人たち——彼らは互いに関係はなかった——は少なくなかった。[注]ベンザーもそんなひとりだった。彼らは、比較的少ない遺伝子をもつ生命体で研究をすれば、画期的な発見ができるということを正しく予見していた。しかし、1960年代半ばになると、これらの研究者の多くは、自分たちが遺伝について知りえたことを、次のような問題にどうすれば応用できるかを考え始めた。すなわち、より複雑な多細胞生物はどのようにはたらくのか？　それらは精子と卵子からどのようにして発生するのか？　そしてそれらが成体になったときに、どのようにして行動するのか？

ブレンナーと同様、ベンザーも、高等生物の複雑な行動を分析する上で、分子生物学と分子遺伝学が強力な道具になる、ということがわかっていた。彼はまた、研究を始めるなら、ごく単純な生物システムからでなければならないということも確信していた。しかし、ブレンナーが独力で線虫を、ほとんどなにも知られていなかったたんなる土中に住む虫という地位から分子生物学研究のもっとも強力な道具の座に引き上げたのに対し、ベンザーは自分の研究に、すでにモデル生物として確立されていたショウジョウバエを使うことにした。彼のこの決断は、1965年にカリフォルニア工科大学（カルテック）で一年間、ほかの研究者、なかでもマックス・デルブリュックとともにこの可能性を追究したあとに下された。彼は、それから一年ほどして学部の正式のスタッフになった。モーガンの晩年には、カルテックは、まるでトーマス・ハント・モーガン研究所のようだった。モーガンは1945年に亡くなった。彼は遺伝子を化学物質としてとらえることに不満だった。カルテックで強力に進められてきた遺伝学研究に、そのときもまだモーガンの影響は色濃く残っていた。当時、モーガンの学生だったアル・スタートヴァントのそのまた学生のエド・ルイスも、カルテックで研究を始めたところであった。(ルイスはのちに、ショウジョウバエの発生生物学の業績でノーベル賞を授与される。) しかし、ベンザーがショウジョウバエを選んだもっとも大きな理由は、おそらく、カルテックだと膨大な数のハエの突然変異体株――その多くはいまもカルテックにある――が利用でき、そして新しい突然変異を作り出すこともほぼ意のままになったからだ。これこそ、モーガンの弟子たちが長い年月をかけて築きあげた方法論の賜物だった。

カルテックに移ってまもなく、ベンザーは、ハエの学習行動の研究にとりかかった。彼は、電気ショックの回避学習の手続きを用いた。この手続きは、まえに線虫のところで紹介した連合学習のテストと基本

注　このほか、物理学出身で分子生物学の誕生に際立った貢献をした研究者には、フランシス・クリック、サルヴァトーレ・ルリア、ガンサー・ステント、マックス・デルブリュックがいる。オーストリアの物理学者でノーベル賞受賞者のエルヴィン・シュレディンガーは1940年代に『生命とはなにか』を著したが、ベンザーも彼らも、この本から大きな刺激を受けた。この本は、生命現象は究極的には物理世界を支配しているのと同じ法則の点から理解でき、DNAが化学的なことばで書かれていて、やがて解読できるようになるだろうと予測していた。

的には同じである。ハエは、通常は光に引き寄せられる。テスト室のなかで、ハエを、一方の端に光源がおかれた小さなチューブのなかに入れる。チューブの光源のところには格子があり、この格子に触れると電気ショックがかかるようになっていて、格子にはあるニオイ物質が塗られている。チューブのなかに入れられたハエは、すぐに光のほうに移動し始めるが、格子に触れた途端電気ショックを受け、光源から退却する。こうした「訓練試行」を何回か繰り返したのち、格子には通電せず、光源とニオイ物質だけがあるチューブにハエをおく。するとハエは、光源に近寄ろうとしないのだ。このことから、ハエがニオイ物質と光と電気ショックとの結びつきを学習したということがわかる。興味深いことに、このような訓練は、ハエのキノコ体のニューロンの活動を大幅に高める。このことは、この器官が学習のプロセスに大きな役割を果たしているということを示している。

次にベンザーは、既存のショウジョウバエの変異体で、こういう学習行動に欠陥のある変異体をふるい分ける作業にとりかかった。ベンザーたちが見つけた興味深い突然変異のひとつは、その後、「ダンス(*dunce*:バカの意味)」として知られるようになった変異である。ダンス変異体はたんに、ニオイ物質と電気ショックの不快感の結びつきが学習できない。正常のハエと同じだけ訓練をしても、ダンス変異体は、危険を教えるニオイ物質があっても、光のほうに近寄ってゆくのだ。これらの変異体がさらに詳しく調べられ、そこで明らかになったのは、正常なハエとのこうした行動の違いは、生理機能の全般的低下などでは説明できない、ということであった。変異体のハエは、電気ショックの痛みを感じていたし、正常のハエと同じようにショックを嫌がった。別のテストでは、正常のハエと同じようにニオイ物質を感じとれることもわかった。実際のところ、連合学習ができないという点を除けば、ダンス変異体のハエに異常なところは見あたらなかった[注]。

その後わかったのは、ダンス遺伝子に欠陥があると、短期記憶の形成がうまくいかなくなる、ということであった。もちろん、それは間接的には長期記憶も阻害する。条件づけを行なってから数分以内にテストすると、ダンス変異体のハエは多少の学習能力を示す（だが成績は、正常な統制群のハエに比べてかなり劣る）。しかし、三〇分もすぎてしまうと、なにもかも忘れ去ってしまい、学習したことはまったく長期記憶に移行しないのだ。学習の欠陥は、正解すると報酬が得られるテストでもはっきり現われる。特定のニオイ物質やほかの刺激が大好物の食物と結びつけられても、ダンス変異体はすぐ忘れた。ショウジョウバエの長期の潜在記憶の形成は、アメフラシのところで紹介したのと同じようなニューロンの変化をともなう。学習し記憶を形成しつつあるハエのキノコ体には、ニューロン間の経路に大きな変化が起こることがわかっている。あとで見るように、アメフラシの学習と記憶で明らかにされているのと同じｃＡＭＰ経路が、ショウジョウバエでも役割を果たしているようだ。

ニオイと電気ショックの連合学習の実験を通してダンス変異体の学習能力の欠如の原因が追求され、これは学習に関与する神経プロセスの理解に大いに役立った。学習は、すべての動物種のほとんどあらゆる行動のもとにある。わけてもダンスのような遺伝子が果たしている役割がもっともはっきり現われるのが、

注　その後、二種類のダンス変異遺伝子については、その遺伝子をもったメスは子どもが残せないということが判明した。

ハエの生殖活動――ハエの行動のなかでもっとも基本的な行動――である。

ハエはこう求愛し交尾する

儀式はどの世界にもある。まず最初に動くのはオスだ。メスのほうを向き、近づき、前肢でメスのお腹を軽く叩いて、気のあることを伝える。この最初の行動は、もちろん、オスがメスを見て起こることもあるが、多くの場合は、メスの体表面から放出されるフェロモンの信号によっている（ハエはまっ暗ななかでも求愛・交尾行動がとれる）。メスは、オスの求愛を受け入れる用意があるかないかに応じて、たんにそのオスを無視する（実際にはこれがオスを刺激する）かもしれないし、羽や肢でオスを突き返す（オスを拒絶することになる）かもしれない。しかし、正常で健康なオスであれば、あきれるほどしつこく、メスを叩くのを繰り返し、前肢でメスのお腹をつかみ続ける。そして、羽を振るわせて特徴的な求愛ソングを歌い始める。このソングは決まった周波数の音で、コーラスの部分が何度も繰り返され、メスはそれを認識できるように遺伝的にプログラムされている。メスがオスの意図をとり違えることはない。このソングは、そのままでは人間には聞こえないが、メスの触角（音をとらえる器官）の近くでは、一〇〇デシベルほどの音圧になる。

メスは、（たとえば、ほかのオスと交尾したばかりとかで）交尾にまったく関心がないときには、オスを追い払うフェロモンを放出する。ある系統のショウジョウバエでは、オスが、メスと交尾したときに、ほかのオスを追い払うフェロモンをメスの体に残すこともある。こうした強い化学的・物理的な妨害がなければ、オスは求愛ソングを歌い続け、次にメスの性器を舐め、そのあと交尾しようとする。このときメスは、終始あまり動こうとしない。もしメスが交尾に関心があるなら、メスは交尾がしやすくなるよう、基本的にゆっくりした動きになる。実際には、メスが動かなくなることが、オスに行為を続けるように仕向けるための重要な要素になっている。成熟したオスは、まったく動かない（フェロモンは発している）メスに引きつけられ、交尾を試みる。

大部分のほかの動物種でもそうだが、ショウジョウバエでも、求愛や交尾の行動は、通常の環境下では世代を越えて変化しない。さらに交尾の基本的儀式は、学習されるものではない。つまり、その基本的要素は「配線済み」で、遺伝子のなかに書き込まれているのだ。このことがよくわかるのは、求愛行動を破壊する、多くのよく知られた遺伝的突然変異の存在である。生殖行動に影響する突然変異には多くのものがあるが、その大半はそれほど興味深いものではない。というのは、それらはハエそのものを動けなくしたり、生殖以外にも影響を与えるからだ。しかし一部の突然変異は、いろいろなことを教えてくれる。とりわけ、ダンス変異体がそうである。

通常、妊娠しているメスに求愛して強く拒絶されたオスは、その後しばらくの間は妊娠したメスに求愛しようとしない。おそらくオスは、妊娠しているメスの体についている拒絶のフェロモンがメスの非協力的な態度と関係しているということを学習し、もっと見込みのありそうな場所へと移動するのだ。ダンス変異体は、これが学習できない。妊娠している最初のメスに徹底的に拒絶されても、次には、別の妊娠している（同じ拒絶のフェロモンを放っている）メスに、処女メスに対するのと同じように求愛を試みるのだ。集団内に処女メスしかいないのであれば、ダンス変異体のオスの求愛と交尾の成功率は正常オスの場合と同じになり、ダンス変異は、求愛と交尾に直接関係する基本的行動のどれにも影響をおよぼすことはない。しかし、集団に処女のメスと妊娠中のメスとが混在する場合（これがオスのハエにとって「自然な世界」だ）、ダンス変異体の成功率はずっと低くなってしまう。というのは、すでに妊娠しているメスに迫って、徒労に終わる求愛行動に多大の時間を費してしまうからだ。自然界では、このような行為を続けると、ほんの数世代でその変異体は集団から淘汰されて、数が激減するか、あるいは消え去ってしまう。

ショウジョウバエのダンス遺伝子は、1980年代はじめに突き止められた。この遺伝子は、ハエのX染色体の先端部に位置し、ホスホジエストラーゼ（PDE）という酵素をコードしている。このPDEは、細胞内のcAMPのレベルの調節に関与している。これは、すでにその数年まえ、アメフラシの神経系で短期と長期の潜在記憶の形成に関して突き止められたcAMP信号システムと同じものである。アメフラシと同様、ショウジョウバエでも、cAMPそれ自体は、脳だけに特有のものではない。cAMPは、細胞表面に届いた信号を細胞の適切な反応へと翻訳するのを助けるのに使われる、共通の「二次メッセンジャー」なのだ。

どのようにしてcAMPが学習に関与するのだろうか？　考えられるシナリオはこうだ。フェロモンの信号を受けとった嗅覚ニューロンがキノコ体の細胞を刺激すると、キノコ体のニューロン内のcAMPのレベルが上昇する。cAMPは、cAMP依存性キナーゼとよばれる酵素と結びつき、それを活性化する（図7・2）。このキナーゼには、いくつか仕事がある。まず、イオンチャンネルを開け、その結果細胞を脱分極させ、その細胞が連絡しているほかのニューロンに信号を伝える。またそれは、細胞内の新しいタンパク質の誘導にも関与していて、細胞のシナプスの活動を変える。しかしニューロンの本来の機能は、ｃＡＭＰのすばやい分解とキナーゼの非活性化に依存しているので、イオンチャンネルが閉じ、ニューロンは再分極する。ＰＤＥの特別な仕事は、ｃＡＭＰの分解である。ショウジョウバエには、一種類ではなく、三種類のＰＤＥ酵素がある。これらはそれぞれ、異なる遺伝子がコードしている。ダンス突然変異の影響を受ける種類のＰＤＥをコードしている遺伝子は、おもに神経細胞、とくにキノコ体のニューロンで発現する。

ショウジョウバエの学習に関わるほかの種類の変異体を用いた研究も、ｃＡＭＰの代謝に関係する遺伝子を見つけている。ルタベガ（*rutabaga*）とよばれる突然変異では、そもそもｃＡＭＰを作ることができない。ルタベガ変異体のハエは、ダンス変異体とまったく同じような学習障害を示す。ルタベガ遺伝子は、ダンス遺伝子と同様、おもにキノコ体の細胞で発現する。ルタベガ変異体からわかるのは、学習においては、ｃＡＭＰのタイムリーな分解だけでなく、信号に反応してｃＡＭＰを生成することも重要だということである。アムネジアック（*amnesiac*）という変異体も、学習に障害がある。この変異体も、細胞内のｃＡＭＰを活性化する神経ペプチドに似たタンパク質をコードしている遺伝子に欠陥があるようだ。

分子レベルから見た哺乳類の学習と記憶

潜在記憶の機能は、ショウジョウバエやアメフラシのような下等生物に特徴的だが、この機能は哺乳類

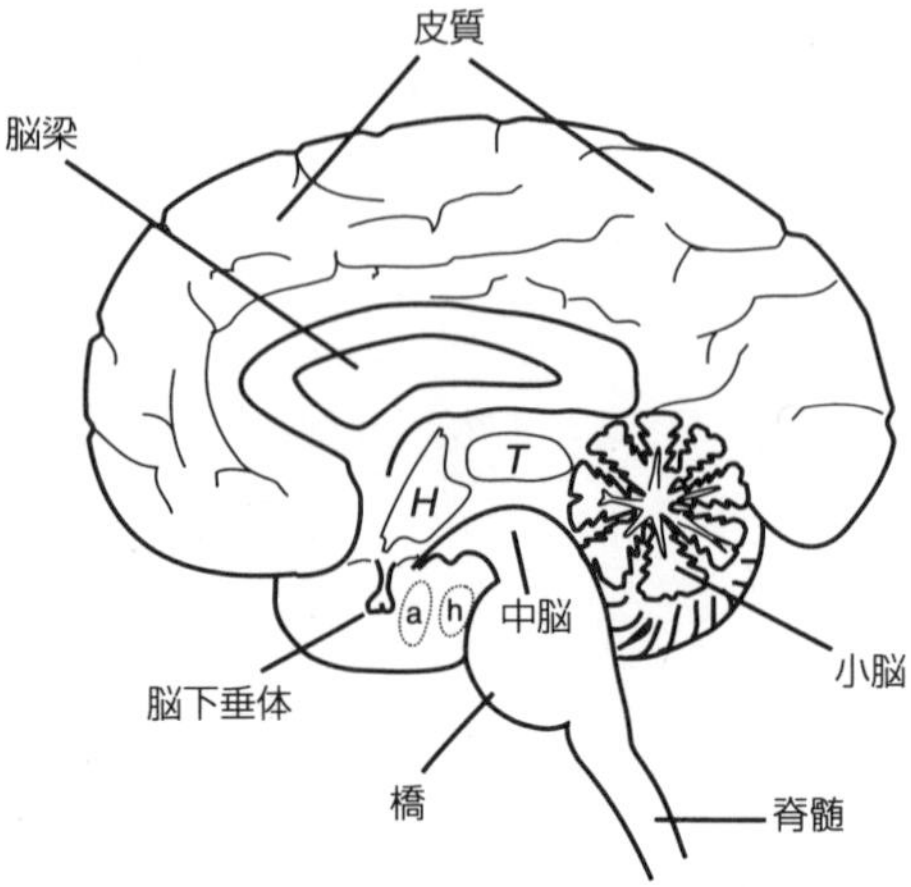

図7.3　人間の脳。H：視床下部。T：視床。a：扁桃核。h：海馬。

にもある。これは人間でも簡単に示せる。私たちは、突然大きな音がすれば反射的に反応するが、何度もその音がすれば、それに馴れてしまう。最初音がしたときには、反射的に標準的な驚愕反応が起こるが、同じ音が繰り返し提示されると、しだいに反応しなくなってゆくだろう。しばらくその音を提示しないでおいてまた突然提示すれば、標準的な反射的反応が生じる。人間でも、反射の古典的条件づけができる。潜在記憶の条件づけでもっともよく使われるテストのひとつは、まばたきテストだ。被験者の眼の角膜に空気を吹きつけると、まばたき反射が起こる。もし空気を吹きつける直前にヘッドフォンを通してある音を聞かせるということを繰り返すと、その音だけでもまばたき反射が起こる。

哺乳類の潜在記憶に関係するニューロンの多くは、小脳とよばれる脳領域にある（図7・3）。人間の脳では、小脳は脳全体の容積のほんの10%を占めるにすぎないが、脳全体の数百億のニューロンの半分以上がこの小脳にあり、脳や脊髄のすべての部分の隅々まで連絡している。小脳は、脊椎動物の脳では相対的に古い部分で、とくに筋肉の協調運動と体の平衡に重要な役割を果たしている。潜在記憶はもっぱら運動機能の協調を含んでいるので、小脳がこうした種類の記憶に大きな役割を果たしているのは、なんの不思議でもない。人間もほかの動物も、小脳の特定の部分が壊れると、たとえば、まばたき反射のような条件づけができなくなる。

海馬の近くには、扁桃核とよばれる小さな器官がある（図7・3）。この扁桃核は、哺乳類では、条件づけされた反応のような潜在記憶に結びついた行動に関係しており、いわゆる「情動記憶」の座だとも考えられている。それは、動物でも人間でも、恐怖の要素をもつ潜在記憶がしまい込まれている場所としてもっともよく位置づけられてきた。それらの記憶が喚起されると、一連の生理的変化が起こり、強い防御反応ができる状態になる。しかし人間では扁桃核が損傷すると、自分の感情も他者の感情もわからないという障害が現われることがある。このように、人間で潜在記憶が保持されるのは、感情にもとづいた行動と関係しているからなのかもしれない。

下等生物で長期の潜在記憶の形成にｃＡＭＰが重要な役割を果たすということは、最初は研究者にとって驚きだった。それに刺激されて、人間も含む哺乳類の学習と記憶形成にｃＡＭＰやｃＡＭＰ依存性酵素（その一例はＰＤＥである）が果たしている役割が探られ始めた。実際、１９８９年、ダンスタイプのＰＤＥ遺伝子がラットからとり出された。その際に、この遺伝子をラットのＤＮＡの標本から「釣り上げる」ために使われたのは、ショウジョウバエのダンス遺伝子のコピーであった。もし出所の異なる二つの同じタイプの遺伝子が配列の点でよく似ているなら、それらどうしだけがくっつき合う（「ハイブリダイズ」

する）。この性質を利用して、ショウジョウバエの遺伝子が、それと似た遺伝子をラットのDNAから釣り上げるための「釣り餌」として使われたのである。この実験で得られた結果から言えるのは、ダンスタイプのPDE遺伝子は、ショウジョウバエとラットを隔てている少なくとも六億年の進化の時間保持されてきたらしいということである。この二つの動物種のダンス遺伝子の配列を比べると、それぞれの遺伝子がコードしているタンパク質の配列の75％が同一だということがわかった。これだけ長い時間で隔てられているのに保持の割合がこれだけ高いのは、驚異的なことである。

ラットは、七種類のPDE遺伝子（PDE-1〜7）をもっていることがわかっている。このうちひとつだけ（PDE-4）が、ショウジョウバエのダンス遺伝子のように、おもに神経系で発現する。ラットでPDE-4の機能が損なわれると、神経細胞でだけcAMPのレベルが上昇する。このことから、ラットのPDE-4はハエのPDEと同じような役割を果たしていることがわかる。両者の機能はほとんど同じである。というのは、ラットのこの遺伝子をダンス変異体のハエに入れてやると、完全というわけにはいかないが、学習の欠陥がなくなるのだ！

cAMPは、ラットでも記憶の形成を調節している可能性は高い。ロリプラムとよばれる薬物を投与された正常ラットでは、PDE-4酵素が選択的に抑制される。もしラットにスコポラミンとよばれる薬物を投与したり、脳震盪《しんとう》や電気痙攣《けいれん》ショックを与えたりすると、学習したばかりの情報を長期記憶に移行させることができなくなる。しかし、この障害は、ロリプラムを用いるとなくすことができる。ラットの神経細胞をとり出し、ロリプラムで処理すると、その神経細胞は、神経伝達物質を放出できないといった、いくつかの欠陥を示すようになる。これらのラットでのロリプラムの効果のひとつは、学習と記憶の経路に関与するニューロンのcAMPのレベルを増加させることである。このことは、スコポラミン、脳震盪、あるいは電気痙攣ショックを与えられたラットの障害は神経経路内のcAMPのレベルの低下に原因がある、ということを示唆している。こうしたラットは、まえに述べたショウジョウバエのルタベガ変異体によく似ている。このように、ニューロン内にcAMPがありすぎても、なさすぎても、学習や記憶が損なわれる。

ショウジョウバエのダンス遺伝子に相当する人間のPDE-4遺伝子の最初のものが、1990年に、人間のDNAから釣り上げられた。ラットと同じく、人間には七種類のPDE遺伝子があるが、人間のPDE-4遺伝子も、ハエやラットの場合とほぼ同じように機能するようだ。人間のPDE-4タンパク質も、ラットの場合と同じく、ロリプラムによって抑制される。このことは重要である。というのは、ロリプラムは人間では有効な抗鬱剤だからである。ロリプラムやほかの抗鬱剤の作用のひとつは、神経細胞内の特定のcAMP結合タンパク質の量を増やすことである。このことは、ロリプラムによって処理された細胞がcAMPのレベルを上げる、ということを示唆している。間接的にせよ、このことは、cAMP結合タンパク質は、神経細胞内のほかの遺伝子の発現を引き起こす。これらほかの遺伝子は、入力信号に対する細胞の特別な反応に関与している可能性がある。興味深いのは、このシステムが人間では学習や記憶という心的機能にも関与しているということだ。

明らかに、人間は顕在記憶をもっている。顕在記憶は、視覚イメージなどの過去の経験と結びついた情報をとり出すために意識的な努力を必要とする。私たちの生活において、人や場所やできごとの記憶はみな顕在記憶であり、脳の海馬に形成される（図7・3）。これら二種類の記憶を脳では別々の部分が担当しているので、顕在記憶はなんともなくて、潜在記憶だけが失われるとか（たとえば、あるタイプの脳損傷）、逆に潜在記憶は大丈夫で、顕在記憶だけが失われるといったことが起こりうる。潜在記憶では、学習されるできごとが何度も繰り返し起こらないと短期記憶から長期記憶に移行しないが、顕在記憶では、学習されるできごとが一回起こるだけでも、長期の記憶が形成される。

では、ダンス遺伝子は、哺乳類ではなにをしているのだろうか？　それは潜在記憶に関与しているだけなのか？　それとも長期の顕在記憶の形成にも関与しているのか？　研究者たちが哺乳類のダンス遺伝子が脳のどこで発現するのかを探ってゆくと、小脳（潜在記憶形成の場所のひとつ）と海馬（顕在記憶をおもに司っている）の両方に見つかった。すでに見たように、アメフラシでは、長期の潜在記憶の形成には促通とよばれるプロセスが含まれ、そのプロセスでは、特別な介在ニューロンが学習の間刺激されていた神経経路のシナプス連絡を強めるようにはたらく。長期の顕在記憶の形成で同様の機能をもつプロセスは、「長期増強」とよばれている。長期記憶が形成される結果海馬のシナプスの数は増えてゆくが、これらのシナプス連絡の少なくとも一部は、海馬のニューロン内のｃＡＭＰの量の増加によっている。さらに、長期増強でニューロンに生じる変化のひとつは、入力刺激に反応して、神経伝達物質の出力が増加することである。細胞培養液のなかに海馬の細胞をおき、うまく刺激してやると、細胞は神経伝達物質を放出する。これらの細胞を細胞内のｃＡＭＰの量を増やすセロトニンのような薬物で処理すると、神経伝達物質の出力が大幅に増加する。

ｃＡＭＰ合成酵素や分解酵素に加えて、かなり一般的な酵素がもうひとつある。それは、「カルシウム・カルモジュリン依存性キナーゼⅡ」という長い名前の酵素である。この酵素は、学習の訓練の間に誘導され、長期の顕在記憶に関与していることがわかっている。（この酵素を研究している専門家は、CaMKⅡと略記して、「カムケーッツー」と発音しているが、以下ではそれにしたがうことにする。）CaMKⅡは、cAMPではなくCa^{2+}によって活性化されるという点が違うだけで、cAMPによって活性化されるキナーゼと似たはたらきをする。これは、ゾウリムシのところで紹介したカルモジュリン分子と同じものである。哺乳類の細胞でも、ゾウリムシの場合と同様、細胞内に入るカルシウムは、カルモジュリン分子と結びつき、このCa^{2+}-カルモジュリンの複合体が細胞内のさまざまなタンパク質を活性化する。cAMP依存性キナーゼと同様、Ca^{2+}によって活性化されるCaMKⅡは、シナプス連絡の形成・強化に関与する新しいタンパク質の合成を誘導する。cAMPキナーゼと同様、CaMKⅡなどのカルシウム-カルモジュリン・キナーゼは、体中の細胞にごくふつうに見られる。脳では、CaMKⅡは、とりわけ海馬のシナプス前後の部分と、前脳の部分とに集中している。

最近、CaMKⅡを欠いたマウスが、実験的に作り出されている。これらのマウスは、ほかの機能は正常だが、海馬の長期の顕在記憶の形成だけが著しく損なわれていた。水を張ったプールにマウスを放ち、泳いで安全なプラットフォーム（水面下にある）にたどり着くという学習課題を行なわせる。マウスは、プールの外の目印との位置関係をもとにプラットフォームの位置を覚えなければならないが、その記憶にはかなりの時間がかかった。別の実験では、迷路のなかで明るい光から逃れる（通常彼らはそうしたがる）という学習課題でも、道順を覚えるのに時間がかかった。ごく最近、哺乳類の潜在記憶の経路の一部でも、CaMKⅡが用いられていることがわかった。研究者が、ショウジョウバエでもCaMKⅡの機能を阻害してみると、やはり、求愛・交尾行動を学習する能力（潜在記憶が関与する）が著しく損なわれた。これこそ、ゾウリムシから哺乳動物の神経細胞にいたるまで、細胞の信号メカニズムが進化の歴史のなかでほとんど変わることなく受け継がれていることを、あざやかに示す例だと言える。

学習と記憶は確かに量的形質であり、PDE-4やCaMKIIだけでなく、それ以外の遺伝子も多数関与しているだろう。しかし、学習と記憶に関与する神経経路の点で、これらの遺伝子が氷山の一角にすぎないとすれば、まだその下には隠れた部分がある。学習と記憶に影響するほかの遺伝子はすでに、同じような方法で発見されている。ルタベガも、ダンスと同じく、体中の細胞にふつうに発現する遺伝子である。学習に影響するシェイカー（*shaker*）とよばれるもうひとつの突然変異は、カリウムチャンネルをコードしている遺伝子に関係している。カリウムチャンネルの機能障害は、2章のゾウリムシのところで紹介した行動のいくつかの突然変異のもとになっていた。カリウムチャンネルは、脳細胞に特有なわけではなく、体中のさまざまな細胞で発現する。

学習と記憶のような行動の神経経路に関与する遺伝子の特定は、突然変異を追う以外にも方法がある。これらの方法のいくつかについては、次章以降でとりあげる。行動遺伝学の目標のひとつは、量的行動形質に関与する主要な遺伝子を特定することと、それらの遺伝子の対立遺伝子が行動パターン全体にどのように寄与するかを明らかにすることである。かなり特殊な行動に関与する遺伝子の多くが、実はその行動だけに特異的ではないという発見は、行動の遺伝的基盤を解明しようという試みから出発した科学者の多くにとって驚きであった。しかし、もう驚きではない。なぜならこの発見は、ほかのたくさんの生物学的プロセスの遺伝的基盤について、この三〇年ほどの間にわかってきたことと少しも矛盾しないからだ。

最後に注意してほしいのは、学習と記憶について語るとき、それがゾウリムシであれ、人間であれ、そこで実際に問題にしているのは神経系に対する環境の影響だ、ということである。まさにこの点で、遺伝と環境は解きがたく絡み合っている。遺伝子による神経系の調節は、環境の情報がどのように知覚されるかに、そしてその生物がその情報にどのように反応するかに影響を与える。しかし同時に、学習の結果生じたニューロンの新たな連絡と相互作用について、あるいは経験の結果生じたシナプスの変化について語るときに実際に問題にしているのは、神経系への環境の影響と、究極的には行動への環境の影響である。以下の章では、人間行動の遺伝的基盤を探ってゆくが、その場合、つねにこの重要な事実を念頭においておく必要がある。

8章 人間の行動と神経伝達物質の役割

これまでの章ではおもに、動物の行動の個体差が遺伝的差異からどのように説明されるかに焦点をあててきた。動物の行動における遺伝子の役割を探るための実験では、遺伝子の影響がはっきりわかるように、実験「環境」ができるかぎり一定に保たれていた。以下の章では、人間の行動の個人差をとりあげる。人間の場合にも、行動の個人差が遺伝的差異によってどの程度説明できるかを考えてみよう。しかし、これこそ、環境が反応行動の個人差にどの程度影響を与えるのかをより詳しく探るための出発点でもある。人間は環境のなかで生活し、仕事をし、愛し合い、学ぶのだが、そうした環境を統制するのは容易なことではない。人間は、実験環境のなかで生きているわけではないし、人間の行動における環境の影響を排除することもまずできない話なので、行動への遺伝的影響を明らかにすることも、当然ながらむずかしい作業になる。

動物と人間の行動の両方についてわかっていることを総合すると、そこから言えるのは、行動とは、神経系が内分泌系の多くのホルモンの助け（複雑な多細胞生物ではその程度がさまざまだが）を借りて繰り広げる事象が、表に現われたものだ、ということである。進化の過程で、決定を行なう神経プロセスがしだいに中枢の脳に集中するようになり、行動は、基本的には、体の内と外の両方の入力情報に対する脳の反応の表現になった。環境が私たちに影響を与えるのは、神経系のこうした感覚的要素を通してである。行動における遺伝子と環境との相対的な役割を考える際には、この点を心にとめておかなければならない。遺伝的差異は、環境への反応だけに影響するのではなく、まず第一に、環境の知覚そのものにも影響するのだ。

行動の個人差は、少なくとも部分的には、人間集団内の遺伝的差異によって説明できる。こうした遺伝子の発現をどこに探ればよいかと言えば、それは神経である。アメフラシやほかのモデル動物で明らかにされつつある遺伝子、とりわけ信号の変換に関与している遺伝子のように、ニューロン内部の活動を方向づける多くの遺伝子は、調べるべき重要な種類の遺伝子である。一方、行動を探るために使える、同様に魅力的な一連の遺伝子として、さまざまな神経伝達物質やそれらの受容体の生成、調節、機能に関わる遺伝子もある。

神経伝達物質を介して、神経細胞は互いに、そして体のなかのほかの細胞と情報交換する。神経伝達物質があってこそ、環境に関する情報が脳に伝えられ、その情報が分析され、適切な反応がなされる。人間の脳の大部分を構成しているのは、脳の異なる部位にある細胞どうしをつなぐ介在ニューロンである。内的・外的できごとに対する反応を生み出すために、脳に貯蔵されている情報に頼らなければならないとき、化学的な会話が必要になる。介在ニューロンは、体験を最初にとらえる脳領域に始まって、入力信号を記憶の貯蔵庫へと振り向ける変換システム、そして大脳皮質の知的な中枢まで、脳のすべての領域の神経細胞をつないでいる。脳は文字どおり、神経伝達物質の形で流れる情報に浸されている。脳や脊髄の神経細胞は、体のなかのほかの細胞と情報伝達し合う際にも、たとえば、あるホルモンを分泌するように腺細胞に指令したり、運動を開始させるために筋肉に収縮を指令する際にも、これら同じ神経伝達物質を用いている。

神経伝達物質がどのようにして行動に影響を与えるのかを見るまえに、まず、個々のニューロンのレベルでそれがどうはたらくのかを見ておくことにしよう。そうしておけば、神経細胞間の情報伝達がどのようになされているかだけでなく、特定の薬物が行動を調節する上でどのように作用するのかも理解しやすくなるだろう。

神経伝達物質は、二種類に大別できる。神経ペプチドとよばれる低分子量のタンパク質と、構造的にそれよりさらに小さなアセチルコリンやセロトニンのような物質である（表8・1）。ペプチドの神経伝達物質には、体の痛みを調節するモルヒネと同じはたらきをするβエンドルフィンなどの分子がある。しかし、一般には、行動に影響を与える脳活動の調節にもっとも大きな役割を果たすのは、低分子量の神経伝達物質のようだ。表8・1には、低分子量の神経伝達物質が九種類あげてあるが、このうち八つは、アミノ酸――タンパク質を構成する部品――

表8.1　神経伝達物質

低分子量の分子	
	アセチルコリン
	γアミノ酪酸（GABA）
	ドーパミン
	アドレナリン
	グルタミン酸
	グリシン
	ヒスタミン
	ノルアドレナリン
	セロトニン
一般的な神経ペプチド	
	βエンドルフィン
	神経ペプチドY
	ニューロテンシン
	オキシトシン
	プロラクチン
	ソマトスタチン
	P物質
	チロトロピン
	ヴァソプレッシン

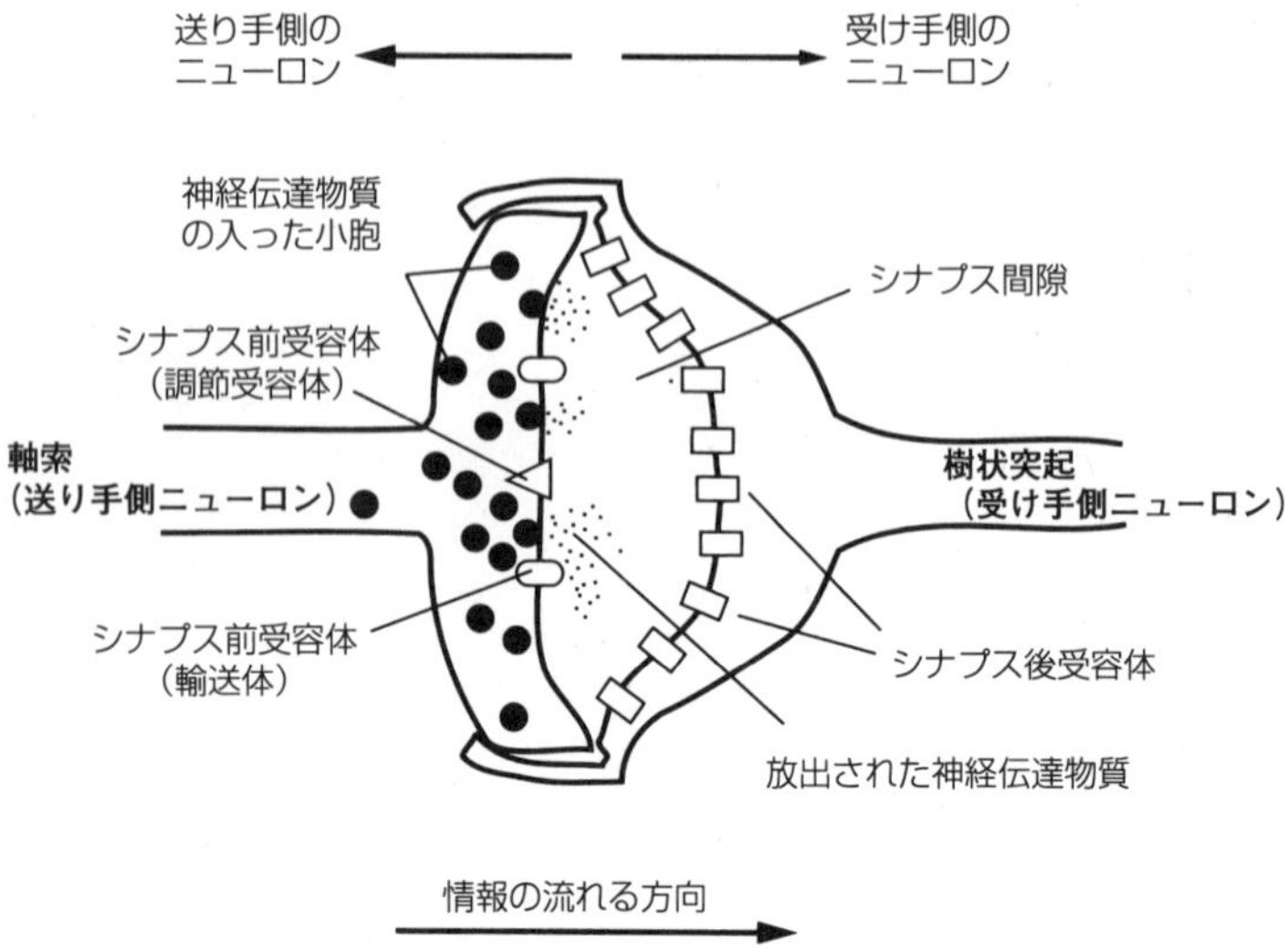

図 8. 1　神経シナプスの構造。

か、アミノ酸の誘導物である。（アセチルコリンだけは例外である。）

神経伝達物質は、細胞内ではなく、細胞間ではたらいて、さまざまな仕事をする。それぞれの神経伝達物質は、ニューロン内部で合成され、軸索の先端部にある小胞に貯蔵される（図 8・1）。神経細胞は、脱分極すると、これらの小胞の中身をシナプス間隙――シナプス前細胞の軸索とシナプス後細胞の樹状突起との間にあるほんの小さなすきま――に放出する。神経伝達物質は、拡散しながらシナプスを横切り、受け手側のニューロンの樹状突起の先端の受容体と結合する。神経伝達物質の受容体は、ニューロンの細胞膜に埋め込まれているタンパク質である。受容体は、それ自体がイオンチャンネルか、あるいはイオンチャンネルに直接関係している。シナプス後細胞の線維上に適切な受容体がなければ、なにも起こらない。受容体があれば、いくつかのことが起こる。もし受け手側の細胞がニューロンならば、入力信号は、そのニューロン自体の神経伝達物質の放出の促進か抑制のどちらかの作用をする。受け手側の細胞が筋細胞の場合には、収縮が起こる。

体のなかには、それぞれの神経伝達物質は一種類の形だけしかないが、それを受けとるタンパク質受容体には数十もの種類があることがある。脳の場所や果たす機能の違いによって、同じ神経伝達物質でも、受け手側のニューロンの受容体の種類が異なることがあるのだ。これによって、同じ神経伝達物質が、ニューロンのもっている受容体のタイプに応じて、異なるしかたで影響をおよぼすことが可能になる。神経伝達物質が結合する受容体によって、受け手側のニューロンには異なる種類の反応が引き起こされる。

ほとんどのニューロンには、それ自身が放出する神経伝達物質の受容体もある。これらの「シナプス前」受容体は、神経が正常に機能する上で重要な役割を果たしている。以下で見るように、これらの受容体こそ、行動を変える多数の薬物が共通に標的としているものだ。シナプス前受容体のひとつは、輸送体――回収受容体とよばれることもある――である。輸送体は、ニューロンの軸索の先端部にあり、二つのニューロン間に形成されるシナプス構造の部分をなしている。神経伝達物質が軸索からシナプスに放出されると、その一部は、受け手側のニューロン（すなわちシナプス後細胞）の樹状突起によって受けとられる。しかし、放出された神経伝達物質の大多数は使われずに、シナプスに残ったままでいる。この残った神経伝達物質は、同じニューロンが再度発火して新たに放出する神経伝達物質と混ざってしまい、最終的には、使われない神経伝達物質で身動きのとれない状態になり、シナプスの機能に支障が出始める。このときに役目を果たすのが、シナプス前輸送体だ。輸送体は、放出されたが使われなかった神経伝達物質をシナプスからとり除くために、それらを吸収して放出先のニューロンに戻すのだ。戻された神経伝達物質は、リサイクルされてシナプス小胞にためられるか、あるいは特殊な酵素で分解されるかする。

もうひとつのタイプのシナプス前受容体は、神経伝達物質の放出を調節するように作用する。これらの調節受容体は、神経伝達物質を回収するのではなく、ニューロンの近くに神経伝達物質が多量にあるのを検出すると、正常な状態に戻るまで、その放出を中止する。これは、培養液中で培養された神経細胞を用いて、簡単に示すことができる。これらの細胞をさまざまの方法で刺激すると、培養皿中に神経伝達物質を放出する。しかし、刺激するまえに培養液中に多量の神経伝達物質を入れてやると、ニューロンは「発火」できず、自らの神経伝達物質を放出しなくなる。

個々のニューロンは、単一の軸索を介して、数十のほかのニューロンに連絡しており、それ自身もたくさんの樹状突起を介して、数百ものほかのニューロンから入力を受けとっている（図4・2参照）。個々のニューロンは、軸索の枝の先端から一種類の神経伝達物質だけを放出する（数種類の神経ペプチドを放出する場合もある）。個々のニューロンは通常は、樹状突起の先端にさまざまの種類の神経伝達物質を受けとる受容器をもっている。こうして、ニューロンは、ほかのさまざまなタイプのニューロンから、樹状突起を介して影響を受ける。脳内のニューロン間の情報伝達は、細胞間でさまざまの種類の神経伝達物質の放出と回収がうまくゆくことによって行なわれる。個々のニューロンの活動は、ある瞬間にほかのニューロンから受けとる化学的入力の総和によって決まる。

脳のように複雑な器官内の神経伝達物質の量を測るのには、さまざまな困難がつきまとう。動物を用いた多くの研究では、脳の該当する領域に測定装置を直接挿入して、特定の神経伝達物質の局所的な濃度の情報を得ることができる。一方、これと同じぐらいよく行なわれている方法では、単純に脳全体でのその量を測定する。人間では、さらに多くの制約があり、神経伝達物質の量は、脊髄液、血液、尿のなかの神経伝達物質、あるいはその代謝物質を測定して、その値から推定される。これらの推定値は、当然近似値でしかない。動物の脳でのより正確な測定値でさえも、個々の神経路でどんな変化が起こっているかまでは教えてくれない。だが、動物でも人間でも、神経伝達物質の量と行動の間には著しい相関が見られる。この一部については、次の章で詳しく紹介する。

神経伝達物質はみな、行動においてなんらかの役割を果たしている。これには神経ペプチド類も含まれるが、行動の調節に関与するもっとも一般的な物質は、ノルアドレナリン、ドーパミン、セロトニンなどの、低分子量の伝達物質だ。以下では、これらの神経伝達物質がどのように人間行動の三つの重要な側面に役割を果たすのかを見てみよう。その三つとは、衝動性、鬱病、学習である。

衝動性

衝動行動というのは、直接の経験や得た知識からすれば自分のためにならないことがはっきりとわかっているのにもかかわらず、してしまう行動のことを言う。それは、熟慮せずに行なってしまう行為という特徴がある。典型的な衝動行動は、人やものに対する突然で理由のない攻撃、薬物乱用、ある種の摂食障害、放火癖、繰り返される自殺未遂などだが、その一部を表８・２にあげておく。概して、衝動性は、１

表8.2 衝動性の要素をもつ行動

- **摂食障害**
  - 無茶食い（過食）
  - 神経性無食欲症（拒食症）
  - 神経性大食症（過食症）
- **自発的攻撃**
- **薬物乱用**
  - アルコール依存症
  - 薬物依存症
- **刺激探求行動**
  - リスク・テイキング行動
  - スリル追求行動
- **ギャンブル**
- **窃盗癖**
- **性的倒錯**
  - 窃視症
  - サドマゾ癖
  - 露出癖
- **自殺未遂**
- **注意欠陥多動障害**
- **抜毛癖《ばつもうへき》**（自分の毛を強迫的に引き抜く行動）

章で述べた内向・外向の軸と重なる面もあるが、衝動行動そのものは、行為を行なう自分自身だけでなく、ほかの人にも危害がおよぶことがあるので、通常は悪い意味を帯びている。衝動的行為に走る直前は緊張状態にあることが多く、行為が完了すると、緊張状態が解消して、安堵と満足感が得られる。全般的に、これらすべては、神経伝達物質によって調節されている。

衝動性も、悪い面ばかりではない。芸術においても、科学においても、衝動性はある種の創造性に関わってきたし、それゆえ結果がプラスと出るかマイナスと出るかは、状況しだいのところがある。たとえば、危険を冒すことがプラスの価値をもつ場合がある。これは、あらゆる困難を乗り越えて新しい世界に乗り出してゆく人、まったく違った文化のなかに入ってゆく人、月に行く人、あるいは資金もろくにないのに新しいソフトウエアの会社を立ち上げる向こうみずな起業家などを思い浮かべていただくとよい。しかし、衝動行動は、人間の営みのいくつかでは価値があったり、実り多かったりすることがあるにしても、大部分は、その個人にとっても社会にとっても、不利益をもたらすことが多い。プラスの結果につながる衝動行動は「機能的衝動性」とよばれ、一方、自分や他者に害をおよぼす衝動行動は「衝動性機能不全」とよばれることがある。

衝動的な人は、教育や経験によって得た豊かな情報をもっていても、意志決定プロセスに、心理学者の言う「脳の覚醒」（すなわち皮質の関与）の程度が少ない、と考えられている。反応行動は、中脳とよばれる脳のかなり原始的な領域に始まる。実際、多くの行動は、皮質の関与なしに、中脳から完璧な指示を受け、実行される。皮質は、必ずしもすべての意志決定に関わる必要はない。もし車を運転しているときに目の前に子どもが急に飛び出してきたら、どうすべきかを考えている時間的余裕などないだろう。けれども、これから車を運転するのにもう一杯やろうとするなら、あるいはその一杯を出すのを拒むバーテンダーに文句を言ったり暴力をふるったりするなら、その行為に出るまえに少し考えてみたほうがよい。そして衝動的な人が抱えている問題は、まさにこの点なのだ。

中脳のニューロンは大脳皮質を覚醒させ、行動の決定に皮質を関与させるが、その主要な手段のひとつが、神経伝達物質のセロトニンである。セロトニンは、アミノ酸の一種のトリプトファンから体内で合成される。体内では作ることができず、食物から摂取しなければならない「必須」アミノ酸の種類はそれほど多くないが、トリプトファンはそのうちのひとつである。セロトニンは最初、人間では、血管壁の平滑筋を収縮させる、体内でごく自然に見られる物質とされていた。セロトニンは血管を収斂し、血圧を上げるのだ。セロトニンはまた、消化管の平滑筋を収縮させ、食物が消化管を通りやすくする。１９５０年代になってやっと、研究者は、セロトニンが体内にどのように分布するのかを調べ、脳にもそれがあることを発見し、神経機能にも役割を果たしているのかもしれないと考えるようになった。セロトニンは体全体にあるが、脳にあるのはそのうちほんの１％である。体内で作られるセロトニンは、血液脳関門を通り抜けることができないため、脳で使われることはない。しかし、食物から摂取したトリプトファンは、関門を通って脳のなかに入ることができ、神経細胞がそれを使ってセロトニンを合成する。

セロトニンは、脳のなかのさまざまな細胞上に、並外れて多くの種類の受容体をもっている。受容体の種類は全部で一五ほどあるが、構造の点からは七つに分類できる。これらの大部分は、シナプス後受容体であり、セロトニンによる神経インパルスの伝達を助ける。行動に重要なシナプス前受容体は二つある。どちらひとつはセロトニン輸送体、もうひとつはセロトニン1b受容体とよばれる調節受容体である。どちらの受容体も、脳内のセロトニンの量を調節する上で重要な役割を果たしている。セロトニン輸送体のはたらきを阻害すると、シナプスにセロトニンがたまる。これは、すぐあとで述べる鬱病のような、セロトニンが少ないために起こる数多くの病気の治療法のひとつとして用いられている。セロトニン1b調節受容体は、放出する側の細胞のすぐ近く（シナプスも含む）のセロトニンの量を感知し、より多くのセロトニンを合成し放出するように、細胞の能力を調節する。この受容体もまた、セロトニンの量を調節する薬物の標的になる。

セロトニンは、脳内で幾種類かの情報伝達に関わっている。とりわけ、自分に向けた行動をとるときに関与している。食べる、毛づくろいする、あるいはたんに休む、考えるといった活動でも、脳内のセロトニンが多くなる。しかし、セロトニンは、皮質を覚醒させるために使われる重要な化学的メッセンジャーでもある。この役割では、セロトニンは、中脳のいわゆる「縫線核《ほうせんかく》」のなかに見つかる。ここは、さまざまな刺激に対する反応行動がまず最初に形成される場所である（図8・2）。中脳からのニューロンは、軸索を前頭葉と側頭葉に投射している。これらの皮質で、セロトニンが軸索から放出され、セロトニン受

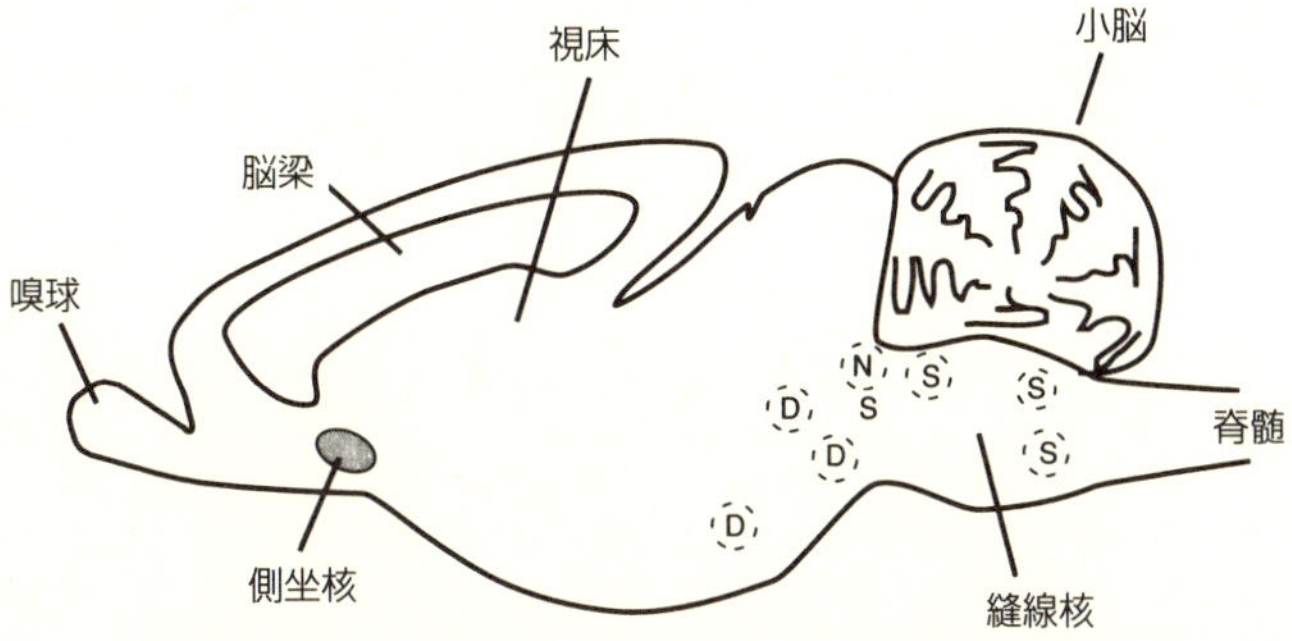

図8.2　中脳の構造（向きは図7.3と同じ）。N，S，Dはそれぞれ，ノルアドレナリン，セロトニン，ドーパミン放出ニューロンのある位置を示している。

容体をもつニューロンに作用する。次に、これらのニューロンが、入力信号の処理と解釈、そして適切な反応の選択に関与するようになる。皮質からのこうした決定的入力——以前の学習と経験にもとづいた記憶も用いられる——がなければ、多くの反応行動は、大部分が中脳にコントロールされたままであり、その反応も突発的で、必ずしも状況に最適なものにはならないだろう。

衝動行動に役割を果たすもうひとつの神経伝達物質は、ドーパミンだ。セロトニンがアミノ酸のトリプトファンから合成されるのと同じく、ドーパミンも、アミノ酸のチロシンから合成される。だが、チロシンは、トリプトファンとは違って、血液脳関門を通り抜けることができない。そのため、ドーパミンの合成はまず肝臓で始まり、ここでチロシンがLドーパとよばれる分子に変えられる。この分子は次に血流に運ばれて脳に行き、神経細胞はこれを用いてドーパミンを合成する[注]。

衝動行動におけるドーパミンの役割は、特定の行動に報酬を与える脳内のシステムの関与と大きく関係しているようだ。

動物の生存や生殖にとって重要な、特定の要素的行動（食べる、水を飲む、配偶行動をとる）は、満足感や「よさ」の感覚を生じさせ、この感覚が、これらの行動を積極的にとらせるようにはたらく。この感覚を引き起こすことが、ドーパミンの役目である。報酬をコントロールするニューロンも、中脳の縫線核の前方部に見つかっている（図８・２）。これらのニューロンは、軸索を側坐核に送っており、この側坐核でのドーパミンの放出が至福感をもたらす。衝動的な人は、衝動行動を終えると、ほとんどいつも満足感や解放感を覚える。これは、その行動のまえにあったストレスや緊張からの解放に大いに関係していそうだ。たとえば、ギャンブルにはまって抜け出せない人や何度も盗みを繰り返してしまう人も、こうした感じ方をすることが報告されている。ストレスからの解放が、体がつねに欲している状態なのだとすれば、ストレスを減らす行動に報酬を与え、その行動を強めるのにドーパミンが関与しているというのは、生物学的に見て理解できる。11章で紹介するように、コカイン、アルコール、ヘロインなどすべての依存性薬物、そしてカフェインやニコチンなどの一般的な刺激物もそうだが、それらは少なくとも部分的には、脳内のドーパミンの量を増やすことによって多幸感（快感）を生じさせる。そしてこれが、薬物依存行動を強める大きな原因になっている。これらの薬物の作用には、二通りある。ドーパミンの放出量を増加させる作用と、シナプスでのその回収を阻害する作用である。

セロトニンと同じく、ドーパミンも数種類のシナプス後受容体と作用し合う。これらの受容体は、脳内にランダムに分布しているわけではない。それぞれ、脳の特定の部位だけに局在し、おそらく、その受容体をもつ細胞に少しだけ異なる反応を生じさせる。ドーパミンにも、シナプス前受容体（輸送体）がある。この受容体は、コカインやアンフェタミンといった覚醒剤の標的であり、この受容体への接近を妨害する薬は、これらの覚醒剤を服用したいという欲求を弱めるのに効果がある。

多数の研究によって、人間の衝動行動がかなりの程度遺伝性のものであり、ある人が衝動的かどうかを決定する上で、遺伝が少なくとも環境と同程度に重要な因子だということが示されている。これが、家系研究や養子研究から、そしてとりわけ重要なのは、一緒や別々に育った一卵性双生児と二卵性双生児の研究から引き出される結論である。性格のほかの大部分の指標と同じように、共有環境——基本的には生育時の家庭環境——は、その人の衝動性にごく限られた影響しか与えない。このあとの章では、特定の衝動行動についてもっと詳細に論じるが、衝動性の遺伝率と環境の影響を示すデータについてはそこで詳しく見よう。

神経伝達物質と鬱病

現在鬱病と認められている病気の厳密な臨床的定義は、精神科医必携の、アメリカ精神医学会発行の

注　ドーパミンは、脳の基底核において筋の協調運動にも関与している。パーキンソン病患者では、中脳の特定のニューロンが死んでしまって、ドーパミンが極端に少なくなっている。そのため、ドーパミンを増やすために、Lドーパが投与されることがある。オリヴァー・サックスの『レナードの朝（目覚め）』（N.Y.: P. Smith, 1990. 晶文社、１９９３、早川書房、２０００）には、これが酷明に、そして悲しいまでに感動的に述べられている。

『精神疾患の分類・診断マニュアル（DSM）』という標準的なハンドブックに載っている。鬱病は、多くの形態をとるが、大きく分けると、単極性と双極性の鬱病がある。単極性の鬱病では、その長さはさまざまだが、ある期間だけ鬱の状態になる。双極性の鬱病の場合には、過度に活動的な状態になる躁の時期があって、これにはさまれるようにして鬱の発作が起きる。単極性の鬱病は、一過性のことが多い。私たちの多くは、愛する人を失ったり、人間関係がこじれたり、仕事上のストレスがたまったりなどが引きがねとなって、一度ならず数度は、少なくとも軽度の鬱の状態を経験している。大部分の人は、時がたつにつれて、この状態を通りすぎ、回復する。そしてその原因となった内なる絶望の道を際限なくたどるのではなく、再び外の世界に目をやり、生きる張り合いを見出すようになる。

しかし、一部の人々は、慢性的に鬱の状態が続き、深く重い悲しみを感じ、まわりのものに興味をなくし、自尊心もほとんどもてなくなってしまう。身体的にも精神的にも無気力になり、摂食や睡眠の障害を経験し、性的能力に不安を感じ、深い絶望感に打ちひしがれ、自分の周囲の人々と意味ある係わり合いができない。これらの症状が長期間続き、家族や社会のなかでうまく生活してゆくことができなくなると、鬱病と診断される。重い鬱病患者は、なんらかの助けがないかぎり、自分が落ちてしまった穴のなかから這い出すことができない。

推定によれば、10%ほどの人が、その生涯に長期の鬱を経験する。理由はよくわからないが、鬱病にかかるのは、女性のほうが男性よりも、二倍から三倍多い。鬱病患者のうち、五人に一人が自殺する。自殺者の数は、男性の患者のほうが女性の患者よりも多い。鬱病の場合、自殺を企てるのは女性のほうが男性の三倍多いが、それに成功するのは、男性のほうが女性の四倍になるからである。ある見方からすれば、自ら命を絶とうとすることは、鬱病にともなう判断のゆがみの反映である。しかし、慢性の重い鬱病は、ガンのような慢性の重い体の病気に劣らず耐えがたいものであり、この見方からすれば、自殺は、そうした苦しみを終える合理的な方法なのかもしれない。しかし、鬱病は、心の生化学に器質的な原因があり、それは治療が可能で、しかもその大部分は確実に治るのだ。

家系研究、双生児研究、養子研究が示すところでは、衝動性と同様、鬱病にも明らかに遺伝的要素がある。一卵性と二卵性の双生児のペアでの鬱病の発症率を調べた大規模な研究が、二つほどある。そのうち最近報告された研究は、男女両性の双生児を調べている。ふたごの双方がこれまでに一回以上鬱病にかかった割合は、一卵性が二卵性の二倍であった。このことは、男性のふたごにも女性のふたごにもあてはまった。鬱病の遺伝率は、男性でも女性でも39％と推定された。もうひとつの大規模な研究は、ヴェトナム戦争当時兵役についていた男性の双生児を追跡調査した研究であり、遺伝率を36％と推定している。双生児研究から得られたこの知見は、養子研究によっても支持されている。実の親が慢性的な鬱病であった場合には、その子は、養家に鬱病になった人がいなくても、鬱病になる率がかなり高かった。

しかし、人間のほかのすべての性格特性と同じく、遺伝するのは、鬱病になりやすいという傾向であって、鬱病そのものではない。このたんなる傾向を、鬱病という悪夢の病気に変えるのに重要な役割を果たすのが、環境因子、とりわけストレスである。しかし、双生児研究から明らかになるのは、鬱病の発症と進行にもっとも重要な役割を果たすのが、環境の共有の経験ではなく、環境の共有されない経験のほうだ、ということである。

鬱病には化学的な原因があって、したがって心理療法だけでなく、薬物療法も治療に効果があるはずだという考えが一般的になったのは、ここ数十年のことである。１９６０年代以降、鬱病患者のほとんどでは、中枢神経系のセロトニンの量が少ないということが知られるようになった。つまり、大脳皮質が十分に覚醒せず、自分のなかでなにが起こっているかを評価することができないのかもしれない。したがって、患者が自分の状態をより客観的に評価できるようになれば、鬱病に関係した絶望感や無力感を避けることができる。鬱病にもっとも効果的な治療薬のひとつは、セロトニン輸送体を阻害する薬であり、脳のなかのセロトニン経路上のシナプスのセロトニンの量を増やすという作用がある。これらの薬はＳＳＲＩ（選択的セロトニン回収阻害剤）と総称されるが、代表的なものに、フルオキセチン（商標名はプロザック）、パロキセチン（パキシル）、セルトラリン（ゾロフト）がある。しかし、セロトニンの量と鬱の状態の関係は、そう単純ではない。脳内のセロトニンの量は、ＳＳＲＩを服用した直後に増加するだけだが、行動への影響は、数日も続くのだ。

ドーパミンの機能低下も、鬱病に関係している。鬱病患者のなかには、ドーパミンの量が正常値よりもずっと低い人がおり、そういう患者を治療するには、ドーパミンの量を増やす薬、たとえば輸送体阻害剤が効果的である。鬱病患者は、かつては喜びを与えてくれた多くのものにいまでは快を感じることができないことが多い。ドーパミンは、脳のなかの報酬系に大きな役割を果たしていることが知られているが、そのことから考えると、ドーパミンの機能が損なわれることが鬱病に関係しているというのは、それほど驚くことでもない。

鬱病に役割を果たすもうひとつの神経伝達物質は、ドーパミンから作られるノルアドレナリンである。セロトニンと同様、ノルアドレナリンは、脳の覚醒に役割を果たすが、その作用のしかたはセロトニンとは少し違っている。ノルアドレナリンは、外部環境内の新奇で脅威になりうるできごとに対して、脳を警戒状態にする。一連の感覚ニューロンが、たとえば大きな音や、思いがけない光景、知らないニオイなどによって刺激されると、ノルアドレナリンを放出するニューロンが脳全体のニューロンを興奮させ、高い警戒状態を作り出す。その動物は、より油断なく、用心深くなる。この機能に関与するニューロンも、小脳の真下に位置する、中脳の部位にある（図8・2）。これらのニューロンは、脳のほかの多くの部位や脊髄に軸索を投射している。哺乳類では、これらは、まえの章で紹介したアメフラシの促通性の介在ニューロンと同じような役目をもっている。外科的に、あるいは化学的に、これらのニューロンを壊してしまうと、その動物は、身のまわりの危険に反応するのに時間がかかるようになる。睡眠時間も長くなり、なかなか寝覚めない。ノルアドレナリンはまた、睡眠・覚醒の周期を調節するために、体内時計によってコントロールされている脳内物質でもある。体内のノルアドレナリンの量は通常、昼ごろにピークを迎え、真夜中に最低になる。

ノルアドレナリンがドーパミンやセロトニンと異なるのは、危機的状況において行動する上で、それが脳だけでなく、体のほかの部分を活性化する役目ももっているという点だ。ノルアドレナリンは、いわゆる「自律神経系」のニューロンで使われている。自律神経系は、器官、腺、血管などの体のシステムと脳とをつないでいる。自律神経系は、脊柱の両側を走っている一連の神経線維と神経核からなる。これらの神経線維は、脳幹を通って中脳に連絡していて、これが脳と体の間の情報伝達の幹線経路である。この神経系が自律神経系とよばれるのは、それが、基本的に自動的な機能、つまり心拍、呼吸、血圧、消化管の運動など、思考や判断を要しない機能をコントロールしているからである。

ノルアドレナリンは、脳が自律神経系を通して体のほかの部分と情報伝達し合う上で鍵となる神経伝達物質である。ノルアドレナリンは、標的ニューロンの感度を、そのニューロンがもつ受容体のタイプに応じて、高めたり、低めたりする。たとえば、ストレス状況において、心臓につながっている自律神経のニューロンはノルアドレナリンを放出し、ノルアドレナリンは、心筋の興奮性受容体に結合し、心筋の収縮を速め、かつ強める。血管の平滑筋につながっている自律神経の神経線維も、ノルアドレナリンを放出し、これも興奮性受容体に結合し、その結果血圧を上げる。これらの受容体は、標的細胞内でcAMP生成システムと相互作用し合う。ノルアドレナリンは、細胞上の抑制性受容体に結合すると、その細胞のcAMPの量を減少させ、通常は細胞の活動を鈍らせる。ノルアドレナリンが興奮性受容体に結合すると、これとは逆のことが起こる。その細胞のcAMPの量が増加し、活動が高まるのだ。ノルアドレナリンのシナプス前輸送体もある。これは、ニューロンの発火のあと、シナプスからノルアドレナリンをとり除く役目を果たす。

鬱病のもっとも一般的な症状のひとつは、自分のまわりで起こっていることに関心がなくなることである。ノルアドレナリンを放出するニューロンの不活性は、鬱の状態をともなうことが多い。鬱病の治療によく使われる薬の多くは、部分的にせよ、中脳のニューロンのノルアドレナリン放出を刺激するという作用がある。鬱病の治療には、ノルアドレナリン輸送体の選択的阻害剤も、シナプスのノルアドレナリンの量を増加させるので、同様に効き目がある。鬱病患者では、ノルアドレナリン輸送体阻害剤とSSRIを併用すると、一方だけを用いる場合よりも、はるかに効き目があることを示す研究もある。一方、ノルアドレナリンの量が増えすぎると、周囲につねに脅威があるかのように、不安感と恐怖心が生じる。ノルアドレナリンの放出を抑える薬は、このような症状をやわらげる作用がある。

ノルアドレナリンが衝動行動の原因のひとつだという可能性もある。まわりのできごとに異常なまでに過敏な人は、それらに対する衝動的反応を抑えるのがむずかしい。実際、血圧の調整のためにノルアドレナリンのシステムの機能を低下させる薬のいくつかは、多くの場合、衝動行動を抑えるのにも効き目があることがわかっている。

学習と記憶における神経伝達物質の役割

学習と記憶は、人間の行動のもっとも重要な側面のひとつである。それらは、人間の心的機能である「知性」の基礎だが、これについては12章で詳しく論じる。私たちは、いわゆる高次の心的機能が特別なものであって、攻撃、求愛、交尾、衝動行動などとは違うものだと思いたがるが、最近の実験的研究によれば、これらの行動に関与しているのと同じ細胞メカニズムが学習や思考にも関与している。つまり、すべては、神経伝達物質によって仲介されている。ただし、人間の学習と記憶では、神経伝達物質についての直接的な実験的証拠は、わずかしかない。これは、人間では実験操作ができないし、動物と同じような調べ方をするわけにもいかないからである。12章では、人間の心的機能における神経伝達物質の役割を示す、間接的だが、印象的な証拠について述べよう。こうした役割についてのもっとも直接的で印象的な証拠が、最近、マウスでのいくつかの劇的な実験から得られている。これらの結果は、人間でいずれ発見されることについても示唆を与えてくれるはずだから、ここではそれらの証拠を紹介しよう。

学習と記憶に関与する神経伝達物質のひとつは、単純なアミノ酸であるグルタミン酸である。この場合に、アミノ酸はまったく変化せず、神経系に吸収され、そのままの形で神経伝達物質として使われる。グルタミン酸は、強力な興奮性の神経伝達物質である。大部分の神経細胞には、グルタミン酸の受容体がある。これらの受容体にグルタミン酸が適切に結合するとすぐに、細胞は激しく活性化する。ほかの大部分の神経伝達物質と同じく、グルタミン酸も、神経系のあちこちにその場所ごとに異なる種類の受容体をもっていて、こうした受容体それぞれが細胞に少しずつ異なる活性化の経路をとらせるように作用する。

NMDAとよばれるグルタミン酸のシナプス後受容体のひとつは、とりわけ記憶が形成される海馬領域に多い（図7・3）。哺乳類では、NMDA受容体は、長期増強、すなわち長期の顕在記憶の形成に関与している。しかし、この受容体が発現するニューロンは、次のような二つの条件が満たされてはじめて、激しく活性化し、学習に関与する。すなわち、NMDA受容体は、グルタミン酸が結合しなければならないが、それと同時に（もしくはその数秒以内に）その細胞は、ほかのタイプの神経伝達物質の受容体を通して入ってくる別の信号によって活性化させられなければならない。これこそ、二つのできごとの連合学習の鍵である。つまり、二つの信号が、互いに数秒以内にこの細胞に到達しなければならないのだ。もしこれが十分な回数起これば、この細胞は、これら二つのできごとに対するそれ以後の反応を長期にわたって変えるのである。

学習と記憶の形成を司るこのシステムを解明するために、科学者たちは、NMDA受容体をまったく欠いたマウスを作り出した。予想どおり、これらのマウスは、学習と記憶——とりわけ空間的位置の学習と記憶――がきわめて困難だった。しかし、話はもう少し複雑で、もっと興味深いものだ。ＮＭＤＡ受容体自体の性質も、年齢とともに変わることがわかっている。高齢のマウスでは、細胞が激しく活性化するには、受容体に入ってくる二つのできごとが時間的にかなり接近している必要がある。このシステムを調べている研究者たちは、歳をとると学習や記憶が若いころのようにはできない理由のひとつがこれではないかと考えている。若い個体は、受けとる二つの入力信号が時間的に多少離れていても、連合学習と記憶ができるが、歳をとった個体では、二つが離れすぎていると、それができない。この仮説をテストするために、高齢のマウスに、海馬の細胞に若いマウスのＮＭＤＡ受容体が多く発現するように遺伝子操作した。その結果、これらのマウスは、若いマウスと同程度の学習と記憶の能力（潜在記憶も顕在記憶も）を示した。

グルタミン酸－ＮＭＤＡシステムは人間の脳にも存在し、そのはたらき方はマウスの場合とまったく同じだ。マウスと同様、人間でも、老化によって、ＮＭＤＡ受容体に変化が起こる。いずれ、マウスのシステムのはたらき方についての知見が、老化した人間の学習と記憶の機能を向上させるために利用されるようになるだろう。これが、マウスの場合のように、遺伝子操作によって行なわれることはないだろうが、「老化した」ＮＭＤＡ受容体のはたらきを向上させる薬を作ることは可能かもしれない。ＮＭＤＡ受容体は、人間のハンチントン病や統合失調症（精神分裂病）にも関係している。今後の研究が、とくにマウスのようなモデル動物による研究が、これらの重要な人間の病気も解き明かしてくれるかもしれない。

ここまでで明らかなように、神経伝達物質は、人間の多くの行動に密接に関与している。この関わりにおいて、神経伝達物質は原因としてはたらいているのだろうか、それともたんに相関しているだけなのだろうか？　言いかえると、さまざまな行動状態に見られる神経伝達物質の量の違いが、行動の変化の根本原因なのだろうか、それとも、神経伝達物質の量の変化は、行動の変化のもとにある心理的な変化を反映しているにすぎないのだろうか？　これは重要な問題であり、人間行動だけを研究して答えが出せる問題ではない。以下の章で見るように、動物の研究では、人間の行動とよく似た変化が神経伝達物質の量を実験的に変化させただけで引き起こせるという証拠が豊富にある。この知見は、神経伝達物質の量の変化が行動状態の変化の反映なのではなく、その原因なのだという強力な証拠を提供する。

神経伝達物質の経路の遺伝的コントロール

個人が受け継いでいる遺伝子は、神経伝達物質の経路のはたらきにいろいろなやり方で影響をおよぼす。ひとつはたんに、ニューロンの放出するさまざまな神経伝達物質の量を調節することである。どの神経伝達物質も、最終的には、細胞内の酵素の経路によって生み出される。これらの酵素の生成を支配する遺伝子の対立遺伝子の違いによって、神経伝達物質の生成速度が、人によって違ってくる。人間では、セロトニンの合成の鍵を握る酵素であるチロシン水酸化酵素の遺伝子には対立遺伝子がいくつもあるということがわかっている。次の章で見るように、これらの対立遺伝子のひとつは、男性の衝動的攻撃行動と強く結びついている。神経伝達物質の合成に関与するほかの遺伝子の対立遺伝子も知られており、現在、それらと脳のさまざまな領域の神経伝達物質の量との関連や、遺伝的行動パターンとの関連などが調べられている。

対立遺伝子は、ニューロン上の神経伝達物質受容体の数と感度の両方に影響を与え、ある神経伝達物質の量が同じであっても、人が違えば、異なる反応が引き起こされる。シナプス後受容体も、神経経路のはたらきに影響を与えると考えられる。さらに、これらの多くの受容体の遺伝子が人間では多型だという証拠も、豊富にある。この章で紹介したどの神経伝達物質でも、その輸送体（シナプス前受容体）をコードしている遺伝子の対立遺伝子がいくつも見つかっている。そして、これらのさまざまな対立遺伝子は、そのシステム内に存在する神経伝達物質の量と相関している。セロトニン輸送体の対立遺伝子のひとつは、不安と関係しているし、別の対立遺伝子は、鬱病と強い関係がある。セロトニン１ｂ調節遺伝子の対立遺伝子のひとつは、トゥーレット症候群に関係している。ドーパミンのシナプス後受容体の遺伝子の大部分は、多型である。Ｄ３ドーパミン受容体遺伝子の特定の対立遺伝子は、新奇探索傾向と関係しており、またＤ５受容体の遺伝子の対立遺伝子は、ある種の精神病と関係している。これらのデータは興味深いが、いまの段階では確実なものではないので、今後これらのデータを裏づける研究が必要だろう。

神経伝達物質に関係した、これまでに見つかっている遺伝子の対立遺伝子のどれかによって、ある行動が完全に説明できるなどと考える者はいない。すでに見たように、衝動性や鬱病のような行動パターンは、いくつもの神経伝達物質経路の影響を受ける。ここで紹介したどの神経伝達物質も、それだけが単独ではたらくわけではなく、それぞれがほかの神経伝達物質の経路にも影響している。ある経路を標的にした薬が、ほかの経路にも影響を与えてしまうことも、よくある。明らかなのは、ここで述べた経路に限ってみても、遺伝的に多様な違いがあり、人間の性格や行動の個人差についてさまざまなことが示唆される、ということである。

いまここにたくさんの人がいて、これらの神経伝達物質を作り出す酵素をコードしている遺伝子の対立遺伝子の組合せが、人によってそれぞれ違っているとしよう。これらの神経伝達物質の量の違いと、それぞれの伝達物質を受けとる受容体の分布が人によって少しずつ違っていることが組み合わさると、どうなるかを想像してみてほしい。たとえば、ある人では、脳のある部位で、活動の低下しているドーパミンのシナプス後受容体と、盛んに活動しているセロトニン輸送体とが組になっているところを想像してみよう。あるいは、ノルアドレナリン調節受容体がうまく機能せず、同時にドーパミン輸送体が不活発なために多量のドーパミンがあり、そしてセロトニンは全体的に不足した状態にある場合を思い描いてみよう。あるいは、これらの状態に、若者か老人かどちらかの、NMDA受容体を組み合わせてみよう。そして、いま数百人ばかりの人々が一堂に会しているとして、その可能なすべての組合せを考えてみよう。そこでいろんなできごとが起こったときに、これらの組合せはどうはたらくだろうか？　いま、だれかが怒鳴り声をあげて飛び込んできて、バックに流れている音楽がうるさすぎ、火災報知器がけたたましく鳴り始め、ウエイターが隣のだれかにお盆をひっくり返したとしたら？　いかにして環境は遺伝子型と作用して、一朗や秀喜や剛志といった、それぞれきわめて異なった反応をする表現型を形作るのだろうか？　すべての神経伝達物質、酵素や受容体の遺伝子がまったく同じ一卵性双生児がその場にいたら、どうだろうか？　その部屋で起こるすべてのできごとにつねに同じに反応するだろうか？　そうでないとしたら、どうしてそうではないのだろう？

神経伝達物質と受容体のはたらき方の理解は、脳がどのようにはたらくか、とりわけ脳が行動をどう調節しているのかを理解するために大きな道を開いた。神経伝達物質に関係する遺伝子の対立遺伝子の違いが行動の違いを生み出すという証拠は、急激に増えつつある。これからしなくてはならないのは、このことを証明することではなく、そのもとにある遺伝子の変化と、それらの遺伝子間の相互作用が、それらと環境との間の相互作用も含めて、どのように行動パターンに影響するのかを詳しく解明することである。これらの要素が行動の遺伝的基盤の究極的理解の鍵になることだけは、間違いない。次章以降では、これらの行動のいくつかをとりあげて、詳しく見ていくことにする。

9章 攻撃性の遺伝学

行動そのものを定義するのはむずかしいが、同じく、攻撃の定義もむずかしい。とりわけ、人間の場合はそうだ。大学の心理学の授業だと、攻撃に関する講義のはじめに、攻撃とはどういうものかを学生に書かせることがある。学生からは、定義が漠然としていて、しかも広すぎる多種多様な答えが返ってくるだろう。けれども残念ながら、プロの心理学者が集う国際学会の席で同じ質問をしたとしても、返ってくる答えは、その道の専門用語が入ってはいるものの、大学の新入生より多少ピントが合っている程度かもしれない。心理学は、犯罪心理、福祉心理、心と免疫系の相互作用といった特殊なテーマまでもあつかい、社会領域から生物領域までさまざまな領域にまたがる学問である。心理学のこれらの領域それぞれが、攻撃というテーマに異なる視点からアプローチしており、領域が違えば、用いている攻撃の定義もかなり異なる。

しかし、科学者がお互いにコミュニケーションしようとするのであれば、互いに受け入れることのできる定義が必要である。ジョン・レンフルーは、その著『攻撃行動とその原因』のなかで、攻撃を次のように定義している。「攻撃とは、生物が、目標となる対象に向けてする、危害を加える行動を言う」[注]。攻撃をはっきり行動とみなしているという点で、これは使える定義であり、攻撃が人間だけに特有の問題だという限定を排除している。生物の世界では、繁殖に関わる行動がもっとも多く観察されるが、攻撃はそれに次いで頻繁に見られる基本的行動である。究極的には、攻撃は、すべての生命の進化を形作ってきた力、すなわち、限られた資源をめぐる争いや繁殖のための配偶相手をめぐる争いに由来する。遺伝と環境の両方の観点から言うと、攻撃も、ほかの行動と同様、測定でき、説明できる表現型である。

レンフルーの攻撃の定義は簡潔にすぎるが、いくつかの重要なポイントを押さえてある。まず、攻撃をなにかに向けられた行動としている点である。攻撃行動が向けられるのは一般には、同種あるいは異種の、ほかの個体である。攻撃の目的は、その攻撃対象に直接的な危害を加えることである。たとえば、ある動物がほかの動物を食べる場合（捕食）や、ある種の動物では、新しいメスを勝ち得たオスが、そのメスとほかのオスとの間にできたまだ幼い子どもを殺すような場合である。しかし、ある個体に向けた攻撃が、その巣や住みかを壊すといったように、間接的なこともある（この場合、直接の攻撃対象は無生物である）。同様に重要なのは、危害という概念が入っていることである。捕食の場合には、攻撃を受ける個体への危害は明らかで、しかも命を奪うものだ。ほかの場合には、危害は、最終的には、たんにその個体が繁殖に必要な資源をめぐって争えないようにすることである。これは、個体に向けた身体的危害を意味しているが、巣や卵の破壊に見られるように、必ずそうでなければならないというものでもない。

哺乳類では、オスとメスの間には行動に明確な違いがあり、攻撃行動についてもそれが言える。しかしそれは、同じ動物種内の個体どうしの争いのような、ある種の攻撃行動に限られる。こうした攻撃の生物学的基盤は、配偶相手をめぐる争いや、社会集団内の生殖の優先権をめぐる優劣関係の確立である。この章でとりあげるのは、このタイプの攻撃であり、哺乳類のほとんどの種で、こうした行動をするのは大部分がオスである。一般には、メスは、生殖をめぐる争いにおいてはそれほど攻撃性を示すことはない。ただし高等な霊長類では、わずかながら例外がある。たとえば、まえに紹介したように、メスのヒヒでは、自分の属す集団の優位オスとの生殖の優先権を確立する際に、明らかな攻撃行動をとることがある。しかし一般には、メスは、妊娠期や授乳期でなければ、この種の攻撃性を示すことはほとんどない。

オスは、十分な食料を確保するために、なわばりの支配権をめぐって闘うし、いったん勝ちとれば、そのなわばりを守らねばならない。オスどうしは、繁殖可能なメスをめぐっても争うし、同様に、オスの侵入者をたえず追い払わなければならない。ほとんどの哺乳類では、オスの側の繁殖の成功が攻撃行動と直接相関しているということが、これまで繰り返し報告されている。このように、生物学的に見ると、攻撃は、おもにオスがもつ行動特性であるにしても、きわめて積極的な意味をもつ。攻撃行動は、けがや傷を負わせる結果になることもあるが、致命傷はまれである。二匹のオスが争う場合、優劣はいつもすぐに決まる。ほとんどの種は、服従や降参を伝える姿勢やメカニズムをもっている。これらは、優位オスにすぐ攻撃をやめさせるようにはたらく。これ以後、服従したほうのオスは、優位オスに出会うとつねに、スト

注　ジョン・W・レンフルー『攻撃行動とその原因――生物・心理・社会的アプローチ』(New York : Oxford University Press, 1997)、5ページ。

レスを感じるようになる。優位オスが見えるときや、その存在が見えなくてもフェロモンでわかるとき、服従したほうのオスの血中のストレスホルモンの量はつねに増加する。

人間の行動では、攻撃行動に、ほかの要素も加わる。たとえば、言語をもつがゆえに、ことばによる攻撃も可能になる。動物では、攻撃行動にともなって威嚇の音声やしぐさも用いられることが多いが、人間では、たとえば脅し文句を書くといったように、ことばだけによる攻撃も可能である。人間では、そしておそらく高等霊長類の多くでも、攻撃が衝動的か計画的かは区別しておく必要がある。遺伝子の役割が直接的にはっきりしているのは、衝動的攻撃のほうだ。一部の行動心理学者は、人間以外のすべての動物の攻撃を衝動的攻撃とよんでいるが、私たちが人間や動物の衝動性と言うときに、これと同じことを意味しているのかは、よくわからない。私たちは、たとえばマウスに関して、「十分な思慮を欠く行為」ということがどんなことを意味するのか、本当のところはわからない。一方、言語、認知、文化によって、人間のすべての行動は複雑で、分析しにくいものになってはいるものの、人間の攻撃行動のもとにある基本的原因がほかの動物に見られる原因と異なると考えるだけの根拠はない。さらに、攻撃行動の調節に関して、遺伝子の果たす役割が人間ではほかの動物よりも大きいのか小さいのかを言うだけの根拠もない。

攻撃行動への遺伝的寄与

哺乳類の多くの種では、一様に攻撃行動に性差が見られる。この事実は、攻撃行動の性差には遺伝的基盤がある可能性を強く示唆する。性別そのものは遺伝子によって決定されるのだから、行動の性差の多くも遺伝子の影響を受けていると、結論せざるをえない。しかしさらに、同じ動物種の同じ性に見られる攻撃性の個体差がどの程度遺伝的基盤をもっているのかも知りたいところだ。言いかえると、オスとメスの間の行動の違いに関与する遺伝子は、同じ性どうしにおける違いにどの程度関与しているのだろうか？ここではまず、哺乳類での性の違いの遺伝について、簡単に見ることから始めてみよう。

性は、その個体がもっている性染色体のタイプによって決まる。メスはX染色体を二つもち（XX）、オスはX染色体とY染色体をひとつずつもっている（XY）。Y染色体は、X染色体より小さく、進化の過程で、X染色体から遺伝子が何度も失われることによってできたものだ。その結果現在では、Y染色体は、ほかの染色体と比べても、遺伝子の数が少ない。Y染色体上のすべての遺伝子は、精子の形成かオスの性の決定のどちらかに関わっているように見える。XとY染色体上の遺伝子を細かく比較すると、Y染色体の大部分がX染色体上の遺伝子から進化したものだということがわかる。けれども、両者の間で対応する遺伝子は進化の長い時間の間に互いに大きく分岐してしまっていて、もはや同じ表現型をコントロールしていない。つまり、それらはもう対立遺伝子などではなく、まったく別の遺伝子になってしまっている。

哺乳類では、オスを決定する上で、Y染色体遺伝子の発現に決定的に重要な時期が、胚発生の段階にある。胚発生のごく初期の段階は「性的未分化段階」とよばれるが、この名が示すように、この時期まで、生殖管の発生は、XXの胚とXYの胚とでは違いがない。ある時点にさしかかると、Y染色体上の遺伝子が発現し始め、Yをもつ個体に性器が発生してゆき、オスの性器ができあがる。哺乳類では、メスの性器の発生は、ある意味でデフォルトな状態だと言える。もし性器発生の鍵を握るY染色体の遺伝子の発現が抑えられたり、妨害されたりすると、その個体は、遺伝的にはXYであっても、メスになる。このことは、人間のある種のまれな遺伝的異常についても言える。ターナー症候群では、X0という染色体をもって生まれてくる（つまり、母親由来のX染色体だけをもっていて、父親由来のY染色体を欠いている）。これらの人々は女性性器をもつが、このことは女性の発生には単一のX染色体だけで十分だということを示している。クラインフェルター症候群では、Y染色体と二つの（二つ以上のこともある）X染色体をもって生まれてくる（たとえばXXY。XXXYという場合もある）。これらの人々は女性的な性質を示すが、形成されるのは男性性器だ。このことは、X染色体が二つとかそれ以上あっても、最初の性的発生を男性へと方向づけるY染色体の力に打ち勝つことができないということを示している。[注]

性決定のY染色体のコントロールで鍵を握るのが、胚発生過程での精巣の形成である。精巣は、いったん形成されると、二種類の重要なホルモンを合成し始める。ひとつはテストステロン、もうひとつはいわゆる抗ミューラー管ホルモンである。テストステロンは、オスの生殖器官の発達を促進し、抗ミューラー管ホルモンのほうは、メスの生殖器官の形成を停止させる。この発生に大きく関与するY染色体上の遺伝子は、分離されており、*sry*（sex-determining region of the Y chromosome）とよばれている。遺伝子は、Y染色体の短腕（p）の先端近くにある（図9・1）。*sry*遺伝子は、ヒトという種全体で違いのない、まれな遺伝子のひとつである。*sry*遺伝子を、ヒト、チンパンジー、ゴリラといった近縁種で比較してみると、ほかの遺伝子に比べて、種間では一〇倍の違いが見られる。

*sry*遺伝子が特定されるに至ったのは、遺伝子型はXYだが、表現型は女性という、性が逆転しているまれなケースを研究することによってであった。しかしこのケースでは、Y染色体が正常というわけ

ではなかった。多くは、Y染色体の同一の小部分が欠けていて、この部分が男性決定遺伝子の座と推測された。その後、*sry*遺伝子が、正常なY染色体のこの場所で見つかり、さらに、性は逆転しているが、*sry*を含む染色体の部分が失なわれていないケースでは、*sry*遺伝子そのものに変異が見つかった。*sry*がオス決定の機能をもっているという最終的証明は、マウスで得られた。*sry*遺伝子だけをXの胚のなかに入れたところ、XXのオスができたのだ。*sry*遺伝子がコードしているSryタンパク質は、遺伝子の発現に関係し、その発現を調節しているタンパク質らしい。いまのところ、Sryタンパク質がオスの性器、とりわけ精巣の発生に関与する遺伝子の発現を開始させるという説が、最有力である。

攻撃と性別との結びつきは遺伝的基盤を示唆しているが、攻撃性の程度も受け継がれる。このことも、遺伝子の関与を強く示唆している。攻撃性の遺伝は、マウスを用いて容易に示すことができる。マウスを選択的に交配することによって、攻撃性の高い系統と低い系統を作ることができるのだ。攻撃性をテストするひとつの方法は、これまでに互いに接触したことのない二匹のオスを、中央に透明な仕切りのあるケ

注　どちらの場合も、外性器は正常だが、卵巣や精巣の発達は通常阻害され、不妊と二次性徴――体形、乳房、声、ひげ――の形成不全が引き起こされる。これらの症状をもつ人は、知的障害のない人もいるものの、精神遅滞が起こる率が通常よりも高い。男性では、Y染色体が多い場合もある（XYY）。ある調査では、犯罪者ではXYYの男性の割合が有意に高いことが見出されているが、これが過剰な攻撃行動と関係しているのか、それともY染色体が多いことに関係した別の障害（たとえば学習や読みの障害など）と関係しているのかは、よくわかっていない。

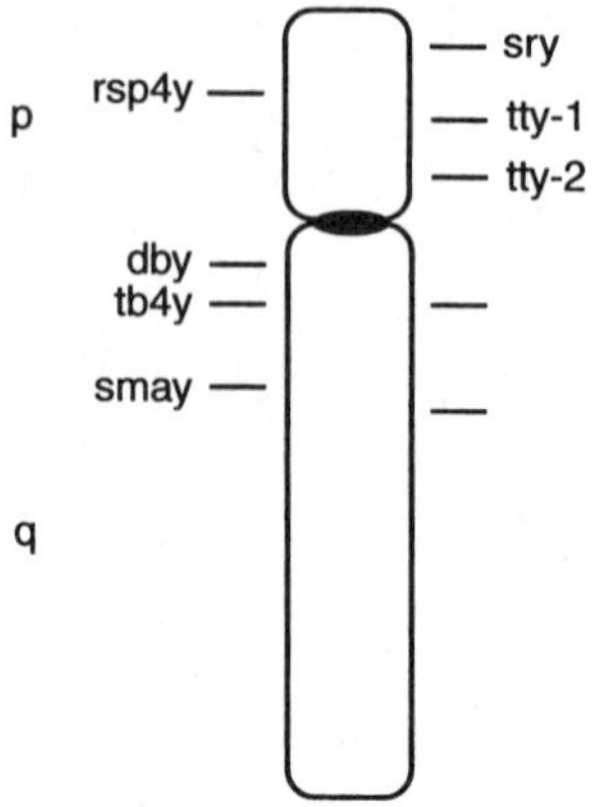

図 9. 1　人間の Y 染色体。ほかの染色体と同じく，Y 染色体は，短腕（p）と長腕（q）からなり，セントロメアでつながっている。Y 染色体だけにある遺伝子は，おもに精巣で発現する（図の右側に示してある）。X 染色体にも共通に存在する遺伝子は，体のさまざまな場所で発現する（図の左側に示してある）。Y 染色体の q の先端部には，遺伝子はほとんど含まれていない。

ージのそれぞれの側に入れるというものである。目で見て互いの存在に気づいてから数分後に、仕切りをとって、身体的な相互作用や、フェロモンの交換を通して化学的相互作用ができるようにする。マウスは、身体的に相互作用し始めるまでの時間、そして相互作用しているときに示された攻撃とその強さといった点から評定される。この相互作用は、たんに相手のニオイを嗅ぐことから、体をぶつけたり、蹴ったり、とっくみあいをしたり、噛んだりすることまで、さまざまなものがある。

もっとも攻撃的なマウスどうしと、もっとも攻撃的でないマウスどうしで選択的に交配し、生まれてきたマウスを同じやり方でテストする。これらの子どもたちも攻撃性の高低によってグループ分けし、高いものどうし、低いものどうしを交配させ、その結果生まれてきたマウスをまたテストし、分け、これを

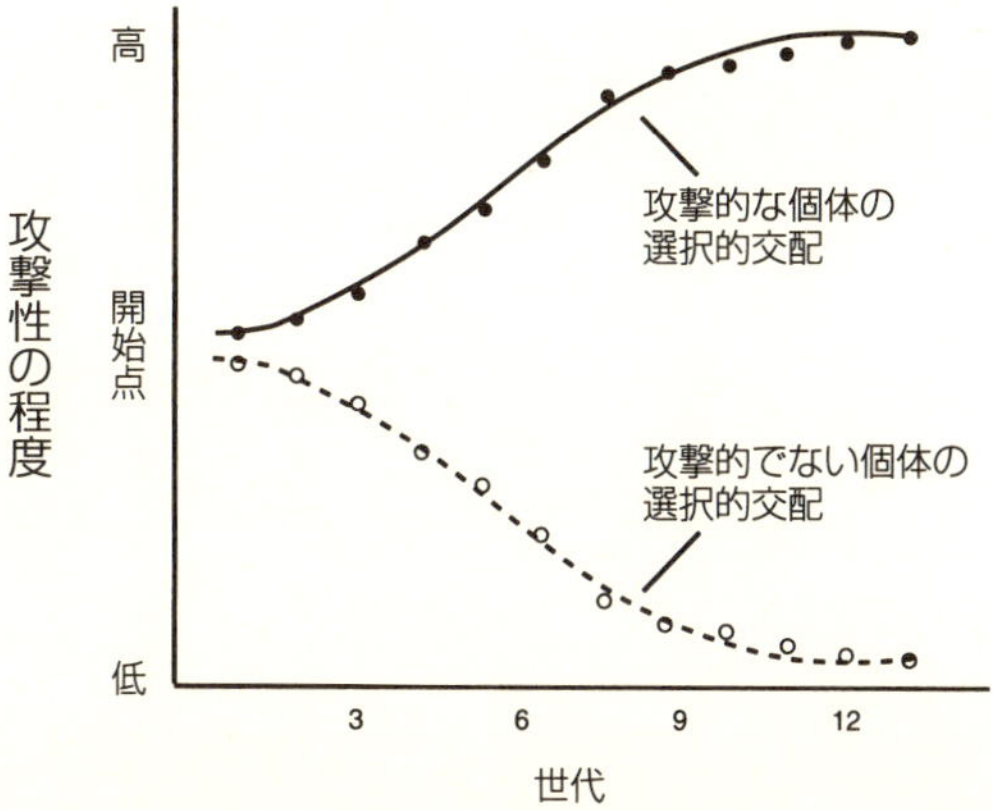

図9.2　マウスの攻撃性の選択的交配。

続けてゆく。そうすると、ほんの数世代で、攻撃性が高い系統と低い系統がはっきり分かれ（図9・2）、六世代あたりからは変化の程度も小さくなる。両系統とも、オスの攻撃性は、成熟まえに去勢してしまえば、ほとんどゼロまで低下する。

この研究では、最初、攻撃性がオスだけに受け継がれるように見えた。攻撃性の高い系統と低い系統のメスを妊娠と授乳のさまざまな時期にテストしても、両者には、攻撃性に違いが見られなかったのだ。どちらの系統のおとなのメスにテストステロンを投与しても、効果はなかった。しかし、攻撃性の高い系統のメスに、生後すぐの時期にテストステロンを投与し、成熟したあとでも投与した場合には、攻撃性の高い系統のオスと同じくらい攻撃的になった。攻撃性の低い系統のメスに同じような処置をしても、そうした効果はなかった。このことは、Y染色体そのものは、攻撃行動に不可欠というのではないが、テストステロン発現の発達には必要である可能性が高い。さらに、攻撃におけるテストステロンの効果を仲介する上で重要な役割を果たす常染色体上の遺伝子もあるにちがいない。そしてメスも、オスと同じようにこれらの遺伝子を発現するはずである。

攻撃性は、選択的交配を通してマウスの系統内で強めることができるものであって、系統内のおとなの個体から学習されるものではない。というのは、生まれたばかりの攻撃性の高いマウスの赤ん坊を攻撃性の低い養母のもとで育て、その後攻撃性の低い子どものマウスと同じケージで育てても、おとなになると、攻撃性を示すからだ。同じことが攻撃性の低いマウスにも言える。彼らも、攻撃性の高い養母のもとで育ち、攻撃性の高い仲間と一緒に成長しても、おとなになったときには攻撃行動を示さないのだ。このことは、マウスの攻撃性には明らかに遺伝的要素があるという強い証拠になる。

攻撃性が人間でも遺伝することは、一緒や別々に育った一卵性双生児、二卵性双生児についての研究から示唆される。ヴェトナム戦争時に兵役についていた双生児の登録者を用いた研究では、三〇〇組を越える一卵性と二卵性のふたごのデータが、攻撃性に関連した四つの行動をテストしたあと、分析された。遺伝的な要素は、どの行動にも見られた。遺伝率は、直接的（身体的）攻撃が47％、ことばによる攻撃が28％、間接的攻撃（癇癪《かんしゃく》発作や悪口）が40％、攻撃行動と高い相関があることが示されている怒りっぽさが37％である。攻撃のこれら四種類の下位行動は、衝動的とみなされている。攻撃行動の個人差には非共有環境の影響が見られ（共有環境の影響は見られなかった）、その程度は、直接的攻撃の53％からことばによる攻撃の72％におよんだ。

このことはすべて、攻撃性は確かに遺伝的に影響し、個人のなかにその化学的基盤があるということを意味している。図９・２から読みとれるのは、攻撃性が量的形質であるのはほぼ確実であり、こうした複雑な行動を説明するには複数の遺伝子を想定する必要があるということだ。しかし、攻撃性の遺伝子は、いったいなにをコードしているのだろうか？　いまのところ、答えは十分にわかっているわけではない。だが、いくつかの可能性が指摘されている。

攻撃性の化学的基盤

ホルモン　攻撃行動に関与するもっともよく知られている化学物質は、オスの性ホルモンのテストステロンだ。テストステロンはおもに、社会的地位やメスをめぐって争うオスどうしの攻撃を引き起こすのに関与している。さらに、獲物の動物を殺すといった種間の攻撃行動にもある程度関与する。テストステロンは、オスではおもに精巣で、また量は少ないが副腎皮質で合成されるが、メスにも少量ながら存在する。メスでは、卵巣と副腎皮質で微量のテストステロンが合成されている。最近の証拠によると、妊娠や授乳期にあるメスが示す攻撃性に、テストステロンや、エストラジオールとよばれるエストロゲンの一種が重要な役割を果たしている。人間の女性の攻撃性にも、これが役割を果たしているのではないかと言われてきたが、エストロゲンも、それに関係するどの代謝物も、それ自体は、女性の攻撃性には関与していない、ということがわかっている。

テストステロンは、遺伝子の直接の産物ではなく、タンパク質でもない。テストステロンは、ステロイドとして知られる化学構造をもつホルモンの一種である。「筋肉増強剤」としても知られ、組織の成長を促進するはたらきもある。このはたらきによって、男性の筋肉の量が多くなる。テストステロンは、太い声、濃い体毛、そして一部の男性では薄い頭髪など、男性特有の特徴も生じさせる。テストステロンはまた、男性のコレステロール値を高くする因子でもあり、心臓病にも大きく関与している。主要な女性ホルモンであるエストロゲンやほかのステロイドホルモンと同じく、テストステロンも、コレステロールから合成され、その合成は、酵素に制御された数多くの反応によっている。テストステロンは、構造的にエストロゲンと近い関係にある。実際には、テストステロンは、男性では代謝されて、ジヒドロキシテストステロン（DHT）とよばれるテストステロンの代謝物や、エストラジオールとよばれるエストロゲンの一種になる。以下で見るように、これらのどちらも男性の攻撃行動に役割を果たしている可能性がある。細胞のテストステロン受容体そのものは、タンパク質である。細胞外の信号を受けとるために細胞が用いている多くの受容体は、細胞膜に埋め込まれる形で外を向いているが、ステロイド受容体は、それとは異なり、細胞の細胞質に浮遊している。テストステロンは拡散しながらそのまま細胞膜を通過し、細胞質内の受容体に結合したあと、核のなかに入り、核のなかで、このテストステロンと受容体の複合体が、それに感受性をもつ遺伝子を活性化する。このように、テストステロンは体中のほとんどどんな細胞のなかにも入り込めるのだが、それが活性化できる遺伝子は、細胞質内に受容体をもつ細胞に限られる。

テストステロンが齧歯類のオスの攻撃性の重要な要因だということは、ラットとマウスを用いた数多くの研究で明らかにされている。攻撃行動の点で選択的に交配されたラットでも、ふつうのラットでも、オスを成熟まえに去勢すると攻撃行動がほとんど起こらなくなるが、テストステロンを投与すると、攻撃性が完全に回復する。人間の男性でもテストステロンが攻撃行動を仲介していると一般に考えられているが、その解釈にはむずかしい問題がある。動物と同じような実験を人間で行なうことはできない（したくはない）ので、頼りとするのは、血中のテストステロン値と観察される攻撃行動との相関関係である。しかし、これにはつねにサンプリングの問題がつきまとう。テストステロン値は、概日リズムにきっちりしたがい、サンプルが採取される時間帯によって二倍かそれ以上の割合で変動する。一日や週の異なる時点で気分などがどのようにテストステロンに影響するのかも、まだよくわかっていない。攻撃的だと分類された男性は一般にテストステロン値が高いものの、必ずそうだというわけでもない。

なぜテストステロン値が同じでも、人によって反応が違うのだろう？　これについては、テストステロン受容体や、その代謝物質の受容体をコードしている遺伝子の点からの説明がある。テストステロン受容体の遺伝子は、人間では対立遺伝子がいくつかあることがわかっている。こうした違いが、テストステロンと結合するこれらの受容体の能力に影響をおよぼしているのかもしれない。そうだとすれば、これらの受容体の異なる対立遺伝子をもった二人の人は、同じ量のテストステロンであっても、まったく異なった反応をするだろう。さらに、個人によって、細胞ひとつあたりに発現する受容体の数にも違いがある。どのようにして受容体の数が決まるのかはまだわかっていないが、そのような違いがあるということは報告されている。おそらく、そのような違いが、ある量のテストステロンに対するその人の反応や、その反応の持続時間に影響をおよぼしているだろう。

脳には、テストステロン受容体をもつ多数の細胞があるが、とりわけ多い部位は、ほかの多種のホルモンを合成している視床下部である。女性では、エストロゲンが攻撃性に効果がないということと一致して、男性でテストステロン受容体が見つかる脳の部位に対応する部位に、エストロゲン受容体がない。脳のなかの攻撃行動の正確な回路はまだよくわかっていないものの、脳のある領域を電気的に刺激すると攻撃性が高まり、別の領域を刺激すると攻撃性が抑えられる。だが、攻撃性にテストステロンが役割を果たしているという証拠は、豊富にある。テストステロンの合成も、それに対する感受性も、攻撃行動を理解する鍵だと考えられる。

過去には、テストステロンが人間の男性の攻撃性の要因としてそれほど重要ではないと言われたことがあったが、これは証拠に合わなかった。ほかの哺乳類では、テストステロン値と攻撃性との間に相関が見られるのに、人間だけ例外というのは、どう考えてもありそうにない。確かに、人間では血中のテストステロン値と攻撃行動との間に単純な相関関係はないのだが、これには、テストステロンのはたらき方と矛盾しない説明がいくつも考えられる。たとえば、哺乳類の脳には、攻撃行動を開始させる経路がいくつかあって、経路ごとに異なるテストステロンの代謝物質に感じるようになっているのかもしれないし、テストステロンとその代謝物質の受容体が人によって違っているのかもしれない。あるいは、体のなかのテストステロン受容体の数や細胞における分布が違っているのかもしれない。こういう特質はみな、そのもとに遺伝的な基盤があるので、関与遺伝子の差異が攻撃性の個人差に影響しているということは十分に考えられる。

神経伝達物質　攻撃行動と関係づけられてきた第二の主要な体内の化学物質は、神経伝達物質である。攻撃行動には、とりわけ人間の攻撃行動には、数多くの神経伝達物質が関係しているが、そのなかでももっとも詳しく研究されてきたのが、セロトニンだ。マウスでは、次のような事実からセロトニンが攻撃行動の調整に果たす役割が示唆された。攻撃性が高まるように近親交配されたマウスの系統では、オスの攻撃性が、脳内のセロトニンの量と逆相関するのだ。つまり、攻撃性のもっとも高いマウスの系統は、脳内のセロトニンの量やそれに関係した体液の濃度がもっとも低いのに対し、攻撃性の低い系統ではセロトニンの量が多い。

セロトニンが動物の攻撃行動に果たす役割は、「セレニックス」とよばれる種類の薬の開発によってさらに明確になった。この薬は、オスのマウスの攻撃行動を大幅に減らし、彼らを「おとなしく《セレーン》させる」はたらきをする。科学者たちがさまざまなセロトニン受容体を分離し、その構造を研究することができるようになってから、セロトニンの「ように作用する」薬（セロトニンにきわめて近い分子だが、これらは、たとえばニューロン上にある受容体のような、特定のセロトニン受容体にしか作用しない）を合成できるようになった。セレニックスにはこの性質がある。マウスに投与した場合、セレニックスはおもにセロトニン輸送体と結合する。この受容体は、セロトニン放出ニューロンの軸索の先端部にある（図8・1参照）。輸送体がセレニックスによって妨害されると、その付近の（シナプスの）セロトニンの量が増え、これがセロトニンが仲介する信号の伝達を強める。一方、これらの薬は、異なるセロトニン受容体が発現している別のセロトニン感受細胞には作用しない。セレニックスは、マウスでは攻撃行動だけを減少させ、セロトニンに対する体のほかの反応は引き起こさないということがわかっている。

マウスの攻撃性におけるセロトニンの役割の証拠を決定的にしたのは、（これとは別の）セロトニン受容体の「ノックアウトマウス」を作り出すことができたからである。ノックアウトマウスは、ゲノムの特定の単一遺伝子を欠損させた、つまり「ノックアウト」させたマウスである。このようなマウスは、個々の遺伝子の影響を研究する上で、有用な道具として使われている。発生しつつある胚から、ごく初期の細胞をとり出し、そのなかの特定の単一遺伝子だけを壊すことができる。こうすると、問題にする遺伝子の正常なコピーを欠いた胚細胞ができる。これらを妊娠中のメスのマウスの子宮の胚に戻す。この結果生まれてきた子どもたちを適切にかけ合わせてゆくと、その単一遺伝子だけを欠いたマウスの系統ができあがる。このようなノックアウトマウスは、ある遺伝子が自然の突然変異によって失われたり、機能しなくなったりしたマウスと、実質的には同じである。

この技術は最近、別のセロトニン受容体である5HT1b受容体を欠いたマウスを作り出すのに使われている。（5HTはセロトニンの学術的な略称で、1bはセロトニン受容体のタイプを指している。）5HT1b受容体は、その細胞の近くのセロトニンの濃度を感知し、細胞のセロトニン放出を調節する。5HT1b受容体がノックアウトされていると、セロトニン放出経路が完全に機能停止し、5HT1b受容体に依存するニューロンを使う経路では、セロトニンの量が大幅に減る。セロトニンによって通常は活性化される「下手《しもて》」のニューロンは、不活性なままである。遺伝子ノックアウトは、脳内のセロトニン経路だけに限って影響を与えるようになっていて、体のなかのほかのセロトニン感受細胞には影響がない。5HT1b受容体のノックアウトマウスは、5HT1b受容体遺伝子をもっている統制群の正常マウスよりもずっと激しい攻撃性を示す。ノックアウトマウスのオスは、統制群のマウスに比べ、見知らぬオスにすぐ襲いかかり、執拗に攻撃を繰り返す。妊娠中や授乳期にあるノックアウトマウスのメスも、激しい攻撃行動を示す。

ノックアウトマウスの大きな価値は、セロトニンの機能低下が攻撃行動の結果ではなくて、その原因なのだということを明らかにした点にある。もし脳内のセロトニン濃度の低下が攻撃的なマウスだけがもつなんらかのメカニズムによって引き起こされたのだとすれば、すなわち、それが攻撃行動の結果でしかないとすれば、正常マウスで脳内のセロトニンの濃度が低くなっても、攻撃性にはなんの影響もないはずである。だが、セロトニンを阻害されたマウスがつねに高い攻撃性を示すという事実は、攻撃行動全般に果たすセロトニンの役割を考える上で重要な意味をもつ。

　攻撃行動をともなう人格障害にセロトニンが役割を果たしていることについては、ここ数十年来、集中的に研究されてきた。攻撃行動を示すさまざまな人々――たとえば家庭や学校で突発的な暴力を繰り返す子ども、何度も暴力沙汰を起こして軍隊をクビになった若者、暴力事件で刑務所への入出所を繰り返す人など――では、セロトニン濃度が低いことが知られている。セロトニン濃度が低いことが関係するのは、計画的攻撃ではなく、衝動的攻撃のほうである。すでに見たように、人間におけるセロトニンのおもな機能は、衝動行動の調節である。通常、人は、自分にとってどんな行動がまずい結果になるかをよく知っているものだが、セロトニン濃度が一定レベル以下に落ちてしまうと、そういう行動を抑えるのがむずかしくなる。

　人間におけるセロトニンと攻撃行動との関係を調べる研究は、研究がおもに精神病患者で行なわれているという点から批判されてきた。つまり、それらの研究の結果から、健常者の攻撃行動についてはなにも言えないのではないかという批判である。これは、ある意味で、堂々巡りのようなところがある。なぜなら、過度の攻撃行動は、多くの場合、最初に精神病という分類に結びつく特性のひとつだからだ。

　セロトニンの機能について動物で得られた知見を、そのまま人間行動の解釈に用いるのには、これまでためらいがあった。動物での攻撃性の結果を人間にあてはめるのがむずかしいのは、人間の攻撃性の簡単で明確な定義や測定方法がないことである。動物のオスが示す捕食や生殖に関係した攻撃や、メスが示す妊娠や授乳に関係した攻撃に相当するものは、おそらく人間にもある。しかし、これらの行動は、ほかの生物学的・文化的に規定される行動と入り混じったり、部分的に隠されるなどしているために、量的に測定するとなると、必ずしも容易ではない。過去の研究の多くでは、人間の攻撃性の測定に怒りを含めていたが、現在では、怒りは攻撃性とはまったく別なものとしてあつかわれている。人間の攻撃行動の分析は多くの場合、自身の主観的報告、その人に対する家族や友人の印象、そして専門家による検査や観察にもとづいている。これらの方法はみな間接的だが、人間をたんにケージのなかに入れて、そのホルモンや神経伝達物質を操作し、一定の行動をテストすることなどできないのだから、これらの方法に頼るしかない。そして前述のように、少なくともセロトニンの役割については、マウスと人間とではきわめて似通っている。だが、人間の衝動行動とマウスの攻撃行動とを同じものとみなすのには、まだ多少の躊躇がある。

セレニックスのような薬を用いると人間の攻撃行動が変化するのであれば、セロトニンが動物の攻撃性だけでなく、人間の攻撃性にも役割を果たしていることが確証できる。人間でセロトニン輸送体を阻害するいくつかの薬が市販されており、脳内のセロトニン経路上にあるシナプスのセロトニンの量を効果的に増加させる。これらのうちおもなものは、プロザック、パキシル、ゾロフトのような、8章で述べたSSRIであり、これらはおもに、鬱病や感情障害の治療に使われている。最近、四〇人の患者で、衝動的・攻撃的行動にプロザックがどういう効果があるかを調べる臨床研究が行なわれている。これらの患者は、衝動的・攻撃的行動をとったことがあったが、そのときには、統合失調症、躁鬱病、鬱病といった精神病にはかかっていなかったし、薬物乱用者でもなかった。薬の投与から一〇週間後、これらの患者は、偽薬を投与された統制群の患者に比べて、衝動的・攻撃的行動が大幅に減った。多数の患者が研究の途中で降りてゆき（人間の研究と動物の研究の一番大きな違いがこれだ！）、何人かは、薬に反応しなかった。しかし、投与された薬の量はそれほど多いわけではなかったので、今後、同じような研究を、もっと多くの被験者を用いて、そして反応のない患者には薬の量を増やすなどして効果を見る必要があるだろう。

倫理的に当然のことだが、人間で攻撃性とセロトニンの関係を見るために、遺伝子ノックアウトのような、動物で使える方略の多くは使われたことはない。しかし、セロトニンのもとになるトリプトファンの摂取を制限することによって、動物でも人間でも、セロトニンの量をある程度減らす実験が行なわれている。この方法でセロトニンを減らすと、攻撃行動そのものは引き起こされないが、動物でも人間でも、周囲の刺激に対する反応が目に見えて攻撃的なものに変わる。

別の種類のノックアウトマウスを用いた最近の実験は、攻撃行動では神経伝達物質の調節に異常があるという考えを支持している。通常、セロトニン、ノルアドレナリン、ドーパミンはみな、シナプス前輸送体によってシナプスからとり除かれる。それらは、放出側のニューロンに回収されると、モノアミン酸化酵素Ａ（ＭＡＯＡ）とよばれる酵素によって分解される。*maoa*遺伝子が壊されているマウスでは、脳内のこれら三種類の神経伝達物質すべての濃度が著しく高くなった。*maoa*ノックアウトマウスのオスは、正常オスに比べはるかに攻撃的であった。どの神経伝達物質が攻撃性を高めたのかを正確に知るのはむずかしいが、動物ではドーパミンもノルアドレナリンも攻撃性を高めることが知られている。人間では、ノルアドレナリンの増加が攻撃性の増大と相関することもわかっている。同様に、セロトニンの発現しすぎが攻撃性の増大を引き起こしている可能性もある。というのは、ノックアウトマウスの攻撃行動がセロトニン阻害剤によって多少弱められたからである。攻撃行動の個体差は、このように、そのマウスのセロトニンやほかの神経伝達物質の量を変えることによって、少なくとも部分的には調節可能である。

人間の*maoa*遺伝子はX染色体上にあり、対立遺伝子がいくつもある。これらのさまざまな対立遺伝子の産物が機能的にどう異なるのかはまだよくわかっていないが、吸収されたセロトニンの分解の効率の程度が異なっている可能性は十分にある。最近、オランダの数世代にわたる家系の研究でわかったのは、九人の男性が異常な攻撃行動を示し、それが*maoa*遺伝子と密接に関係しているということだった。これらの人々は、自分が脅かされているように感じる場面では、すぐに怒り出し、多くの場合、その怒りは暴力となって現われた。それはとくに、暴行、レイプ、放火、殺人未遂や自殺未遂といった形をとった。九人とも、程度はさまざまだが、精神遅滞も示していた。その後、これらの人々の*maoa*遺伝子そのものを調べてみると、この遺伝子のわずかな変異によって、まったく機能しないタンパク質が合成されている、ということがわかった。攻撃性の遺伝的要素は、数多くの遺伝子が関与している可能性があるので、確かに複雑なのだが、この研究は、単一遺伝子の変化が行動の表現型に大きな影響を与えることがある、ということを示している。

セロトニンは、体内でトリプトファンというアミノ酸から作られる。その合成の鍵を握る酵素が、トリプトファン水酸化酵素だ。最近になって、人間では、この酵素の遺伝子には二種類の対立遺伝子があることがわかった。Uという対立遺伝子は人間全体の40％に、Lという対立遺伝子は60％にある。遺伝子型がLの同型接合体の男性（L／L）は、異型接合体の男性（U／L）や、Uの同型接合体の男性（U／U）

よりも、衝動的攻撃性が有意に高いということが見出されている。しかし、これは、女性にはあてはまらなかった。遺伝子型がL／Lの女性は、U／Uの女性よりも攻撃性が高いということはなかったのだ。このことは、影響がテストステロンによっている可能性を示唆する。さらに、脳内で発現するセロトニン受容体をコードしている遺伝子のほとんどにも、対立遺伝子がいくつもある。これらの対立遺伝子の違いがどのような機能の違いをもたらすのかは、いまのところわかっていない。しかし、これらの異なる形の受容体ではセロトニンに対する感受性がさまざまに異なるということは、十分に考えられる。

最近になってわかったのは、攻撃行動には、もうひとつの神経伝達物質、一酸化窒素も関係しているということである。一酸化窒素が神経伝達物質だということが判明したのも、かなり最近になってからだ。一酸化窒素はガスだが、ガスのようなものが神経細胞間のコミュニケーションに関係しているということは、はじめなかなか受け入れられなかった。[注]さらに、一酸化窒素は猛毒のガスであり、マクロファージ（侵入してきたバクテリアをとり囲んで消化する、体内にある食細胞）などは、その分解のプロセスに一酸化窒素を用いている。一酸化窒素は、自動車の排気ガスの主成分で、オゾン層の破壊の原因のひとつでもある。しかし、実際に、ニューロンは一酸化窒素を生成し、周囲に放出している。ほかのすべての神経

注　1998年のノーベル医学・生理学賞は、一酸化窒素のもうひとつの役割——血管を弛緩・拡張するという役割——を明らかにした三人の科学者に授与された。たとえば、一般によく使われている狭心症の薬であるニトログリセリンは、一酸化窒素を放出することによって、冠動脈などの血管を拡張する。一酸化窒素のシステムは、もうひとつのよく知られた薬、ヴァイアグラの作用する標的でもある。

伝達物質は、特定の受容体を備えた細胞だけにくっついてそのなかに入り込むが、一酸化窒素はこれとは異なり、拡散して、近くのどんな細胞（脳では、ほかのニューロン）の膜も通り抜ける。一酸化窒素は、ほかのニューロンのなかに入ると、神経細胞内の信号伝達の鍵を握る酵素のひとつに付着した鉄分子と結合し、ほかの神経伝達物質のように信号を生じさせる。

一酸化窒素は、一酸化窒素シンターゼ（ＮＯＳ）という酵素によってニューロン内で作られる。脳細胞内でこの酵素をコードしている遺伝子は、脳以外の組織で同じ機能を果たす酵素をコードしている遺伝子とは異なる。最近の研究では、このことを利用してニューロン内のＮＯＳ（ｎＮＯＳ）だけを欠いたノックアウトマウスが作り出されている。ｎＮＯＳノックアウトマウスは、ほかのＮＯＳ酵素を用いて一酸化窒素を作り出す生理的システムに異常はなく、正常に見える。つまり、ノックアウトされているのは、確かにｎＮＯＳだけである。しかし、適切なテスト条件下では、ｎＮＯＳノックアウトマウスの行動に、顕著な影響が現われることが判明した。セロトニン受容体ノックアウトマウスと同じく、オスのｎＮＯＳノックアウトマウスは、ｎＮＯＳ遺伝子が正常な統制群のマウスに比べて、信じられないほど攻撃的で、見知らぬオスに即座に、しかも激しい攻撃を加えたのである。それらのオスはまた、攻撃を受けたほうのオスが通常の降参の信号を出しても、それを無視した。ふつう、攻撃を受けたほうのオスが仰向けになって転がり、四肢を外に向けて伸ばす姿勢をとると、攻撃側のオスは攻撃を止め、それ以上闘おうとはしない。ノックアウトマウスは、相手のオスがはっきり降参の信号を出しているのに、攻撃し続けるのだ。

オスのｎＮＯＳノックアウトマウスは、オスの侵入者に対して激しい攻撃行動をとるのに加えて、メスに対しては執拗なまでの性行動を示す。正常なオスは、発情期のメスがいると、数分内にそのメスに乗りかかって交尾の姿勢をとり、一五分ほどその行動を繰り返し、その後しだいにそのメスには興味を示さなくなるのがふつうである。オスのノックアウトマウスは、正常なオスならやめる時間をすぎても、メスが鳴き声や体で嫌がっているにもかかわらず、数時間もメスに交尾しようとし続ける。オスでは、攻撃行動も性行動も、テストステロンの量が影響していることが知られているので、ノックアウトマウスのテストステロン値が調べられた。その結果、その値は、正常オスと変わりなかった。nNOSノックアウトマウスは、オープンフィールド・テストでは、そのほかの行動は正常オスと違いがなかった。

これまでのところ、nNOSノックアウトマウスでは、オスだけが攻撃的であるように見えるが、授乳メスなどでの詳しいテストは行なわれていない。実際、これらのメスは、攻撃的ではなく、それどころか、威嚇されても自分の子を守ろうともしない。オスのnNOSノックアウトマウスを去勢すると、高い攻撃性は示さなくなるが、テストステロンを投与すると、攻撃性を示すようになる。このことは、nNOSを欠いている――つまり、結果として神経伝達物質の一酸化窒素を欠いている――ことが、オスのnNOSノックアウトマウスの攻撃性のテストステロン依存経路を活性化するということを示している。オスのノックアウトマウスのテストステロン値は高くないので、nNOSの欠損は、テストステロン経路――たとえばテストステロン受容体の数や分布――や、あるいはテストステロンによって影響されるニューロン内の信号伝達経路など、ほかの側面に影響をおよぼしている可能性もある。

神経伝達物質の量の変化が攻撃行動のパターンにどのようにして影響を与えるのか、詳しいことはまだわかっていない。いまわかっているのは、齧歯類では、攻撃性に関わる神経伝達物質とホルモンとが相互に関係し合っているということだ。数週間にわたって、大量のテストステロンを投与され続けたマウスは、オスもメスも、脳内のセロトニンの量が激減する。オスのマウスを成熟まえに去勢すると、統制群のオスに比べ、脳内のセロトニンの量が増える。一酸化窒素の場合、明らかなのは、nNOS遺伝子の欠損によって引き起こされる攻撃性の増加にはテストステロンが必要だということである。なぜなら、オスのnNOSノックアウトマウスも、去勢されると、攻撃性が増加しないからである。あいにく、セロトニン受容体ノックアウトマウスでは、いまのところ去勢実験は行なわれていないので、セロトニン欠損マウスで、テストステロンがどのような役割を果たしているのかを評価するのはむずかしい。しかし、メスのセロトニン受容体ノックアウトマウスも攻撃性が高まるという事実から、セロトニンがテストステロンとは独立の経路に影響している可能性がある。

攻撃行動は、ほかの行動と無関係に単独で起こるわけではない。攻撃行動には、衝動性という強い要素もある。ほかの行動的・情緒的側面、たとえば鬱病に影響を与える薬は、攻撃行動にも大きな影響を与える。ほかの行動の場合と同様、遺伝するのは、暴力や攻撃に走る傾向であって、攻撃行動そのものではない。これまで人間で調べられている攻撃性の測度すべてには、基本的な環境因子も大きく関わっている。遺伝的過敏性は攻撃性のひとつの要素であり、周囲のほとんどすべてのものに対する感受性の高まりを示す。これは、攻撃的な人の多くでは、ノルアドレナリンの値が高いという知見と一致する。まわりのできごとが攻撃行動の引きがねとなりえるが、教育、カウンセリング、そしてたんに生活経験などの環境因子も、攻撃の行動傾向を抑える上で重要だろう。このように遺伝因子と環境因子の両方を考慮に入れながら人間行動を包括的に理解することによって、行動にさまざまな問題を抱えている人々の診断と治療の可能性が大きく広げられつつある。

10章 食行動の遺伝学

飼育されている動物を別にすれば、摂食障害は人間にだけ見られる問題である。進化の長い歴史のなかで、食べることについて人間が直面した大きな問題は、ほかの動物の場合と大差なかった。すなわち、代謝の機構をはたらかせるのに必要なだけのカロリーと、このはたらきを効率的・効果的にするミネラルやビタミンなど特定の物質を摂取するために、とにかく十分な食物を得ることである。ほとんどの未開発国や一部の開発途上国では、現在も、栄養を十分に摂れないことが、健康上の大問題である。一方、アメリカなどの先進国では、健康上の大問題は、栄養不足ではなく、食べすぎ、つまり代謝に必要な量をはるかに越えたカロリー摂取に起因している。

食べすぎのもっとも明白な結果は、肥満である。体脂肪をある程度貯蔵することは、正常なだけでなく、健康の維持のために欠かせない。しかし、体脂肪があまりにつきすぎると、きわめて危険な状態になる。アメリカ人のほぼ三分の一――二〇年前にはその割合が25％で、その後も増加傾向にある――は、太りすぎに分類されている。これらの人々は、心臓病、高血圧、成人発症型糖尿病、関節炎、乳ガン、結腸ガンなど、さまざまな健康上の問題を抱えている。

肥満に対して（あるいは肥満への恐怖から）生ずるある種の行動は、これと同じぐらい危険なのだが、表面的には大きな問題はないように見える。『精神疾患の分類・診断マニュアル（DSM）』には、神経性無食欲症、神経性大食症、過食という三つの摂食障害があげられている。神経性無食欲症（拒食症）は、ダイエットのしすぎ（運動のしすぎをともなうこともある）から生じる。必ずというわけではないが、多くは、肥満につながる食べすぎの時期を経て、この障害になる。拒食が重くなると、悪液質《カケクシア》に陥る。これは、飢饉や災害などで食料が手に入らなくなったときに見られる、身体の痩せ衰えた状態を指す。拒食症でこの状態になると、15％が死に至る。

神経性大食症（過食症）は、無茶食いとそのあとの嘔吐――無茶食いの結果を避けるために、自分から吐いたり、下剤などの手段を用いたりする――を何度も繰り返すという特徴がある。神経性大食症の患者の多くは、胃腸障害、電解質平衡異常、そして嘔吐のたびに胃酸にさらされることから生じる虫歯に悩まされる。拒食症も過食症も、鬱の症状をともなうことが多い。「過食（無茶食い）」は、摂食障害のひとつとして最近『精神疾患の分類・診断マニュアル』に加えられた。これは、過食を繰り返す、食べる際に衝動的な特徴が三つ以上見られる、嘔吐をともなわない、といった特徴がある。拒食症や過食症は女性に多いが、過食（無茶食い）は、男性にも女性にも同じように見られる。興味深いことに、慢性の食べすぎそのものは、摂食障害に含められてはいないが、将来的には入れられる可能性もある。というのは、こういう行動パターンの一部は、衝動的な特徴をもっていることがしだいに明らかになりつつあるからである。

摂食障害に分類される行動の多くは、人間に特有の別の問題――体形を気にしすぎること、太りすぎや痩せすぎはその人の「有能さ」をある程度反映するといった考えなど――にも多少の原因がある。確かに生活習慣の違いが体格や体形に決定的な影響を与えるものの、人々は昔から、痩せすぎや肥満が家系による傾向があるということを知っていた。この傾向は、肥満の遺伝因子を暗示しているが、このことは、組織立った家系研究で、とりわけ養子研究で確認されている。養子の子どもの肥満の程度は、養家の家族でなく、実の両親の肥満の程度とよく似るのだ。肥満の遺伝因子を示すもっとも強力な証拠は、双生児研究によるものである。これらの研究では、一緒に、あるいは別々に育った一卵性双生児と二卵性双生児の体格指数（ＢＭＩ）[注]を比較している。ＢＭＩの遺伝率を推定したところ、双生児研究で得られているふたご間のＢＭＩの相関は高い値を示し（図10・1参照）、個人に固有のＢＭＩの70％程度が遺伝的にコントロールされている、と結論づけられた。共有環境の因子は通常は、ＢＭＩにはほとんど影響をおよぼさなかった（非共有環境の因子は、ある程度影響をおよぼすようである）。

人間でのＢＭＩの遺伝の研究は、その人に固有の「セットポイント」の体重という考えをもたらした。「セットポイント」の体重は、おとなになったときのその人の体重をかなりの程度決定する。栄養学者は昔から、長期にわたって過食したり、逆にダイエットしたりすると、あるいは運動量を増やしたり、逆に減らしたりすると、体重がセットポイントを中心に増えたり減ったりするが、ふつうの食生活や運動パタ

注　体格指数（ＢＭＩ）は、体重（Kg）を身長（m）の二乗で割った値である（$BMI=Kg/m^2$）。たとえば、身長１７０センチ、体重70キロの人の場合、ＢＭＩは２４・２である。（男女とも）ＢＭＩの値が24を越えていれば太り気味で、27以上は肥満に入る。

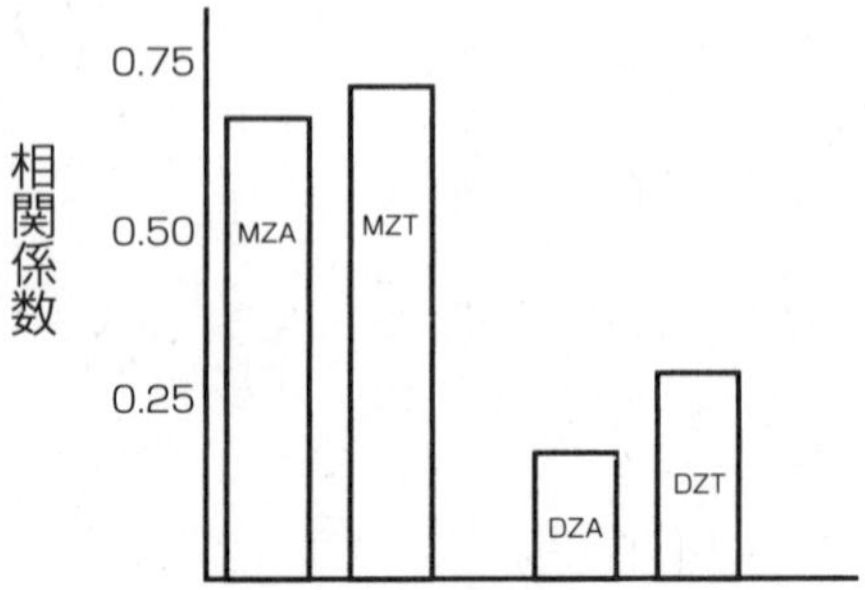

図10.1 一緒や別々に育った一卵性と二卵性双生児のBMIの相関。MZA：別々に育った一卵性双生児。MZT：一緒に育った一卵性双生児。DZA：別々に育った二卵性双生児。DZT：一緒に育った二卵性双生児。

ーンに戻ると、たちまちセットポイントの重さに戻ってしまう、ということを知っていた。セットポイントの体重は、社会的に望ましい「標準」よりも上のことも下のこともあるが、個人には固有のセットポイントがあって、それがその人の標準である。

遺伝的ＢＭＩに加えて、肥満は、ＢＭＩが同じでも自分のセットポイントの体重を維持するのに必要な量のカロリーの代謝の違い、そして摂取した食物を貯蔵用の脂肪へと変換する能力の違いによっても影響される。これらの因子は、その人の物質代謝によってコントロールされているが、その代謝も遺伝子の完全なコントロール下にある。しかし哺乳類では、二つの因子が肥満に寄与している。食物全般の摂りすぎと、脂肪分の多い食物の摂取である。この二つは、これまで遺伝が関係しているかどうかは、よくわかっていなかった。

一般に、肥満のさまざまな側面のなかでも、とりわけ食べ物の好みは、大きく文化の影響を受けるとされている。表面的には、それは、身近にどんな食べ物があるかや、その人がこれまでどんな食べ物を食べてきたかによって左右されるように見える。食べ物の調理法や盛りつけ方の好みについて言えば、それはそうかもしれない。しかし、それぞれの人が好む食物の種類――脂肪、炭水化物（でんぷんや糖分）、タンパク質――を調べてみると、遺伝的な要素も大きく関係していることが示唆される。体重調節の点から言うと、もっとも重要な食物の種類は、炭水化物と脂肪である。

一卵性双生児と二卵性双生児の研究では、炭水化物（とりわけ甘いもの）への好みに遺伝的な要素が見出されている（０・４〜０・６の相関）。マウスでは、炭水化物に対する好みは、明らかに遺伝する。しかし、動物でも人間でも、体重が多様な集団内では、炭水化物に対する強い好みが見られるのは、肥満した個体ではなく、痩せた個体である。これは、一般の人々の予想とは逆かもしれない。たとえば、マウスを角砂糖が自由に食べられる状態におくと、痩せているマウスは、肥満マウスに比べ、砂糖からより多くのカロリーを摂取する。これはおそらく、痩せている個体のほうがすぐに使えるカロリーをより必要とするからである。一方、炭水化物の形でカロリーを摂りすぎてしまうと、余分な量は脂肪として蓄えられ、肥満のもとになる。

脂肪に対する遺伝的好みは、炭水化物ほどは強くないが（人間では０・２〜０・５の相関）、この場合、もっとも強い好みは、肥満の人に現われる。動物でも人間でも、「食物が原因の肥満」があるが、これは、食物中に占める脂肪のカロリーが相対的に高いこと（40％以上）に起因する。二人の人が、毎日同じ量のカロリーを摂取し、代謝が同じであっても、摂取形式によってカロリーの使い方に差が出てくる。脂肪を通じて摂取したカロリーは、すぐに体の組織に脂肪として蓄えられるのだ。このように、食物中の脂肪を好む遺伝的傾向は、「獲得性の肥満」――遺伝的ＢＭＩを越える肥満――になる大きな要因である。

しかし、双生児研究はまた、遺伝的ＢＭＩには運動も大きな影響をおよぼすことを示している。一卵性双生児は遺伝的に同一だから、両者に体重の違いがあるとすれば、その違いは、環境との相互作用の違いに帰すことができる。最近の研究では、二四一組の女性の一卵性双生児が調べられているが、体重に有意な差のあった組では、この差を説明する唯一もっとも共通の因子は、日頃の運動量であった。体重の違いに関係するほかの環境因子は、喫煙や、ホルモン補充療法をしているかどうかであった。

体重の遺伝的コントロールは、かなり複雑かもしれない。まず、複数の遺伝子が、体の構造の基本設計そのもの――セットポイントのＢＭＩ――をコントロールしているだろう。これらの遺伝子は、成長段階の胎児に起こるさまざまな変化をコントロールしている可能性が高いが、おとなでも役割を果たしているかもしれない。代謝率（すなわち、脂肪の変換や貯蔵などの代謝のプロセス）をコントロールする遺伝子も重要だし、食欲（空腹感や満腹感）をコントロールする遺伝子もまたそうである。さらに、特定の種類の食物に対する好みをコントロールしている遺伝子もある。これらの遺伝子のうちどれかが、あるいはどれもが、人間に見られる肥満の表現型の個人差に役割を果たしている可能性がある。こうしたさまざまな遺伝子を解き明かす研究はまだ始まったばかりだが、すでにいくつかの驚くべき重要な結果が得られつつあり、体重の遺伝的調節についてまったく新しい知見を提供しつつある。なかでももっとも興味深いものが、次に紹介するレプチンである。

レプチン――体自体の体重調節システム

人はなぜ食べすぎるのだろうか？　たんに食べることが快感だからだろうか？　それとも一部の人は、意志とは関係なく、遺伝子の指令によって食べすぎてしまうのだろうか？　食べることは行動のひとつであり、ほかの行動同様、食べる量も、究極的には脳によってコントロールされている。食行動は、環境の信号に対してではなく、体のなかの信号に対して反応する行動の典型的な例である。しかし、ある種の信号が感覚細胞に届いて、中枢神経系の脳に伝わり、この脳がその信号を解釈して、一連の行動を起こさせ、問題や欲求を解決するという点では、食行動も、環境によって引き起こされる行動と共通している。

過去二〇年にわたる、マウスを用いた研究から、体がどれぐらいの量の食べ物を欲しているかを脳に伝える信号システムのうち、少なくともひとつがどのような性質をもっているかという最初の手がかりが得られた。これらの研究で鍵になるのが、ある種の近交系のマウスの成長である。これらのマウスは、強迫的に過食し、極度の肥満になり、肥満の進行につれて、人間の肥満と同じ多くの病気になる。このうちの二系統が*ob*と*db*である（*ob*は肥満（obese）の意味。*db*は、成人発症型糖尿病（diabetes）の略で、この系統はこの病気を併発する割合がきわめて高い）。これらの系統のマウスは、最終的に、哺乳類が生理的にどのようにして体重をコントロールしているかを理解するための鍵を提供した。それぞれの系統は、単一の（ただし、異なる）遺伝子に突然変異があるという特徴がある。どちらのマウスも、生まれたときには正常に見えるが、そのうち、満腹など知らないかのように、猛然とエサを食べるようになる。初期の成長は、母親が授乳できる乳の量によって制約されているが、いったん離乳して、いくらでも食べてよい環境におかれると、たちまちに肥満になる。体重は、正常マウスの三倍になることもある。この形質は、世代から世代へと忠実に受け継がれる。

初期の研究のいくつかでは、両系統のマウスの食行動をコントロールしている血流内の循環物質が仮定されていた。*ob*マウスは、正常マウスと血管でつながれると、しだいに食べる量が少なくなり、体重も減り始める。この結果は、*ob*マウスが満腹を知らせる循環物質を欠いていて、正常マウスがその物質をいまは共通の血液を通して提供した、ということを示唆している。*db*マウスが同じようにして正常マウスとつながれると、逆に、正常マウスのほうが食べるのをやめ、最終的には餓死してしまう。研究者たちは、強迫的に過食する*db*マウスは満腹を伝える循環物質を作り出しているのだが、その物質を感じることができない――おそらく、満腹物質の作用する受容体を欠いている――と推理した。しかし、満腹物質は正常マウスの体にも循環するため、正常マウスに、満腹でないときも満腹だと感じさせ、食べるのをやめさせるようにはたらく、と言うのだ。

1994年、*ob*マウスの欠陥に関係している遺伝子が分離され、あるタンパク質をコードしていることが明らかにされた。このタンパク質は、その後レプチンとして知られるようになった。レプチンは、脂肪細胞から分泌され、脳に「体はいま食物を余分に食べていて、脂肪を蓄え始めている」という信号を伝える。通常は、この信号によって、マウスは食べるのをやめる。*ob*マウスは、正常なレプチンを作ることができない。この信号を受けとるのが視床下部で、ここがその信号に合わせて「もう食べるのをやめよ」というメッセージを出す。マウスの視床下部のレプチン受容体のある領域を壊すと、*db*マウスのように衝動的な過食になる。その後、*db*マウスでは、レプチン受容体遺伝子に変異が見つかった。このような*db*マウスを正常なマウスと血管でつなぐと、正常なマウスは痩せ衰え、死んでしまう。

*ob*の系統と*db*の系統はそれぞれ、食行動を調節するレプチン経路の異なる側面を示している。*ob*マウスは、レプチン受容体は正常だが、正常なレプチンを合成することができず、満腹だということを神経系に伝えることができない。一方、*db*マウスは、合成するレプチンは正常だが、レプチン受容体を欠いているので、レプチンが出ているということを感じることができない。両者とも、結果として起こるのは過食であり、衝動的に食べ続けるマウス、満腹を知らないマウスになる。*db*マウスも*ob*マウスも脂肪層が厚くなるにつれて（この層でレプチンが合成される）、血流内のレプチンの量も極端に増えるが、彼らは、いま述べたそれぞれの理由で、これに反応できない。一方、*ob*マウスに正常なレプチンを投与すると、体重は正常に戻り、肥満にともなう生理的な狂いもなくなる。予想されるように、*db*マウスにレプチンを投与しても、効果はない。

マウスのレプチン遺伝子を用いて、人間のＤＮＡのなかのレプチン遺伝子が探索された。人間のレプチン遺伝子はすぐに見つけられ、クローニングされ、塩基配列も決定された。これらの遺伝子がコードしているレプチンタンパク質は、人間とマウスでは84％が同一で、両方とも、血液中に分泌されるタンパク質特有の構造を備えていた。けれども、肥満の人の血液サンプルをレプチンに関してスクリーニングしてみたところ、レプチン分子そのものは、これらの人々のほとんどで正常であり、予想されたように、体重の増加にともなって、血液中のレプチンの量も劇的に増加した。つまり、ほとんどの人の肥満は、合成されるレプチン分子に欠陥があるとか、レプチンを分泌できないとかでは説明できないのだ。ごくまれに、*ob*マウスのように、生まれながらに欠陥のあるレプチン分子をもっていて、生後まもなくから極度の肥満になる人々も見つかった。しかし、これだけでは、肥満全般を説明することはできない。

だとすると、*db*マウスのように、人間の場合も、レプチン受容体に欠陥があるのだろうか？　この説明も、ありそうにない。レプチン遺伝子の場合と同様、生まれながらにレプチン受容体に明らかな欠陥があって、生後すぐから極度の肥満になる人もいるが、その数はごくわずかなのだ。多数の肥満の人のレプチン受容体が詳細に調べられているが、肥満の人だけに見られる受容体の変異は、いまのところ発見されていない。しかし、遺伝子は、特定のタンパク質の作り方を指示する以外にも、多くのことをしている。遺伝子には、タンパク質の構造をコードすることに関してはなんの役割も果たしていないが、そのタンパク質がどの場所で、いつ、どのようにして発現するかを決めているＤＮＡ配列もある。レプチンそのものは、大部分の肥満の人ではまったく正常に生成・分泌されている。しかし、レプチン受容体（直接測定することはむずかしい）の調節領域に異常があって、その結果レプチン受容体の数がかなり少なかったり、関係のない細胞で発現していたり、あるいは細胞は正しいが間違った部分で発現していたりするのかもしれない。

そういうわけで、研究者たちは、人間の過食や肥満の主要な原因としてレプチンシステムの機能障害の可能性をまだ諦めてはいない。さらに、レプチン分子が血液脳関門を通れず、そのため視床下部の標的細胞にたどり着けないという可能性や、レプチンが脳細胞に結合したあとに脳細胞内に引き起こされる変化のいくつかが正常に起こらないという可能性も検討されつつある。マウスでも人間でも、レプチンがインシュリンシステムと相互作用することがわかっているが、肥満の人では、この相互作用に欠陥がある可能性もある。「ダイエット薬」を開発したがっている大学や製薬会社は、現在この領域に力を入れつつあるので、人間の大多数の肥満を説明するレプチン経路の欠陥の場所は――あるとすれば――もうじき特定されるにちがいない。

レプチンが、マウスでも、人間でも、同じようにはたらいていることは、おそらく間違いない。だから、たとえ人間のほとんどの肥満の原因がレプチンシステムの遺伝性の欠陥ではなかったとしても、製薬会社は、健康的な体重の維持に、レプチンの知識が利用できると考えている。ダイエットの日常的ストレスなしに、そしてダイエットで健康を損なう危険性もなく、また生涯にわたって運動をし続けなくとも、レプチンのおかげで減量ができるかもしれない。まず最初のステップは、なぜ肥満の人のほとんどが、自分のレプチンの信号に適切に反応しないのかを解明することだろう。人間では、それとは別に、遺伝子による食欲調節のシステムもあるかもしれない――それらは、レプチンと相互作用するかもしれないし、あるいはそれとは独立にはたらくかもしれない。レプチンそのものを用いた臨床試験によれば、レプチンを投与しても有効性が見られない被験者が大多数だったものの、少数ながら、効果のある被験者もいた。ということは、一部の肥満の人では、レプチンがより多量であれば、状態が変わるのかもしれない。

血流を通してレプチンを効率よく運び、脳に的確に入れる方法を、製薬会社も考え出そうとしている。レプチンほどの大きさのタンパク質の場合、脳内の血管壁に通過を助ける特殊な受容体がないかぎり、血液脳関門を通り抜けることはできない。この受容体はどういう性質のものなのだろうか？　少なくとも一部の肥満の人では、それに欠陥があったりするのではないだろうか？　さらに、脳細胞がレプチンによって刺激されると、細胞内でなにが起こるかを詳しく調べている研究者もいる。これらの脳細胞は、最終的に、どのようにして体に、食べろとか、もう食べるのをよせとかいったことを伝えるのだろうか？　脳内のどの細胞がレプチンに反応するかがわかっているのだから、それらの細胞がなにをしているかや、なにを生み出しているか——おそらく、食欲をコントロールする経路上の神経細胞などの細胞に作用するホルモン——も見つけ出せるはずである。そのようなホルモンが欠損している場合には、適切な薬で埋め合わせることができるだろう。

体が本来もっている体重調節システムそのものを調節する薬がいずれ開発されるのは、ほとんど時間の問題だ。肥満の人の健康への関心とスタイルがよくなりたいという願望があるため、確かに、そういう薬ができたとしたら、飛ぶように売れるだろう。しかし、そういう薬は薬自体の問題も生む。レプチンに関係した薬が、その人に固有の体重のセットポイントを変えることはないはずである。そのため、一生の間、その薬を使い続けなければならない。このような薬を長期にわたって服用し続けるとどんなことが起こるのかは、いまのところわからない。体重調節の手段として、これらの薬が合理的な食習慣や運動の代わりになってしまうとすると、健康に対するその全体的な効果は、問題が多いかもしれない。

脳のセロトニン経路による食欲のコントロール

二〇年以上もまえから、おもにラットやマウスの研究を通してわかってきたのは、セロトニンが食行動の調節に重要な役割を果たしているということである。食行動は、脳の視床下部の特定領域によってコントロールされている。一般には、この領域につながっている経路上のシナプスのセロトニンの量が増えると、食べる量が減り、逆にセロトニンの量が減ると、たくさん食べるようになる。セロトニンの正常な放出と回収が慢性的に妨害されると、過食になり、太る。セロトニンの量や活性が低いと、空腹を感じ、とりわけ炭水化物を食べたくなる。炭水化物は、セロトニンも、その前駆物質（アミノ酸のトリプトファン）も含んでいないが、炭水化物を多量に摂取すると、セロトニン合成を導く代謝経路が刺激される。摂取された炭水化物に反応して、脳内のセロトニンの量が急速に増加し、満腹感を生じさせ、それ以上——とりわけ炭水化物を——食べるのを止めさせる。セロトニンの量が増加すると、代謝率も上がって、食物のエネルギー変換が促進される。人間も含めてほとんどの動物は、カロリー源として炭水化物とタンパク質の摂取量のバランスをとっている。タンパク質からのカロリーは全体摂取量の約12％で、炭水化物からのカロリーは約60％である。この自然のバランスのとり方は、かなりの程度セロトニンによって仲介されている。

食行動にセロトニン経路が重要だということは、最近の研究で強調されている。これらの研究では、9章で述べたような方法で作った、セロトニンのシナプス後5HT2c受容体を欠いたノックアウトマウスを用いている。この受容体は、食行動をコントロールする脳領域に連絡しているニューロン上にある。このノックアウトマウスは、脳や神経系の構造などの点では正常だったが、興味深いことに、著しい過食傾向を示し、対照群のマウスの二倍の体重になることもあった。この体重の増加分のほとんどは、余分な体脂肪の蓄積分であった。しかし、セロトニンと5HT2c受容体の結合だけを阻害して食欲を抑える薬を用いたところ、対照群のマウスでは、食物の摂取量を80%減らすことができたが、ノックアウトマウスの食行動にはなんの効果もなかった。つまり、この過食の傾向は、行動の変化であって、ノックアウトマウスの食べたものの代謝のしかたの変化でも、それらを脂肪として蓄える傾向の変化によるものでもない、ということになる。

肥満にレプチンとセロトニンが似たような効果をおよぼすということは、これら二つの経路がどこかでつながっている可能性を提起する。レプチンシステムの欠陥は、セロトニンの量の低下を引き起こすのだろうか？　脳のセロトニンの量が生まれながらに少ないことが、レプチンシステムをはたらかせないようにしているのだろうか？　あるいは、これら二つの欠陥はまったく独立なのだろうか？　まえに述べた *db* マウスに似たラットを用いた最近の研究が、この問題への手がかりとなる。これらのラットは、おとなになると極度の肥満になり、脳内のセロトニンの量もきわめて少ない状態になる。*db* マウスと同じく、これらのラットも、レプチン受容体に欠陥がある。生後四日以内で、脂肪の蓄積の兆候や、肥満の開始と関係するほかの代謝の変化を示し始める。レプチンの量は、これらの変化と並行して増加し始める。しかし、脳内のセロトニン量の低下は、そのときではなく、ずっとあとになって、体重や脂肪量の大きな変化が明白になって以降に起こる。このように、少なくともこれらのラットでは、セロトニン量の低下は、レプチンシステムのこうした欠陥の副次的結果なのかもしれない。

人間の過食と肥満にセロトニン経路が役割を果たしているという証拠は、おもに、セロトニン経路に作用する薬が食欲を抑えるのに効果があるという発見にもとづいている。たとえばフルオキセチン（プロザック）は、セロトニン放出ニューロン自体のセロトニンの回収と分解を阻害し、その結果シナプス間隙にはセロトニンが正常値より多量に浮遊する結果になる。これは、シナプス後作用ではないので、食欲だけでなく、セロトニンが関与するいくつかの行動――たとえば攻撃行動や鬱状態――も影響を受ける。こうした理由から、フルオキセチンは、通常は、食欲のコントロールのために使用されることはないが、フルオキセチンの一般的な副作用として、食欲の低下という症状が現われる。フェンフルラミンやその誘導物も脳内のセロトニンの作用を強めるので、食欲を抑制する強力な作用がある。フェンフルラミンがセロトニンの放出を刺激するのか、あるいは受容体に作用してセロトニンの信号伝達経路を強めるのかは、まだわかっていない。フェンフルラミンは、以前短期間だったが、食欲を抑えるのにとてもよく効くという触れ込みで用いられた「フェンフェン」という混合薬（フェンフルラミンと、アンフェタミンに似た薬であるフェンターミンの併用）の一部である。しかし、フェンフェンは、服用した人が心臓弁膜症と肺高血圧症になる率が高いということがわかって、1997年の後半に市場から回収された[注]。マウスでも同じような障害が見られるが、興味深いことに、こうしたマウスを用いた最近の研究によれば、フェンフルラミンとフルオキセチンの併用――ただしどちらも量を少なくしてある――は、重い副作用をともなわずに、食欲の抑制に同程度の効果をあげることが示されている。

注　これらの薬は、ポンディミンやレダックスという商標名で市販されていた。これらは、ごく限られた臨床試験を行なっただけで、アメリカ政府が認可した薬であった。最初は、肥満が生命に関わるような患者だけに使うように説明書に書かれていたが、評判が広まったことや医者が積極的に処方したため、肥満気味の人にも広く用いられるようになった。現在、政府は、これらの薬の認可手続きを再検討中である。

肥満を抑えるのにもっとも効き目のある薬のひとつに、シブトラミンがある。この薬は、リダクティルやメリディアという名で市販されている（処方箋が必要）。フルオキセチンと同じく、シブトラミンは、セロトニン回収阻害剤だが、それだけでなく、ノルアドレナリンの回収も阻害する。シブトラミンは、短期間だが、満腹感を生じさせる。しかし、同様に重要なのは、シブトラミンが、脂肪を燃焼させて体温を生み出す代謝経路も速める、ということである。おそらくノルアドレナリンの増加による代謝活動の増加が、長期の減量にとってはとりわけ重要かもしれない。すべての人にシブトラミンが有効なわけではないが、有効であれば、二年の長期にわたって減量を維持できる。ほかの減量薬の場合、その効果が六か月以上続くことはごくまれである。

獲得性の肥満を衝動行動の一種として定義することは、これまで多少のためらいがあった。しかし、摂食障害として認められている障害のいくつかは、衝動性の現われとみなされつつある。拒食症や過食症の症状の記述は、確かに衝動行動のような印象を受ける。摂食障害をもつ人は、ほとんどいつも、自分が行なっている行動が自分のためにならないということを自覚しているのだが、そういう行動パターンを止めることができないように見える。摂食障害と衝動行動の間の結びつきを支持する証拠は、摂食障害をもつ人が薬物依存や攻撃行動のようなほかの衝動行動をとる率がかなり高いという観察である。逆に、衝動の制御障害の診断を下された人も、ほかの人よりも、摂食障害になる率が高い。家系研究も多くのことを明らかにしている。摂食障害をもつ人の場合、一親等や二親等の親族（兄弟姉妹、親、子ども）では、アルコール依存症や薬物依存のような衝動行動を示す人の数が二倍から三倍にのぼる。拒食症の人の一親等や二親等の親族での拒食症の頻度も、その集団全体の頻度の数倍高い。一卵性双生児のふたご間の相関も0・

46であり、一方、二卵性双生児の場合は0・07であった。これまで行なわれた研究のほとんどは、拒食症や過食症が遺伝性の障害――少なくとも遺伝的要素が70％――であることを示している。

無茶食いの場合と同様、拒食症でも、過食症でも、セロトニンの調節異常が強く示唆されている。複数の研究によって、過食症の女性では脳脊髄液のセロトニンの代謝物質の量が一貫して少ないことが見出されている。過食症の患者は鬱の状態になることが多く、鬱の状態にともなうセロトニンの量の低下が、過食行動を引き起こしている可能性もある。しかし、セロトニンの量を増やす抗鬱剤は、患者が鬱病であってもなくても、過食症の治療に効き目がある。このことは、セロトニンの量が少ないことが、過食症の結果ではなくて、原因だということを物語る。

一般に、拒食症でも、セロトニンの役割が認められる。フルオキセチンも、フェンフルラミンも、拒食症の治療に効果がある。過食症の場合と同じく、この治療効果は、鬱病に対するこれらの薬の作用とは独立であるように思われる。拒食症の場合にとりわけ興味を引くのは、人間のセロトニン5HT2a受容体の遺伝的変異が、拒食症と相関がきわめて高いということである。この受容体の発現は、ホルモンのエストロゲンのコントロール下にあることがわかっている。このことは、拒食症になるのがなぜほとんど女性なのかを説明する。

セロトニンは、摂食障害にもっとも大きく関係しているが、食行動に役割を果たしている神経伝達物質は、それだけではない。ドーパミンノックアウトマウスは、生まれたときから食べることに関心を示さないが、血流を通してドーパミンの前駆物質を投与してやると、すぐに食べるようになる。人間では、神経伝達物質のノルアドレナリンを阻害するアンフェタミンのような薬も、食欲を抑える。低分子量のタンパク質の神経伝達物質である神経ペプチドYも、食欲の制御に関与している。神経系にあるこれらのどの神経伝達物質の量も、遺伝的なコントロール下にある。これらの量は、人それぞれで違っているだろう。なぜなら、これらの神経伝達物質の合成の鍵を握る酵素の遺伝子には、少しずつ違った対立遺伝子がいくつもあり、人間集団内に散らばっているからである。さらに、これまで見てきたほぼどの例でも、これらの神経伝達物質の受容体の遺伝子にもさまざまな対立遺伝子がある。これらの違いが、食行動の遺伝的コントロールに関わる神経伝達物質の基礎にあるのは、間違いない。

遺伝子と環境の相互作用――ピマ族と肥満

肥満の生物学的説明を検討する上で念頭におかなければならないのは、今日の工業化社会に見られる肥満の大半が、二〇世紀に入ってから、そしてほとんどはこの数十年で出現するようになった、ということである。肥満のこうした突然の出現は、私たちの遺伝子がこの短い期間で変化したということでは、説明がつかない。遺伝子は、受け継がれるＢＭＩの値を決定するが、ある集団内でのＢＭＩの値の分布の変化をもたらすような根本的な遺伝子の変化が起こるには、多数の世代――最低でも数百年から数千年以上の時間――がかかるだろう。同じような理由から、肥満の最近の変化の説明として、レプチンやセロトニン経路に関与する遺伝子の変化も、ありえないことになる。

想像できるのは、私たちの祖先がもっぱら狩猟採集生活をしていた時代にあっては、遺伝性の肥満に対して強い淘汰圧がはたらいていた、ということだ。長距離を速く移動する必要があったし、それに高いBMIを維持するには多量の食料が必要だったから、肥満は不利以外のなにものでもなかっただろう。レプチンやレプチン受容体の遺伝子、あるいは脳内のセロトニン経路をコントロールする遺伝子のうち、肥満をもたらす対立遺伝子は、自然淘汰では選ばれなかっただろう。確かに、現在少数ながら残っている狩猟採集社会のうち研究されている社会では、肥満はきわめて珍しい。別な想像は、一万年ほどまえに農業社会が出現したとき、高いBMI——すなわちレプチンの好ましからざる対立遺伝子——は、それほど不利なものではなくなり、そしてしだいに、遺伝的に決定されたある程度の肥満は生物学的に許容されるものになってきたのかもしれない、というものだ。しかし、これは、現代人の肥満の程度を考えると、ごく小さな影響しかおよぼしていないだろう。

現代社会でも、確かに遺伝が原因の肥満者が少数ながらいる。しかし、二〇世紀になって肥満に見られる大きな変化は、遺伝性ではなく、獲得性の肥満の増加である。これらの変化は、自発的な過食と運動不足が原因であり、行動の問題である。肥満そのものには、確かに遺伝的原因もある。しかし、遺伝性の肥満をコントロールする遺伝子の場合と同じく、行動をコントロールする遺伝子に、この百年で変化が起こったということもありそうにない。では、なぜ今日、これほど多くの人たちが肥満傾向にあるのだろうか？

その答えは、環境の変化にあるのにちがいない。おもな変化は、次の三点だろう。一般に食物の入手が容易になったこと。自然食品への依存度が減り、代わりに高脂肪の加工食品《ジャンク・フード》を多量に食べるようになったこと。そして、生活する上で、基本的に体を使う仕事——たとえば、たんなる場所の移動などでも——が少なくなったこと。現代人の集団の遺伝子型はこの百年ではほとんど変わっていないが、遺伝子型が作用する環境は劇的に変化している。これが、私たちの目にする表現型に同様の劇的変化をもたらしたのかもしれない。私たちは、自分のもっている遺伝子型にしたがって、これら環境の変化にそれぞれ異なるふうに反応している。遺伝的に決定された行動傾向にもとづいて、肥満をもたらす行動をとったり、とらなかったり、あるいは拒食や過食をすることによって、肥満の恐怖に対処したり、しなかったりする。したがって、肥満者の割合の最近の変化は、遺伝的変化によってではなく、おもに環境の変化によって引き起こされていることになるのだが、これらの変化への個々の人間の反応——これらの変化に反応して現われる表現型——は、結局のところ、遺伝によって左右されている。

肥満における遺伝子と環境の相互作用は、ピマ族の最近の歴史にみごとなまでにはっきりと示されている。ピマ族は、少なくともこの二千年間、アリゾナのヒラ盆地とソルトリヴァー盆地で暮らしてきた。この年月の大半、おもな生活の糧は、灌漑農業による農作物で、それを部分的に狩猟や漁労で補っていた。しかし、こうした生活は、１８００年代の末に終わりを告げた。というのは、この頃に、ヨーロッパからの移民がアリゾナ砂漠に大挙して押し寄せてきて、ピマ族が灌漑に使っていた川から水を引き始めたからである。この状態は、１９２０年代後半にクーリッジのダム計画が完成して、幾分緩和された。ダムは、ピマ族にも、ヨーロッパ系の移民の子孫にも、十分な水を供給した。しかしピマ族は、この地域のほかの農民と同じく、この新しい水源を使って、自分たちの食糧よりも、一般の市場に出荷する商品作物を作るようになった。さらに、その数十年後、近くの町フェニックスの水の需要が増加してヒラ川を完全に干上がらせてしまい、農業も漁業も基本的に休止に追い込まれた。ピマ族は、食糧の大部分を加工食品に頼らざるをえなくなり、仕事も肉体労働ではなくなった。

ピマ族は、つい最近まで、かなり貧しい生活を送っていた。砂漠で報われることの少ない農耕を営む部族として、アメリカの時代の流れにとり残され、ほとんど無視同然の状態にあった。彼らがアメリカの市民権を獲得したのは、やっと１９２４年になってからで、アリゾナ州の選挙権を得たのも、１９４８年のことだった。しかし、男たちは、第二次世界大戦では徴兵されたし、ほかの者も、居留地から遠く離れた軍需工場で強制労働をさせられた。戦争の影響で、ピマ族のひとりあたりの収入は以前に比べて二倍ほどになった。しかし、兵士だった者が戦争から戻り、各地の軍需工場ではたらいていた者も居留地に少しずつ戻ってくると、ピマ族の伝統にもうひとつの大きな文化的破壊が起こった。

ピマ族は、１９０５年にアメリカ先住民族の身体的特徴の調査プロジェクトのなかで詳しく調べられたが、その当時とくに肥満という兆候は見あたらなかった。ところが、第二次世界大戦後、ピマ族は、異常なまでの肥満の兆候を見せ始める。この肥満は幼児期に始まり、就学まえの子どもですでに著しい。三〇歳代では、男性も女性もほとんどが、ＢＭＩの値が35か、それを越える。身長が１７８センチの平均的男性では、体重が約１１０キロになる。女性はさらに重い。このような肥満は、過度の体重に関係する病気のすべてをともなう。たとえば、ピマ族は、成人発症型糖尿病の罹患率が世界中でもっとも高い。おとなの半数以上が、この病気にかかっている。

明らかに、ピマ族が最近になって肥満になった原因は、環境にある。以前は、低脂肪の食料、自然に生育した果物や野菜を食べ、ときどき肉を食べる程度だったのに、いまでは、高脂肪の加工食品を食べ、体を動かすことも少なくなってしまったからだ。ピマ族の一九世紀末の食料の脂肪の推定値は15％程度だが、１９５０年代には40％にまではね上がっている。だが、ピマのすべての部族が太りすぎなわけではない。

メキシコには、まだ簡素に、農業中心の生活を営んでいる、ピマ族と近縁の部族がいるが、彼らには肥満の傾向はない。このことは、アリゾナのピマ族の肥満がおもに環境の影響によるものだということを物語る。しかし、同様に興味深いことに、アリゾナのピマ族は、肥満に関して、かなりの個人差もあるのだ。最近、この個人差がピマ族の家系内で遺伝することが明らかにされている。したがって、現在のアメリカの食文化や体の運動などの影響を受けると肥満になってしまう遺伝子型と、そうはならない遺伝子型とがある、ということが推測される。ピマ族は、現在の文化的背景だと肥満になりやすい遺伝子型が圧倒的に多い、ということになる。これは言い方を換えると、次のような疑問になる。肥満の表現型全体を生み出す個々の遺伝的要素は、なんだろうか?

いまのところ、ピマ族の肥満の表現型の遺伝的要素は、特定されていない。人間で現在わかっているレプチンシステムは、正常に機能しているようであり、レプチンやその受容体に関して異常な対立遺伝子は、ピマ族では見つかっていない。予想されるように、ピマ族で肥満の人は、血中のレプチン濃度がきわめて高い。しかしピマ族のレプチンの量は、空腹時と摂食時に正常な変動を示す。このことは、脂肪細胞が正しい信号を送っているということを意味している。神経伝達物質に関する研究はまだ行なわれていないが、これまでにわかっている範囲では、これにも大きな違いはないようだ。

遺伝学者は、ピマ族ではタイプⅡの糖尿病患者[注]も同じように多いということが手がかりになるのではないかと考えている。実際、糖尿病患者の割合も世界中でもっとも高い。タイプⅡの糖尿病は、カロリー「倹約」病と言われることもある。それは、この病気が、余分なカロリーを、脂肪という貯蔵形態へと変換するのを促進するからである。つまり、この蓄えられた脂肪は、食物の欠乏が長く続いた場合に使うことができるのだ。これまでの歴史のなかで飢餓の状況に何度も直面したピマ族のような集団では、食物が多量にあるときに食物を脂肪として蓄えることができることは、生存の点からプラスの価値をもっていたのかもしれない。しかし、高カロリー食品がつねに手に入るようになり、貧しい時代には有利だった遺伝子型が、いまは逆に不利になってしまったのかもしれない。もちろん、これはたんなる推測にすぎないが、興味深い示唆に富んでいる。タイプⅡの糖尿病の関与遺伝子を解明することは、現在、急を要する研究課題である。というのは、これらの遺伝子が、西洋社会に蔓延している肥満という流行病にも関与している可能性が高いからだ。

ピマ族は、5章で紹介したゲノムスキャンの方法を用いて、肥満に関係する遺伝子を分析するのに理想的なグループと言える。ピマ族の場合、近い親戚関係にある数世代の人々が近接して住んでいることが多く、家系内の遺伝パターンを追うのが容易だからだ。肥満に関連した対立遺伝子についてピマ族のDNAをスキャンするプロジェクトが最近開始され、肥満に関連するさまざまな形質の遺伝と、ヒトゲノム上の

注　糖尿病には、二つのタイプがある。タイプⅠは、インシュリン依存性糖尿病、あるいは若年性糖尿病ともよばれ、正常なインシュリン分子を作り出すことができないために生じる。このタイプの糖尿病患者は、外部からインシュリンを投与し続けないと、生命に関わる。タイプⅡの糖尿病は、インシュリン非依存性糖尿病、あるいは成人発症型糖尿病ともよばれ、表現型は多様である。たとえば、十分な量のインシュリンを作れないとか、すい臓のインシュリン分泌細胞からインシュリンを放出できないとか、標的細胞のインシュリン受容体にインシュリンが結合できないとか、さまざまなものがある。タイプⅡの患者は、糖尿病患者全体の90～95％を占めるが、原因が多様な分、その治療法も多岐にわたり、しかも複雑だ。

五〇〇のＤＮＡマーカーの遺伝パターンとの間にどのような関係が見られるのかが調べられている。数世代にわたって追跡された形質には、体脂肪率や、肥満に関連した二種類の代謝の指標――エネルギー消費量と、エネルギーとして燃焼される炭水化物と脂肪の比率――などがある。

この最初の研究で、ゲノムのなかの重要な部分がいくつか見つかった（図10・2）。図は染色体ごとに示してあり、右上の番号が染色体番号である。縦軸は、その形質が各染色体上の特定の位置にある遺伝子の影響をどの程度受けているか（ＬＯＤ値）である。それぞれの染色体を調べるために使われたマーカーは、横軸に示した染色体の下に番号で示してある。各染色体の形も、横軸に沿って描いてある。（第11染色体上の量的形質遺伝子座（ＱＴＬ）は、染色体の右半分にしか見つからない。これだけ、マーカーの番号がわかりやすいように図のほうに入れてある。）

第2染色体のＳ１３６０マーカー付近のＱＴＬと、脂肪の蓄積に反応してレプチン放出量をコントロールする能力との間に、非常に強い関連が見られた。多量の体脂肪を蓄積する傾向に影響するＱＴＬは、第11染色体のＳ２３６６マーカーと密接に関連していた。同様に、第11染色体では、エネルギー消費に影響する別のＱＴＬ（おそらく二つの遺伝子座）も見つかった（マーカーＳ９７６とＳ９１２付近）。第１染色体と第20染色体では、炭水化物と脂肪の利用の比率を調節しているらしいＱＴＬも見つかった。興味深いことに、レプチン受容体の遺伝子は、ピマ族のゲノムスキャンで見つかった第１染色体のＱＴＬに近いところにある。レプチン受容体そのものは、ピマ族では正常なようだが、まえに述べたように、その遺伝子の調節領域が変化していて、各細胞のレプチン受容体の数が少なかったり、あるいは細胞内の不適切な場所で発現していたりするのかもしれない。

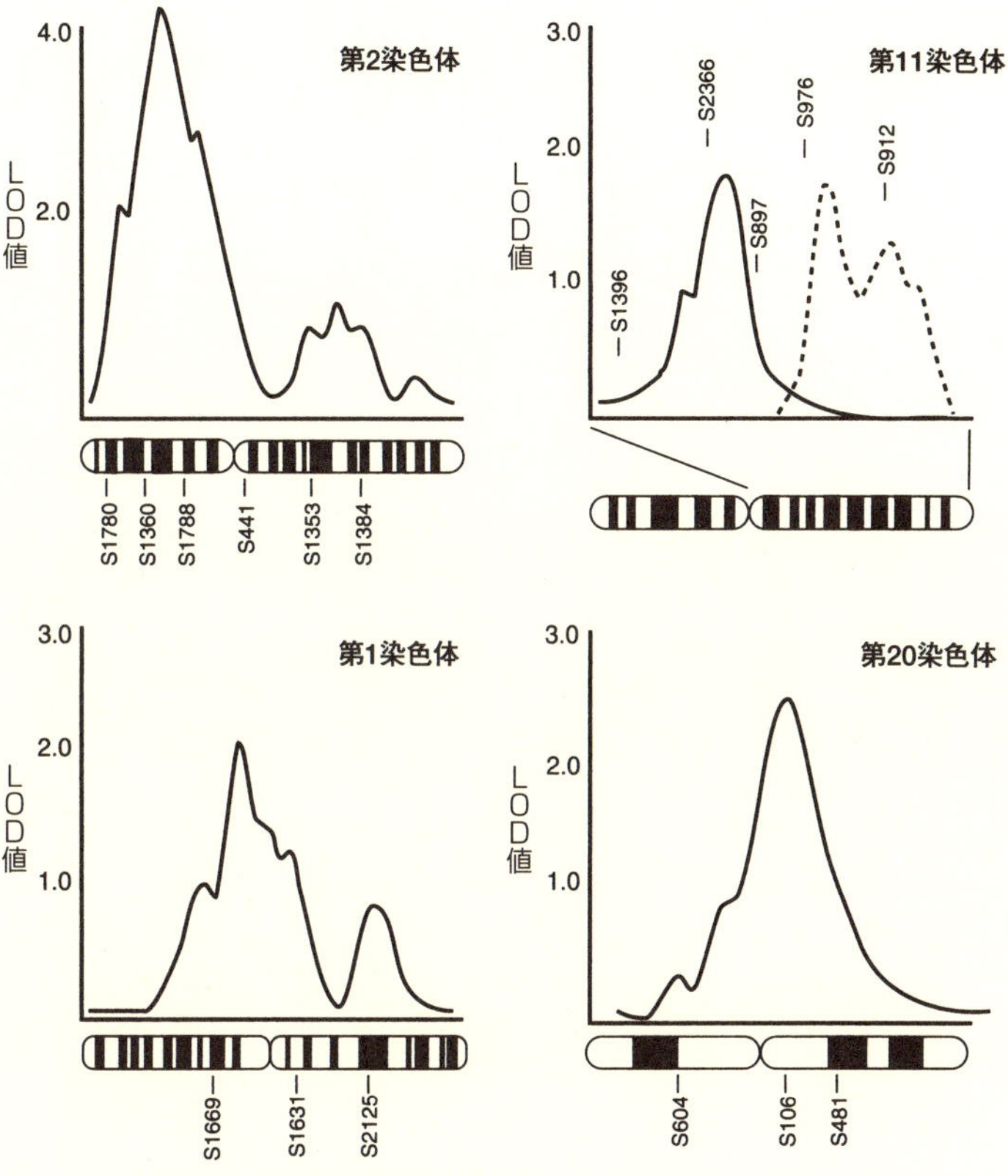

図10. 2　人間の肥満に関係する量的形質遺伝子座。黒い帯は，染色体上で色素のとり込みがあった領域を示す。Comuzzie et al., *Nature Genetics* 15 : 273–276 (1997) と Norman et al., *American Journal of Human Genetics* 62 : 659–668 (1998) のデータにもとづき作成。LOD は「log 10 for the odds（可能性の対数という意味）」の略称で，値が高いほど，関連している確率が高い。LOD 値が 2 以上が，統計的に有意である。

現在、研究者たちは、関連する形質に関わっている遺伝子を発見しようと、それぞれの図の下に描かれている染色体の各領域を分析している。次のステップは、これらの領域のそれぞれを、もっと間隔の狭いマーカーを用いて調べてみることである。これらのQTLを含んだ十分に狭い領域が特定されたら、次は、人間のゲノムの全DNA配列を解読するヒトゲノム計画（2003年完了予定）で得られる情報を用いることができるだろう。このQTLの領域にある遺伝子のうちいくつかの正体と機能がすぐに判明するだろう。あるいは、モデル動物で、対応する遺伝子の位置を突き止めておく必要もあるかもしれない。そうすることで、その遺伝子の正体と作用のしかたを特定するのがより容易になるはずである。これと同じアプローチが現在、さまざまの行動形質について用いられている。（問題とする遺伝子の位置を突き止めるために、ゲノムスキャンがどう用いられるかについては、付章1に解説してある。）

これからなにが？

二〇世紀のほとんどを通して、食べすぎは、おもに心理学的問題としてあつかわれてきた。しかし現在、精神病理的問題と言える割合はそれほど多くはなく、障害の範囲も、肥満の人とそうでない人を比べた場合、顕著には違わないと一般には考えられている。肥満に関する最近の精神分析的な説は、強迫的な摂食（その目的は不安やストレスの低減にある）の原因として「無意識的衝動」を仮定してきた。この記述は、私たちが現在衝動行動とみなすものとそれほど違ってはいない。このことが興味深いのは、食行動にはセロトニンやほかの神経伝達物質が関与し、摂食障害とほかの衝動行動の間には強い結びつきがあることが示されているからである。

確かに、衝動行動のようないくつかの行動の表現型は、特定の個人が、現代社会で肥満に寄与している環境因子に抵抗するのをむずかしくしているかもしれない。この点はこれまであまり研究されてこなかったが、今後検討すべき問題である。しかし、もしこれがダイエットや運動に関しても言えるのなら、肥満の人は、奇蹟のダイエット療法の本だとか、効果的な食べ物や漢方薬の耳新しい評判だとか、ビタミンやクリームだとかに頼るのではなく、人間の体重のコントロールの遺伝的基盤と行動的基盤の両方に通じている健康専門家の確実な評価と忠告に頼るべきだろう。食物のなかで特定の種類のものだけを強調するダイエットプランを支持するような、科学的証拠も、医学的証拠もあるわけがない。もっとも効果的なダイエットは、消費されるカロリーの総量のうち脂肪のカロリーを三分の一以下に抑えるという一般法則にしたがって、栄養学的にバランスのとれた食事をしながら、摂取するカロリーの総量を減らす以外にない。どんなダイエットも、効果を最大にするには、併せて適度の運動をしなければならない。

現在あるデータから言えるのは、どのようにして体重を減らせばよいかは、ほとんど肥満の原因しだいだということである。もしある人が遺伝的に高いＢＭＩを受け継いでいるために肥満だとするなら、余分な体重を落とすのにダイエットと運動が有効かもしれないが、落とした体重を維持するのは一生の戦いになるだろう。というのは、体のほうは一丸となって、減量に抵抗し続けるからである。もしその人がもともと高くないＢＭＩをもっていて、肥満は食べすぎと運動不足という生活習慣が原因だとしたら、言えることははっきりしている。その人は、自分の標準のＢＭＩに戻ることができる。この場合の違いは、まずは肥満につながった食べすぎを自分から止めさえすれば、減った体重は減ったままで済むということだ。

どんな体重調節プログラムにとっても、適切な食生活と運動が変わらぬ重要な要素である。だがもう一方で、レプチンの話題は、将来的に減量を助ける別の方法が開発される可能性を示唆している。レプチンの発見が画期的だったのは、食行動のように複雑な行動でも、遺伝的要素を切り分けることができる、ということがわかったからだ。大部分の人間では、肥満とレプチンやその受容体の変異との間に直接的な関係が見つかっていないということも、この問題をさらに興味深いものにしている。科学者たちは決して、レプチンシステムそれ自体を探ることを諦めてしまったわけではない。しかし、彼らはすでに、人間には食物の摂取、栄養貯蔵、そして食欲を調整する、遺伝的にコントロールされた別の経路の可能性も探りつつある。もしあるとするなら、それらはどんな経路だろうか？　それらはレプチンと作用し合うのか、それともレプチンとはまったく無関係にはたらくのだろうか？　これらの疑問は、科学者にとって、好奇心をそそられる問題だ。

レプチンシステムの発見は、食行動や肥満に見られる特定の人間集団内の個人差の解明に向けての、最初の一歩にすぎない。ゲノムスキャンによって、肥満という表現型を生み出すのに関係する多くの遺伝子が発見されるにちがいない。いったんこれらのさまざまな要素が特定され、それらがどうはたらき、環境因子とどう作用し合うのかがわかるようになれば、人によっては実際上困難なダイエットや運動をせずとも体重が調節できる、画期的方法が登場する可能性もないわけではない。分子医学はすでに、人間の体を冒すさまざまな病気の治療に入り込みつつある。体重調節は、人間の健康にとって重要な要素であり、この領域の次なる課題となるだろう。

11章 薬物依存の遺伝学

肥満の人にとって、食べすぎは、大いに健康を損なう危険性がある。もちろん、それは、社会にとっても、肥満の危険が結局は一般市民の健康管理を必要とするという意味では、負担になる。しかし肥満の危険も、アルコール依存症や薬物乱用などに比べれば、ずっと小さいと言える。なぜなら、アルコール依存症や薬物乱用は、その人自身にも家族にも破滅をもたらしかねないし、社会全体にも大きな負担を強いるからだ。摂食障害とアルコールや薬物の乱用とを分ける重要な違いは、依存である。依存とは、その人が、有害だということがわかっていても、抑えたがらない、あるいは抑えることのできない一種の反復的行動を言う。これは、表面的には衝動行動に似ている。確かに、依存になる初期の段階では、衝動行動の要素が入っていることがある。しかし、本格的な依存では、その行動のコントロールをきわめて困難にする身体的あるいは精神的依存——両方のこともある——という次元が加わる。衝動行動の形で始まることがあるにしても、それはすぐに実質的に強迫的なものになるのだ。

ほかのほとんどすべての行動と同様、薬物依存にも遺伝子が大きく関与している。これは、長年にわたる数多くの家系研究や養子研究——とりわけ、ヴェトナム戦争当時、兵役についていた双生児の登録者のなかの三千組以上の双生児を調べた研究がもっとも際立っている——によって明らかにされた。同様に、一緒や別々に育った一卵性双生児と二卵性双生児で研究が行なわれてきた。これらさまざまの研究は、依存行動の遺伝的寄与を30％から50％程度と見積もっている。たとえば、薬物依存者の両親、兄弟姉妹、子が同じく薬物依存である率は、一般の人々の八倍にのぼる。現在までの大部分の研究から示唆されるのは、薬物依存の遺伝的傾向は、特定の麻薬に固有ではなく、麻薬全般にそういう傾向があるということである。さらに、薬物依存と鬱病の間にも強い相関がある。鬱病もまた、強い遺伝的要素をもっているが、薬物依存と鬱病に関係する遺伝子がどの程度重複しているのかは、まだ完全にわかっているわけではない。多くの場合、両方の問題を抱えている人では、一方はそのままで、他方が治るということがあるので、完全に重複しているわけではないとは言えるだろう。

薬物依存の遺伝パターンは、ほかの性格因子の遺伝とも強い相関がある。薬物依存の傾向を示す人たちを調べてみると、とくに注意欠陥障害、スリル願望、攻撃性、ギャンブルといった衝動行動を示す人の割合がかなり高い。薬物依存は、神経症的性格、不安、離人症など、性格の感情的側面の障害とも強い相関がある。

薬物依存の行動に影響をおよぼすと予想されるのは、どんな種類の遺伝子だろうか？　そうした行動には衝動性も影響しているので、ある種の神経伝達物質の関与も考えられる。しかし、それだけだろうか？薬物依存の遺伝的基盤の可能性を探るには、実際には、薬物依存の生理のもとにある細胞や分子のメカニズムを、できるだけ知る必要がある。

いくつかの薬物、とりわけ幻覚剤などの場合、依存は、おもに精神的あるいは情緒的なものである。アルコールやある種のアヘン系麻薬（たとえばヘロイン）のような薬物では、身体的依存も決定的な要素である。どちらも、遺伝子が大きく関わっているように見えるが、そのもとにあるメカニズムは、まったく違うのかもしれない。

身体的依存は、特定の薬物の服用を止めたときに、体がどのような反応を示すかによって判定される。ヘロインのような「強力な《ハードコア》」薬物の場合、発熱、吐き気、痛み、下痢、食欲不振などの症状が現われる。驚くべきことに、バルビツール酸類やアルコールのように作用が強くなさそうな薬物でも、摂取を止めると、重い禁断症状が起こり、場合によっては、昏睡や、最悪の場合には死に至ることもある。身体的依存の基盤は、個々の細胞への薬物の作用にある。身体的依存を引き起こす多くの薬物は、個々の細胞の正常なはたらきを妨害する。長期にわたって薬物を使い続けると、細胞は、内部の代謝経路――その多くは、信号を変換して伝える役目をもつ物質としてcAMPを含んでいる――を変えることによって薬物の存在に順応する。その薬物が、新たに変えられたシステムの一部として体のなかにある分には、なにも問題がない。しかし、その薬物を止めた場合には、細胞は、すぐにもとの状態に戻れるわけではない。しばらくの間、細胞は、いまはその重要な要素を欠いた状態で、変えられた代謝経路のままで活動し続ける。その結果、この移行期では、これらの経路がうまくはたらかず、機能不全の多数の細胞の累積的効果が禁断症状を生じさせる。

薬物依存には、ほかの要素もある。ある薬物を繰り返し使い続けると、同じ効果を得るのに必要な量が多くなってゆく。これが耐性の現象である。耐性は、ヘロインやコカインのような薬物では急速に、しかも強く引き起こされるが、アルコールやタバコやバルビツール酸類のような薬物では、それほどではない。痛みをやわらげるために処方されるモルヒネの通常の量は、成人では約10ミリグラムだが、モルヒネを乱用し続けると、1000ミリグラム以上でないと効かなくなる。あとで紹介するように、耐性も、細胞レベルや分子レベルで理解することができる。

これらの薬物それぞれには違いもあるが、その共通点から見ると、依存の少なくとも初期の段階では、正の強化刺激としてはたらくと考えることができる。これは、それらの薬物がプラスの価値をもつ行動を強化するという意味ではない。薬物をごく短期間に何度も摂取すると、また摂取したくなってしまうという意味である。しかし、いったん依存症になってしまうと、ほとんどの場合、マイナスの身体・情動状態が引き起こされる。つまり、これらの薬物は、負の強化刺激にもなるのだ。薬物の摂取を止めたときの不快な体や心の状態という副作用を避けるためには、薬物がなくてはならぬものになる。その結果起きる依存という行動パターンは、多くの場合、よく食べ十分な休息をとるといった、その人の健康に必要な行動にとって代わることになる。なぜそうなのだろうか？ これらの薬物は、どのようにして、行動のもとにある神経メカニズムに支配力をもつようになるのだろうか？ そして依存性薬物への感受性の個人差は、どの程度、これらのメカニズムの遺伝的な差異によって説明できるのだろうか？

薬物依存の生理的メカニズムは十分にわかっているとはとても言えないが、はっきりしているのは、ほかのすべての行動と同じく、この場合にも、神経伝達物質とその受容体が鍵を握っているということである。そして、依存になる薬物にはさまざまなものがあるが、実際のところ、依存のもとにある神経メカニズムは、どの場合もきわめてよく似ている。すべての依存性薬物を結びつける鍵となる要素は、それらが行動への報酬のための身体の基本的システム（8章で述べた脳のドーパミン経路）をはたらかせるということである。以下の節では、現在一般に乱用薬物として知られるもの――アヘン系麻薬（モルヒネやヘロイン）、コカインやアルコール――が、細胞や分子レベルでどのように作用するのかについて、わかっている範囲内で詳しく見てみよう。さらに、依存行動を方向づける上で遺伝が役割を果たしているという証拠について、そして遺伝子が関与して依存を導くのが経路のどこかについても紹介しよう。

アヘン系麻薬――モルヒネとヘロイン

アヘン系麻薬は、ケシの莢《さや》のなかの乳白色の液体から得られる一連の物質である。アヘン系麻薬は、有史以来痛みをやわらげる薬、すなわち鎮痛薬として使われてきた。記録にはあまり残っていないが、アヘン系麻薬が治療薬ではなく、多幸感を生み出す薬物として使われたのも、数千年まえとはいかないにせよ、少なくとも数百年まえからである。アヘンから自然に得られるもっとも重要な鎮痛剤は、モルヒネとコデインである。一九世紀のはじめに、モルヒネが純粋な形で分離され、鎮痛作用のあることがわかる。しかし当初から、その高い依存性のため、激痛時以外に臨床的に利用されることはあまりなかった。鎮痛剤という役目に加えて、モルヒネは、一般的な抑制剤であり、循環器系、呼吸器系、消化器系の活動を抑える。そのため、モルヒネは、重傷を負った人の治療にはとくに有効である。その人の痛みをやわらげ、加えて興奮も鎮めるからだ。しかしこれもまた、その使用を制約する一因になる。モルヒネを使いすぎると、これらのシステムが壊れてしまい、危険な状態を招くことがあるのだ。

コデインは、臨床的に使える、アヘンのもうひとつの自然成分であり、適度な鎮痛剤としてよく使われている。コデインは、咳き止め薬としてもよく効き、脳の咳の中枢に直接作用する。コデインは、モルヒネほどの依存性はないが、場合によっては、咳止め薬として長期にわたって使い続けると、使わなくなった途端、コデインが欲しくなったり、効き目を維持し続けるには服用量を増やさなければならなくなったりする。しかし、重い依存になることは、まれである。

アヘン系麻薬の合成薬には、依存をともなわずに鎮痛作用をもつものとして作られ、臨床的に使われているものがいくつもある。フェンタニルはそうした薬のひとつで、よく効く鎮痛剤だが、体から短時間でなくなるので、依存につながる一連のプロセスを引き起こすことがほとんどない。

ヘロインは、現代社会においてもっともよく乱用されているアヘン系麻薬だが、これも自然界にはない物質である。ヘロインは、一九世紀末に、モルヒネの化学的誘導体として作り出された。それは、モルヒネよりもはるかに効力のある鎮痛剤だが、依存性も強い。モルヒネの場合とは違って、その臨床的使用は、最初に導入されてまもなく、大幅に制限されるようになった。実際、現在はほとんどの国で、製造が法律で禁止されている。モルヒネと同様、ヘロインは、それを服用した人を一時的に多幸状態にし、不安や恐怖を抑える。これが、両方の薬物への精神的依存に大きな役割を果たす。ヘロインもモルヒネも、薬物依存における耐性の現象が典型的に現われる例である。使用し始めて短期間で、鎮痛作用でも多幸感でも、同じ効果をあげるためには多量に服用しなければならなくなる。これが、アヘン系麻薬の臨床的価値をかなり制限してきたわけだが、同時にこれこそ、アヘン系麻薬の依存という社会問題の大きな要因になっている。

　アヘン系麻薬の鎮痛作用は、痛みの解釈・調節のための体の自然のシステムを介してはたらく。アヘン系麻薬依存を理解するためには、まず、このシステムがどう機能するのかを十分に理解しておく必要がある。すべての多細胞生物にとって、痛みは生きる上で重要だ。痛みは、生物に、なにかまずいことが起こっているということを警告し、その痛みのもとに向けて行動を開始させる。痛みに対する反応は、炎に触れた途端に手を引っ込めるというように、反射的なことが多い。痛みに対して適切に反応するには、たとえば襲ってくる動物から逃げるために木に登ったり、爪の下に刺さったトゲを抜いたりというように、もっと複雑な行動を必要とすることもある。そして時には痛みをやわらげる方法が、ほとんど、あるいはまったくないこともある。腎臓結石は相当な痛みをともなうが、人間の歴史のなかでつい最近まで、我慢するしかない痛みであった。しかし、痛みを気にしないことなど、なかなかできるものではない。

　痛みには二つの側面がある。これらは、別々に操作や調節が可能だ。第一の要素は、体表や体内にある痛み受容体から脳までの痛みの伝達である。ほとんどの場合、痛み受容体は感覚ニューロン上にあり、熱刺激、触覚刺激、そしてさまざまな化学的刺激を検出する。人間では、痛みの信号は脊髄を通って脳に行く。伝達される痛みの強さは、以下に述べるメカニズムを通して、脳がある程度コントロールできる。痛みの第二の要素は、痛みの知覚である。感覚ニューロンを通して体のなかに入ってくるほかの信号と同様、脳は痛みの信号を統合し解釈し、それがなにを示しているのかを判断しなければならない[注]。痛みの伝達と知覚のどちらであれ、痛みが減れば、それを鎮痛とよぶ。

　体内での痛みの調節の鍵となるのが、ペプチド神経伝達物質のβエンドルフィン、エンケファリン、そしてダイノルフィンだ。これらの物質は、1970年代になってはじめて、モルヒネやその仲間のアヘン系麻薬——これらの神経伝達物質は「オピオイド」（アヘン系麻薬《オピエイト》に似たものという意味）と名づけられた——に対する体の反応を解明する過程で発見された。三つとも、痛みの伝達と知覚の両方に関与している。それらは、痛みの入力信号の強さを減らすために、脳や脊髄で、痛みを検出する感覚ニューロンを抑える介在ニューロンの活動を通して、作用する。それらはまた、まえに述べた脳内のドーパミンシステムに作用して、痛みの知覚を変える。これについては、次で見よう。

ほかのほとんどの神経伝達物質と同様、これらの神経ペプチドの伝達物質も、神経系のいたるところに散在する複数種の受容体と相互作用する。おもな受容体は三種類あり、μ《ミュー》、δ《デルタ》、κ《カッパ》とよばれている。これらの受容体は、中脳辺縁系の領域（ここは、特定の行動に関係した快感に関与している）のドーパミン放出ニューロン上にあり、痛みの知覚と薬物依存の両方にとりわけ重要な役割を果たしている。βエンドルフィンとエンケファリンは、μ受容体とδ受容体の両方に作用し、ニューロンのドーパミンの放出を増やす。一方、ダイノルフィンはκ受容体に作用し、ドーパミンの放出を減らす。これらの受容体が最初に突き止められたのは、神経伝達物質との相互作用を通してではなく、アヘン系麻薬との相互作用を通してであった。たとえば、μ受容体がμ（英語のMに相当する）という名前なのは、βエンドルフィンやエンケファリンの存在が考えられるようになるずっと以前から、それがモルヒネと結合することが知られていたからである。アヘン系麻薬とオピオイドが同一の受容体と結合できるというのは、それらは構造的にまったく似ていないのだから、不思議と言えば不思議だ。アヘン系麻薬は、アルカロイドとよばれる種類——おもに植物から得られる弱アルカリ性の物質のグループ——に属す複雑な有機分子である。一方、オピオイドはみな、低分子量のタンパク質である。だが、はっきりしていることは、オピオイドは、特定の受容体にアヘン系麻薬が結合するのを阻み、逆に、アヘン系麻薬もオピオイドの結合を阻むのだ。

脳に多量のドーパミンが放出されると至福感をもたらすが、痛みをやわらげる作用もあるようだ。動物は、攻撃されて傷ついても、オピオイドによって一時的に痛みを気にせずに、難を逃れることに集中できる。オピオイドはまた、たとえば動物が生きながら捕食者に食べられるといった苦しみの窮みで、急におとなしくなって身を任せるのにも関係していると考えられる。たとえば戦闘などで、致命傷を負った人も、意識や生命の最後の瞬間まで、それまでと変わらずに行動できることがある。人間も、体を極限状態にもってゆく競技スポーツでは、内因性オピオイドが痛みの知覚を調整している。オピオイドも多幸感のような状態を生じさせるのかどうかはよくわかっていないが、鍛え上げたスポーツ選手が激しい運動をしたあとに感じる安らぎと至福の感覚は、この効果が軽度に現われたものなのかもしれない。

アヘン系麻薬は、二つのやり方で鎮痛剤として作用するが、これは、痛みの二つの側面を反映している。第一に、アヘン系麻薬は、痛みを検出する感覚ニューロンから、脳に信号を運ぶ脊髄の介在ニューロンに送られる信号の伝達を妨害する。第二に、アヘン系麻薬は、脳での痛みの知覚を変化させる。この違いは微妙で、複雑だ。アヘン系麻薬があっても、痛みの信号はある程度弱められて脳に届く。だが脳では、こ

注　多細胞生物はみな、いわゆる痛みというものが伝達されて、それに対して反応行動をとれるが、進化のどの時点で、ここで議論しているような痛みの知覚が現われたのかは、定かではない。おそらく脊椎動物の進化のどこかでだろうが、はっきりとはわからない。

れらの信号が痛みを示すものだという解釈が変えられる。鎮痛剤としてモルヒネを処方された患者は、痛みは確かにあると報告することが多い。患者は、痛みを感じてはいるのだが、それほど気にならないだけなのだ。

アヘン系麻薬の依存作用に内因性オピオイド経路が関係していることは、動物実験で簡単に示すことができる。ラットも、人間のようにアヘン系麻薬の依存になる。わかっているかぎりでは、依存症のすべての要素は、どちらもよく似ている。ラットでは、アヘン系麻薬は、静脈を通して脳に、あるいは直接脳に投与できる。ラットは、何度か試行錯誤を繰り返したのち、レバーを押してアヘン系麻薬を自分に投与するようになる。ラットはまた、内因性のオピオイドペプチドが高濃度で投与されると、薬物依存の状態になり、レバーを押してオピオイドを自分に投与し、その行動は、アヘン系麻薬を手に入れるためにとる行動と区別がつかなくなってしまう。一定の効果を得るためにレバー押しの回数が確実に増えてゆくことから、ラットは耐性を示すと言えるし、またアヘン系麻薬と自分自身のオピオイドの両方に対して依存性——薬物が投与されなくなったときに生じる不快状態——も示す。ニューロン上のオピオイド受容体を阻害する薬物を投与すると、依存を引き起こすアヘン系麻薬の効力が大幅に弱まる。さらに、μ受容体遺伝子をノックアウトされたマウスは、モルヒネが鎮痛剤として効かないだけでなく、モルヒネを投与されてもなかなか依存にはならない。

アヘン系麻薬は、依存症に至る一連の反応において、脳のいくつかの異なる領域のニューロンに影響をおよぼす。多幸感（快感）は、脳幹、とくに中脳辺縁系のドーパミン放出ニューロンへのアヘン系麻薬の作用によって引き起こされる。これらのニューロンから放出されるドーパミンは、側坐核のような快中枢や報酬系にあるほかのニューロンに作用し、強い至福感をもたらす。アヘン系麻薬も、側坐核のニューロンに直接作用する。このことから明らかなように、これらのニューロンへの刺激が、報酬系にとって不可欠の要素なのだ。ヘロインのような強力なアヘン系麻薬の影響下では、中脳辺縁系のニューロンからドーパミンが驚くほど多量に、かつきわめて急速に放出され、依存者の言う激しい「ラッシュ」を生じさせる。

動物での研究や分離培養された神経細胞の研究から、アヘン系麻薬がどのようにニューロンのはたらきを変えるのかが、しだいに明らかになってきた。アヘン系麻薬によって引き起こされる大きな変化は、中脳辺縁系のニューロンで、cAMPに仲介される活動が顕著に高まることである。cAMPが増加すると、これらの細胞内で新たな遺伝子の発現が起こり（これがアヘン系麻薬による多幸感をもたらす）、同時にそれらの作用全体の調節も起こる。アヘン系麻薬が体内に多量に入ってくると、ダイノルフィンの合成が引き起こされ、このダイノルフィンがアヘン系麻薬の作用を打ち消し、脳のはたらきを正常な範囲に保つのを助ける。アヘン系麻薬はまた、側坐核のニューロンに直接作用して、cAMPの増加も引き起こす。

cAMPによって誘導される新しい遺伝子のいくつかは、アヘン系麻薬が細胞の代謝におよぼす混乱効果を解消するのに関与していると考えられる。これはさらに、身体的依存が強まるのにも関与しているかもしれない。アヘン系麻薬を一定期間使い続けて止めた場合、これらの細胞のcAMPシステムが正常な状態に戻るのには、数日かかる。薬物依存に関与するcAMP回路は、学習と記憶に関与するのと同じ回路である。cAMPによって誘導される新しい遺伝子の発現が止められたラットは、アヘン系麻薬の作用にかなりの耐性があったが、記憶の形成にも大きな障害が見られた。

コカイン

コカインは、コカの葉から抽出されるアルカロイドで、少なくとも一五〇〇年まえから中南米の人々によって、鎮痛剤として、そしてある程度は興奮剤としても使われてきた。大量のコカイン、あるいは高純度のコカインを服用すると、アヘン系麻薬と同じく、多幸感が生じる。しかし、この多幸感にともなうのは、強められた覚醒状態、高揚感、疲労からの解放感、身体的興奮であり、アヘン系麻薬のもたらす、リラックスした、夢を見ているような多幸感とは異なる。清涼飲料のコカコーラの初期（１９０６年まで）の市販品には、少量のコカインが含まれていた。１９１４年に、コカインは、アメリカの麻薬リストに載るようになる。コカインは現在、アメリカでもっとも広く乱用されている薬物のひとつである。アメリカ会計検査院が１９９４年に行なった調査によると、その前年におよそ百万の人が週一回以上コカインを使用していた。

コカインは、現在の依存性薬物のなかで強化の効果がもっとも強い薬物のひとつで、耐性もすぐ作られる。コカインはまた、ほかの大部分の薬物に比べ、システムからなくなるのが速い。これが、耐性の効果とあいまって、依存者は多量のコカインを服用するようになってしまう。その量は、コカイン依存者でない人にとって致死量に相当するほどの量になる。だが、逆説的なことに、（コカインは禁断症状で見るかぎり）アヘン系麻薬ほどの身体的依存は引き起こさない。このことは、この依存が精神的依存と密接に関係していることを示している。精神的依存が強力だということは、コカイン依存者のリハビリの成功率が極端に低いことに現われている。いまのところ、コカイン依存には、これといった効果的な治療法がない。理由はよくわからないが、コカイン乱用者が同時にアルコール乱用者である率は、ほかのどの薬物よりも高い。

アヘン系麻薬の場合と同じく、脳の中脳辺縁系のドーパミン経路は、コカインの向精神作用に大きな役割を果たしている。コカインが血流に入るとすぐに、側坐核のような脳の快楽中枢のドーパミン濃度が急激に上昇する。アヘン系麻薬によって引き起こされる細胞内のcAMPの増加そのものは、コカインの場合でも――とりわけ側坐核に――見られる。ドーパミン経路を妨害すると、コカイン依存は弱まる。しかし、コカインは、オピオイド受容体に作用して、これらの経路を活性化するのではない。中脳辺縁系のシナプス前ドーパミン回収受容体を阻害することによって、シナプスからのドーパミンの回収を低下させ、その結果脳内のドーパミンの量を増加させるのだ。[注]

しかし、アヘン系麻薬への依存がドーパミン経路だけに関係しているのに対し、コカイン依存の場合は、どうもそれだけではないようだ。ドーパミン輸送体遺伝子が機能しないノックアウトマウスでは、予想どおり、コカインに対する感受性は著しく低い。これらのマウスの脳では、ドーパミンの濃度はすでにかな

注　興味深いことに、コカインに感受性をもつドーパミン回収受容体が最近線虫で発見された。このことは、このシステムが進化的にかなり古いものだということを物語っている。

り高い状態にあるので、コカインを自己投与させても、その濃度はほとんど上昇しない。けれども、辛抱強くやれば、これらのマウスもコカイン依存にできる。このことは、コカインの場合、ドーパミン経路以外の経路も関係しているらしいことを示唆している。

こうした別の経路を突き止めることは、コカイン依存の細胞レベルや分子レベルでの基盤を解明しようとしている人々にとって最優先課題である。コカインは、ドーパミン輸送体だけでなく、セロトニン輸送体も強く抑制し、ノルアドレナリン輸送体とも相互作用するので、コカインを繰り返し服用すると、脳内のこれらの神経伝達物質のレベルが上昇すると予想される。しかし、セロトニン輸送体とノルアドレナリン輸送体を選択的に阻害する薬そのものは、多幸感や依存を引き起こすことはない。セロトニン輸送体遺伝子を欠いたマウス（脳内のセロトニンの量が多くなる）と、5HT1b受容体遺伝子を欠いたマウス（脳内のセロトニンの量が少なくなる）を用いて、実験が行なわれている。両方ともコカイン依存になりはしたが、セロトニンがそれにどう関与しているのかは、はっきりとはわからなかった。コカイン依存にこれらの神経伝達物質の経路がどう関係しているかが明らかになれば、最終的には、人間のコカイン依存の治療法の手がかりがつかめるかもしれない。

コカインはオピオイド受容体には結合しないが、依存症になる過程でオピオイドシステムが関与するという証拠がある。脳内のオピオイド経路を阻害する薬は、動物でのコカイン依存の形成と維持を大幅に妨害する。ラットでは、μオピオイド受容体を阻害するナロキソンやナルトレキソンといった薬とコカインを併用した場合には、依存になるためには、通常の数倍の量のコカインが必要である。最近の証拠は、コカオピオイドがコカインの耐性にも関与している可能性を示唆している。側坐核にあるニューロンは、コカインによって刺激されるとドーパミンを放出し、このドーパミンは、cAMP回路によってダイノルフィンの合成を引き起こす。このオピオイドは、κ受容体を通して、コカインの報酬的な作用を打ち消すようにはたらく。ラットでは、κ受容体を刺激する化学物質（ダイノルフィンと同じように作用する）は、コカイン依存を妨げるのにきわめて効果的である。

近交系のマウスでは、系統が異なると、薬物依存のなりやすさも大きく異なる。このことが示しているのは、薬物依存で鍵となる遺伝子のさまざまな対立遺伝子が依存のプロセスのさまざまな側面をコントロールしているらしいということである。このことは、薬物依存に影響をおよぼす量的形質遺伝子座（QTL）を見つけるために利用されている。つまり、マウスにおけるそうしたQTLの特定と、引き続いてそこにある関連遺伝子の特定によって、人間での薬物依存の理解を格段に深めることができるのだ。これらのQTLにある候補遺伝子を選別する作業はまだ始まったばかりだが、すでに、さまざまなドーパミン受容体やいくつかのホルモン受容体をコードしている遺伝子が候補にあがっている。ある意味では、ドーパミン受容体の関与は当然だとも言えるが、QTL研究では、特定の遺伝子の異なる対立遺伝子が、特定の薬物に対する行動の違いに関係しているということを確定できる。そしてもちろん、QTL研究でもっとも興味深い点は、特定の行動に関与する、それまで考えられもしなかった遺伝子を特定できる可能性があることである。

最後に、ショウジョウバエでの最近の興味深い研究結果は、コカイン依存の生物学がいかに複雑かを示している。ハエもコカイン依存になり、ふつうは、コカインを得るためなら、ほかのどんな活動も途中で放り出してしまう。しかし、パー遺伝子やクロック遺伝子、あるいは概日リズムに関係するほかの遺伝子

（ティム遺伝子だけは例外）に変異のあるハエは、コカイン依存になりにくい。このもとにある分子的基盤は、人間における依存症を理解する上でもきわめて興味深いが、一方で、依存行動の個人差に関係する遺伝子の種類や数もそれだけ増えることになる。

アルコール依存症

アルコール依存症が遺伝的要素の際立つ病気であり、たんに経験によってそうなるのではなく、またストレスに対する対処反応でもないという考え方は、ここ数十年でやっと受け入れられるようになった。最近のスウェーデンの研究は、この病気を二つのタイプに分類している。この研究で定義されているタイプⅠのアルコール依存症者は、おとなになってから飲酒を始め、日常的飲酒が急速に進んで重い依存症になるが、行動に関しては、他人に対して暴力をふるうわけでも、反社会的でもない。タイプⅡの依存症者は、十代で飲酒を始め、依存症になるのに相当の時間がかかり、その後犯罪などの深刻な社会的問題を何度も起こす。

アルコール依存症が「家系による」傾向があることは昔から知られていたが、その傾向が遺伝的なものによって引き起こされるのかどうかは、二〇世紀になってからも、わからないままだった。ある人々は、アルコール依存症も、「知的障害」や犯罪傾向と同じく、遺伝によって決まり、受け継がれるものだと主張した。これに対して、ほかの人々は、アルコール依存症者を親にもつ子どもがアルコール依存になるのは、子ども時代に経験した親の行動パターンが原因なのであって、おとなになってそれをまねるのだと、あるいは、それによって家族が抜け出ることのできない貧困とストレスに陥ってしまうからなのだと主張した。

アルコール依存症に遺伝が関係している可能性は、家系の遺伝パターンの詳細な分析と、養子研究や双生児研究からもたらされた。アルコール依存症者を実の親にもち、アルコール依存症者のいない非血縁の家族の養子になった子どもは、アルコール依存症者でない親から生まれ養子になった子どもに比べ、おとなになってからアルコール依存症になる割合がきわめて高かった。右にあげたスウェーデンの研究では、養子のアルコール依存症のパターンが調べられている。タイプIのアルコール依存症では、遺伝的要素がそれほど強くなかった（おそらく30％以下）。もちろんアルコールを飲む傾向は受け継がれるが、タイプIのアルコール依存症が始まるには、なんらかのきっかけ、通常はストレスに関係したできごとが必要である。このタイプの依存症者の数は、男性と女性でほぼ等しかった。これに対して、タイプIIのアルコール依存症で推定された遺伝的要素は90％ほどで、環境因子はごくわずかに影響を与えるにすぎなかった。タイプIIのアルコール依存症は、ほとんどが男性であった。これらの結果は、なぜ、全般的にアルコール依存症が女性よりも男性に多いのか、そしてなぜアルコール依存症の遺伝的要素が女性よりも男性で強いように見えるのかも、部分的に説明している。しかし、タイプIのアルコール依存症に限れば、男性と女性とでは、遺伝的要素にほとんど違いがないように見える。

双生児でのアルコール依存症の研究は、おもなものが現在までに六つほどある。どの研究も、ふたご間のアルコール依存症の相関は、一卵性双生児のほうが二卵性双生児よりもはるかに高い、ということを示している。ジョンズ・ホプキンス大学で最近行なわれた双生児研究では、少なくとも一方が医学的にアルコール依存症と診断されている男性の一卵性と二卵性の双生児一一三組で、ふたごごとに、遺伝因子と環境因子が調べられている。ほかの研究でもそうだが、女性の双生児で一方がアルコール依存症の事例は、数が少なすぎて、統計的になにかを言うことはできなかった。環境因子は、男性の一卵性、二卵性の双生児どちらにも同じように影響をおよぼしていたが、遺伝因子に関しては、一卵性双生児は、二卵性双生児よりもずっと強い相関を示した。環境の影響だけではアルコール依存症を引き起こすのには不十分だが、遺伝因子はそれのみでも依存症を引き起こすのに十分であった。遺伝因子は、飲酒の開始年齢や、アルコール依存症が急速に進行して慢性になることと高い相関を示した。環境因子が寄与する場合には、飲酒の開始年齢が遅いことやゆるやかにアルコール依存症へと移行することと相関していた。アルコール依存症のタイプⅠ・Ⅱの分類はごく最近になって出されたものなので、この分類を用いた双生児での研究はまだ行なわれていない。この分類を用いて、これまでに行なわれている双生児研究のデータを再分析すれば、さまざまなことがわかるかもしれない。

アルコールが神経のはたらきにどのように影響するかは、これまで謎だった。というのは、ニューロンにも、体のほかの細胞にも、アルコール受容体というものはないからである。アルコールは、単純に細胞膜を通って細胞内に入るように見える。これが、依存性薬物の場合と似た一連の変化を脳内に引き起こす。たとえば、中脳辺縁系のニューロンを刺激して、側坐核でドーパミンを放出させる。これには、オピオイドシステムが関わっている可能性が高い。というのは、μとδのオピオイド受容体を阻害する化学物質は、アルコール依存ラットでは、エタノール摂取を減らす作用があるからだ。動物でも人間でも、アルコール依存症になると、脳内のβエンドルフィンの量が増えるという証拠があり、これもドーパミンの量が多いことを説明する。オピオイド経路を阻害する薬も、人間のアルコール依存症の治療に効き目があるということがわかっている。

人間ではアルコールに対する反応に関係する遺伝子のひとつは、アルコール脱水素酵素遺伝子である。この遺伝子は、肝臓でのアルコール分解に関係する脱水素酵素をコードしている。この遺伝子には、はたらきのあまりよくないタイプの脱水素酵素をコードしている対立遺伝子がひとつあり、アジア人にとくに多い。この対立遺伝子をもっていると、アルコールに対する感受性が異常に強くなり、顔がすぐ赤くなり、不快感や吐き気をもよおしやすくなる。一般にアジア人の多くは少量のアルコールにも拒否反応を示すが、これはアジア人にアルコール依存症の割合が低いことの大きな要因になっていると考えられる。

最近とみに注目を集めつつあるのは、神経伝達物質やその受容体をコードしている遺伝子がアルコール依存症に関与している可能性である。最初、脳内のドーパミン受容体のひとつがアルコール依存症に関係している可能性が有力視されていたが、研究結果は、どちらとも言えないものであった。一方、セロトニンがアルコール依存症に関係しているという証拠も増えつつある。とりわけ、早発性のアルコール依存症は、脳内のセロトニン経路の活動レベルが低いことと相関する。意外なことではないが、これらは、より攻撃的な行動（自殺傾向も含む）とも相関する。セロトニン合成で鍵となる遺伝子であるトリプトファン水酸化酵素遺伝子の特定の対立遺伝子をもつ人では、このタイプのアルコール依存症者が驚くほど多い。これらの研究で仮定されているのは、この対立遺伝子がその人のトリプトファンの生成を少なくし、それが高いレベルの衝動行動と攻撃性につながっている、というものである。

マウスでの研究では、セロトニンの合成量の低さとアルコールへの感受性の低さとの間に関係があることが確認されている。攻撃性のところで紹介した、セロトニンの量が著しく低い状態にある5HT1b受容体ノックアウトマウスが、アルコールに対する能力についてテストされた。これらのマウスは、統制群のマウスの二倍の量のアルコールを摂取し、統制群のマウスに比べ、アルコール入りの水のほうを好んだ。しかも、多量のアルコールを摂取しないかぎり、行動の障害は現われなかった。一方、禁断症状の重さについては、両者に違いがなかった。このことは、アルコール依存症のこれら二つの側面が別々の遺伝子によってコントロールされている、ということを示している。これらの研究から示唆されるように、脳内のセロトニン経路のはたらき（ほかの神経伝達物質も関与している可能性はある）に影響を与える遺伝的差異は、アルコール依存にどの程度なりやすいかに直接影響しているのかもしれない[注]。

一部の人々のアルコール依存症の遺伝的素因は、数多くのほかの因子によっても説明できる。アルコール依存になりやすい因子の多くが、マウスでも特定されている。たとえば、アルコール依存になりやすい明らかな個体差のひとつはたんに、アルコールの味を好むかどうかである。近交系のマウスでは、生まれながらにアルコールに対する好みに大きな違いが見られる系統がいくつかある。まえに紹介したB6の系統のマウスは、水だけの給水ビンと10％濃度のアルコール水の給水ビンのどちらも飲める状態におかれると、70％から80％はアルコール水を飲む。一方、D2の系統のマウスが飲むアルコール水の量は全体の7％にすぎない。こうした好みは、親から子へとそのまま受け継がれる。B6の系統とD2の系統をかけ合わせてできたマウスは、アルコールに対して両親のちょうど中間の好みを示す。ショウジョウバエは、通常はアルコールを嫌うが、単一の化学受容体遺伝子の変異によって、アルコールを好むようになる。

アルコール依存症になるもうひとつの因子は、いま述べたように、アルコールに対する感受性である。アジア人の例が示すように、アルコール依存症の傾向をもたらすのは、アルコールに対する感受性ではなく、非感受性である。というのは、アルコールに対して感受性が高い人は、耐性が低く、依存症になるほどの量が飲めないからだ。どう説明するにせよ、はっきりしているのは、アルコール依存症の父親をもつ息子はアルコール依存症になる確率が高い、ということである。全体として見た場合、彼らは、アルコール依存症でない父親をもつ息子に比べ、アルコールの作用に鈍感である。

ほとんどのマウスは、人間だと酒を三、四杯飲んだのと等量のアルコールを投与されると、眠りにおちる。しかし、眠っている時間の長さはマウスの系統によって異なり、遺伝的にコントロールされている。アルコールの作用からすぐに（一〇分以内）回復する特別なマウスの系統や、「眠って酔いが醒める」のに数時間かかるマウスの系統が作られている。これらの系統ができてゆく淘汰曲線は、攻撃性の淘汰曲線

注　行動のさまざまな側面――たとえば、衝動性、攻撃、薬物乱用――へのセロトニンのような神経伝達物質の関与について、さらに次のことも述べておこう。これらの神経伝達物質の関与は、一般には、脳脊髄液中のそれらの量やその代謝物質の量から、そしてここで論じたような遺伝子ノックアウト研究から推測される。これらの測定値や研究結果は、特定の行動にそうした神経伝達物質が関与しているという強力な証拠を提供しはするものの、この行動に正確に脳のどの部分が関係しているかについてはなにも教えてくれない。脳内のセロトニンの全般的な機能低下は、行動に関して多くのことを示唆するかもしれないが、しかしそのことは、その脳の部分が障害される個々の行動を担当しているということを意味しているわけではない。

（図9・2）とよく似ていて、世代を重ねるにつれて、感受性の高いマウスと低いマウスとにしだいに分離してゆく。このことは、アルコールの作用に対する耐性が、多くの遺伝子の関わる量的形質だということを示唆する。興味深いことに、アルコールに耐性をもつ（あるいは感受性の強い）マウスは、ほかの依存性薬物に対しても同じような感受性をもつ傾向がある。このことは、アルコール依存と薬物依存の遺伝的素因には、少なくともいくつかの共通の遺伝子が関与している可能性を示唆している。

アルコールの好みを調べるために用いられたB6とD2の系統の近交系マウスは、アルコールを止めたときの反応にも違いが見られる。人間では、禁断症状の中毒は、重度のアルコール依存症者にとって大きな問題であり、しかもアルコールに特有の問題である。ほかの依存性薬物では、摂取を止めたときには極度の不快感に襲われるが、それで死に至るということはまずない。アルコール依存症がかなり進行している場合、アルコール摂取を突然止めると、譫妄《せんもう》状態になり、適切に処置しないと死に至ることがある。これは部分的には、アルコール依存症によって健康状態が悪くなっているせいもあるが、それだけでなく、特別な中毒も起こるからだ。

B6の系統のマウスは、水よりもアルコールに強い好みを示す。この系統のマウスはまた、いったんアルコール依存になると、同じくアルコール依存のD2の系統のマウス（最初はアルコールがあまり好きではない）よりも、はるかに強い禁断症状を示す。どちらの系統も、アルコールを投与し、その後三日間アルコールの入った蒸気にさらし続けると、かなり容易にアルコール依存にすることができる。この期間の終わりに（三日めの終わりに）、中程度の身体的ストレスを与えると、マウスは、人間の譫妄に似た状態になり、痙攣を起こすのが観察される。B6の系統のマウスは、D2の系統のマウスよりも強い痙攣を起こし、しかも少量のアルコールでそうなる。このことから、これらのマウスでは、アルコール依存がかなり重いということがわかる。

アルコールに対する好み、感受性、耐性に関係する遺伝子を突き止めるために、B6の系統のマウスとD2の系統のマウスとを交配し、その子孫がこれらの形質についてQTLをスキャンされた。その結果、マウスのアルコール依存の形質に寄与するQTLの場所が判明した。アルコールの好みに寄与するQTLは二つ見つかり、ひとつは第2染色体上、もうひとつは第11染色体上にあった。第11染色体のQTLは重要である。というのは、マウスでは、それがセロトニン1b受容体をコードしている遺伝子の場所にほぼ相当するからだ。興味深いことに、これら二つの遺伝子座は、性に特異的であり、第2染色体のQTLは、メスのアルコールの好みに影響を与え、第11染色体のQTLはオスのそれに影響を与える。アルコールの作用に対する感受性に関しては七つのQTLが突き止められているが、これらを合わせると、アルコールの感受性の遺伝率の60％以上が説明できる。アルコールへの禁断症状をコントロールしているQTLも全部で一一ほど判明しているが、これら全体で、この形質の遺伝率の90％近くが説明可能である。

ゲノムスキャンの通例にしたがって、次のステップは、これらすべてのQTLの場所を、より間隔の狭いマーカーを用いて、もっと正確にマッピングしてゆくことである。それぞれの染色体上のQTLの場所をできるだけ正確に確定したら、次は、候補となるDNA領域をとり出し、特定の遺伝子を探し始めることになるだろう。

このような種類の研究は、次の点で、人間のアルコール依存症を理解するのに重要である。第一に、人間に比べマウスのゲノムスキャンは急速な進歩をとげるだろうし、おそらく、これらの形質のもとにある遺伝子は人間でもマウスでもほとんど同じだろう。次のステップは、それらの遺伝子がアルコール依存症の発症や進行にどう関わっているかをはっきりさせることである。どんな遺伝子かがはっきりとわからない場合には、マウスの各染色体（そしてこれらの染色体の各部分も）と人間の染色体とでわかっている対応関係が利用できる。だから、マウスの遺伝子がまだ特定されていなくても、人間で対応する遺伝子を探し始めることもできる。マウス研究のもうひとつの利点は、マウスの遺伝子の特定の対立遺伝子をマウスのゲノムに入れるという方法によって、その重要性を確認できるということである。もしマウスのある遺伝子の対立遺伝子がアルコール依存症に寄与しているようならば、その対立遺伝子をアルコール依存を示さないマウスのなかに入れ、なにが起こるかを観察できるだろう。

一方、人間のDNAのゲノムスキャンもすでに行なわれつつある。「アルコール依存症の遺伝についての共同研究」は、人間のアルコール依存症に寄与する対立遺伝子をもつ遺伝子のQTLを（最終的には遺伝子そのものを）見つけてマッピングする、六つの研究拠点の共同研究である。これまでに、一〇〇ほどの家系から数世代にわたるおよそ千人がテストを受け、アルコール依存症になる傾向と、ゲノム全体に散らばる二九一のDNAマーカーの遺伝との相関関係が調べられた。アルコール依存症の発症と相関があったのは、第1染色体と第7染色体上のQTLであり、アルコールへの耐性と相関があったのは、第4染色体上のQTLであった（図11・1）。後者のQTLのあるゲノム領域は、マウスでは第3染色体に相当することが知られている。右で紹介したマウス研究のひとつは、アルコールへの耐性のQTLを第3染色体上のこの領域に発見していたが、その信憑性は疑問視されていた。しかし、この遺伝子座は、アルコール脱水素酵素（肝臓でのアルコール分解に重要な役目を果たす）の遺伝子の場所にきわめて近い。人間でア

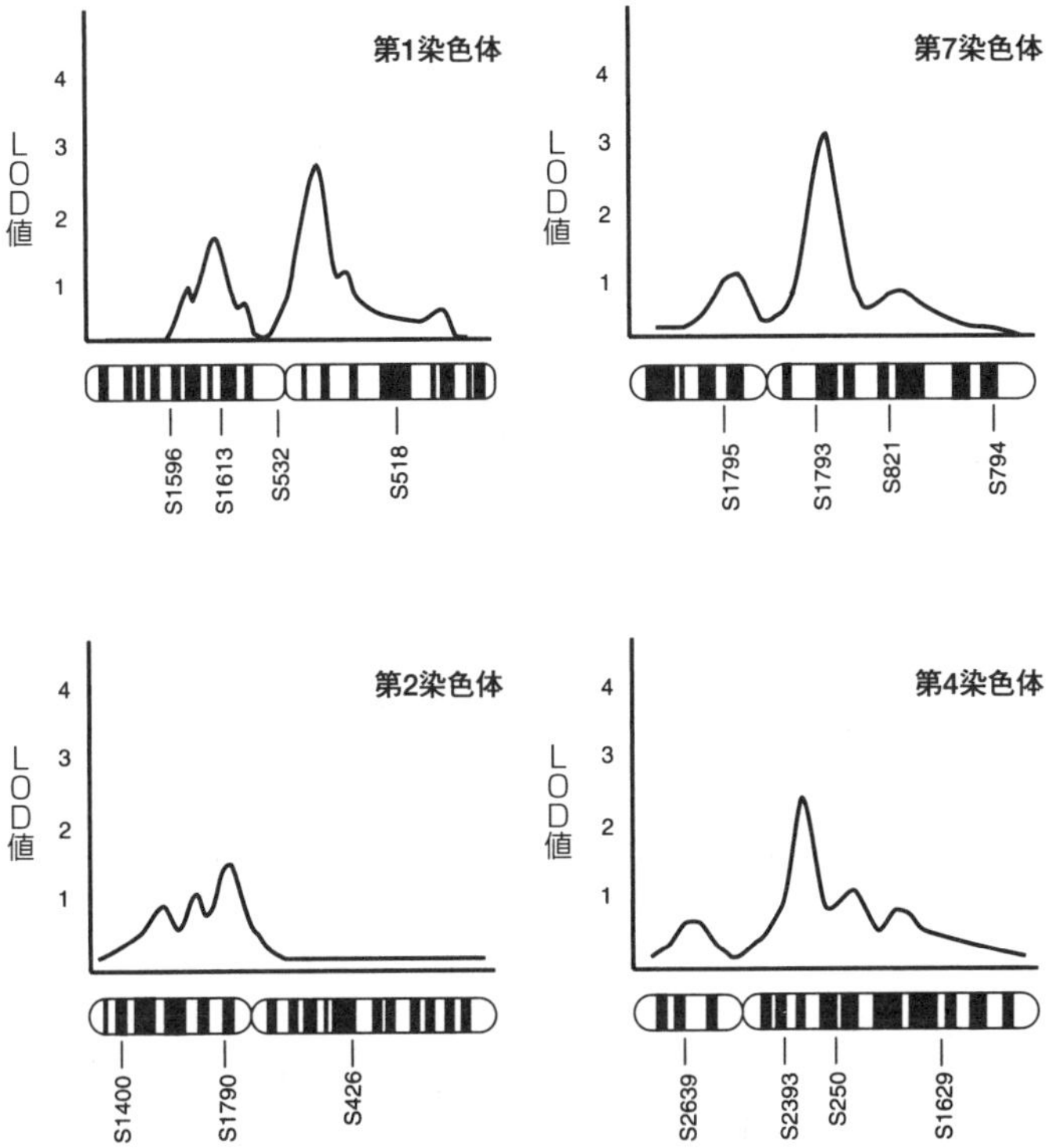

図11. 1　人間のアルコール依存症に関係する量的形質遺伝子座。Reich et al., *American Journal of Medical Genetics* 81 : 207–215（1998）のデータにもとづき作成。

ルコール依存症に関係したもっとも興味深い遺伝子座は、第6染色体上にある（図には示されていない）。この遺伝子座も、5HT1b受容体遺伝子の場所に近い。

人間とマウスのゲノムスキャン研究は、それぞれのゲノムスキャンで得られる情報の比較を通して、そしてゲノム計画から得られる情報が増えるにしたがって、加速度的に進展し続けるにちがいない。まえの章で紹介した肥満のゲノムスキャンと同様、現在研究者たちは、アルコール依存症に関係する遺伝子を分離するための準備段階として、アルコール依存症に関係するQTLを含む染色体領域を詳細に調べつつある。この作業は、マウスでの同様の研究と、問題領域の遺伝子配列の情報を提供してくれるヒトゲノム計画の完了とによって、より容易になるだろう。

アルコール依存症の治療に、さまざまな薬とさまざまな心理療法を用いる最近のアプローチは、効果はあるものの、限界もある。治療法の多くは、アルコール依存症者にそのときはアルコールを断ち切らせることができるが、残念ながら、「治った」人のうち50%は、治療が終わってから三か月以内にまたアルコールを飲み出してしまうのだ。明らかに、治療をもっと効果的なものにするには、アルコール依存症の原因についてさらに別の新しい情報が必要である。脳やほかの生理システムの細胞や分子のどの要素がアルコール依存に関与するのかがもっと明らかになれば、こうした情報の多くが得られるだろう。もっとも重要なのは、これらの要素の遺伝的差異がどのようにしてアルコール依存症に影響を与えるのかを知る必要があるということである。それがわかれば、アルコール依存症になりやすい遺伝子型をより効果的にあつかうための、適切な治療法を考え出すことができるだろう。こうした研究こそが、分子医学の大きな目標である。

遺伝子・環境・薬物依存

ほかのすべての人間行動の場合と同じく、薬物依存という表現型は、特定の遺伝子型が環境内で起こるできごとと作用し合うことによって生じる。私たちはいま、薬物依存を方向づける遺伝子型の一部がどのようなものかを知り始めたばかりだ。それらは、遺伝的な影響を受ける神経伝達物質システム、内因性オピオイドや（おそらく）ホルモンなどに関与する多型の遺伝子のバランスの違いであり、これらは、薬物やアルコールの作用に対する個人の感受性を調節する多型の遺伝子の背景のなかではたらく。ヒトゲノム計画が進むにつれて、そしてさまざまなゲノムスキャンの成果があがるにつれて、薬物依存を方向づけるほかの遺伝子や、おそらくはそれらの遺伝子の集合が確実に見つけ出されるだろう。

しかし、遺伝率の研究から明らかになってきたのは、すべての関与遺伝子を特定したとしても、薬物依存の表現型の50％以上を説明することはできないかもしれない、ということである。どの程度薬物依存やアルコール依存になりやすいかという個人差の残りの部分は、環境因子に起因する。実験室での動物実験で何度も示されてきたのは、社会的刺激を欠いた環境（隔離されたケージで、しかもケージにはなにもない環境）で育った個体は、おとなになってから、豊かな環境（ケージには仲間の個体がいて、ケージにはたびたび新しいなにかが入れられる）で育った個体よりも薬物依存になりやすい、ということである。

もちろん、このような実験は、人間にはできない。さらに、実験動物に対して行なわれるような隔離は、人間の家族では、もっとも隔離された環境においてすら、まず起こることはない。だが、依存行動への環境の影響を支持する証拠はたくさんある。薬物依存になりやすい人を依存にする環境因子として、一貫した証拠が得られている二つの因子がある。薬物の入手しやすさと友人の圧力である。薬物依存になりやすい遺伝子型をもっていても、薬物やアルコールが手近になければ、当然だが、薬物依存になることはない。薬物が手に入るとしても、近しい友人たちが口を揃えてその使用が悪いことだと言えば、多くは薬物依存にならない。ただ、少数ながら頑固な人がいて、友人の圧力に抗して、孤独な、おそらく社会的にも孤立した、薬物依存になる場合がある。

しかし、友人の圧力もなく、薬物が入手できない場合でも、性格分析の専門家なら、薬物依存になりやすい人を言いあてることができるかもしれない。というのは、薬物依存は独立したひとつの性格特性ではないからである。薬物依存は、薬物乱用とそれに続く依存を方向づける性格のさまざまな遺伝子型の背景のなかで起こる。薬物依存になりやすい人は、衝動的で、許されることとできることの境界をたえず右往左往していて、おそらく抑鬱的で、多少攻撃的であることが多い。すべての証拠は、これらの性格特性が特定の神経伝達物質のバランスの反映だということを示唆しているが、こうした性格特性のどこかに、依存の素因をもつ人が見つかるだろう。

しかしもちろん、現実には、麻薬やそのほかの依存性薬物が一切なくて、薬物乱用をよいことだとそそのかす仲間もいないような環境を作るのは不可能である。だから私たちは、薬物依存になりやすいさまざまの遺伝子型が現実の環境のなかで試練を受け、どんな結果を生むのかを観察し続ける必要があるのだ。どのような行動パターンが薬物依存の表現型を発展させやすくしたり、逆にさせにくくしたりするのだろうか？　ひとつの要因は、どのような仲間を選ぶかだ。この選択のプロセスは、まったくランダムだというわけではない。まえに論じたように、なにかを選択する場合、遺伝的に異なる人々は、自分の環境のなかから、一緒に時をすごす仲間も含めて、自分にとってもっとも快適なものをそれぞれ選ぶ。一緒に育ったり別々に育った一卵性双生児の研究が示しているのは、彼らが、同じような人々を友人に選ぶ傾向があるということである。これに対して、二卵性双生児は、それぞれの気質を反映するような形で、異なる友人たちを選ぶ。個々の人間の遺伝子型は環境をこのように操作するのだから、遺伝と環境の影響を明確に分離することは至難の業になる。

ストレスは、薬物依存の潜在的な表現型が現われる上で重要と思われる、もうひとつの環境因子である。ストレスに対する耐性がかなり強く、一般に周囲の影響を受けにくく、環境の影響に抵抗力がある人々がいる一方で、まわりの環境の圧力に影響されやすい人々もいる。これもまた、遺伝子型と環境とが手をたずさえて踊るダンスを反映しており、このダンスが特定の表現型を生み出すのだ。二人の踊り手をはっきり分けることはできないかもしれない。それに、それが私たちの目標とするところでもない。重要なのは、薬物依存の治療者も、薬物依存症者と生活をともにする人々も、薬物依存の背景には性格や行動の遺伝的要素がある、ということを理解することである。これらの要素が細胞レベルや分子レベルでどうはたらくかがわかるようになるにつれて、医療的介入を通してそれらに影響を与えることもできるようになる。

細胞や分子の点から行動にアプローチするなら、次の点を理解しておくことも重要である。特定の行動に影響する遺伝子のすべてをどれほど完璧に特定したとしても、データから言えるのは、その行動の個人差の半分以上を説明できることはめったにないということだ。残りは、行動心理学の領分である。そして、ある遺伝子の機能を生理学的にいかに正確に特定したとしても、その機能は、その遺伝子が特定の環境の文脈のなかで動き出してはじめて意味をなす。これが、なぜ行動遺伝学がこれほど複雑かという理由だ。しかし、遺伝と環境の間の区別を認めることによってのみ、そして行動遺伝学と行動心理学の両方から言えることを理解することによってのみ、私たちは、これら二つのアプローチの相乗作用を手にし、それによって、薬物依存のような複雑な現象をうまくあつかうことができるようになるのである。

12章 心の機能の遺伝学

細胞の生が遺伝子によってきっちり支配されていることは、間違いない。単細胞生物では、タンパク質の特性がその生物自体の生存・繁殖能力のすべての側面を決めるが、こうしたタンパク質は、個々の遺伝子のさまざまな対立遺伝子がコードしている。酵母やゾウリムシのような単細胞生物では、繁殖の仕事（つまりその行動）に単一遺伝子がどのような影響を与えるかを調べるのは、さほどむずかしくない。多細胞生物でも、行動を構成する多数の機能が、組織や器官を作り上げている体細胞に分散している場合には、個々の遺伝子の役割を見分けることが可能である。

この遺伝子と行動の問題が込み入ったものになるのは、大型の多細胞生物の、細胞の点ではるかに複雑な神経系をあつかうときである。その複雑さのおもな理由は、体のほかのどの器官やシステムにも増して、神経系の細胞の反応が環境の影響を受けやすいからである。ニューロンは、私たちをとりまく環境に向いて開いた窓である。私たちは、感覚ニューロンが提供するさまざまな情報をもとに、環境に対する反応を作り上げる。そして、環境のこの経験と反応が記憶される。ニューロンは、環境との接触を通して変化する。いまのところそれがどんな変化かは漠然としかわかっていないが、少なくとも、細胞内では化学的変化が起こり、ほかのニューロンとのシナプス連絡では物理的変化が起こる。これらの「条件づけられたニューロン」は、環境のなかにまえと同じ情報が現われると、反応のしかたを変える。

もちろん、ニューロンが自らの機能を果たすために用いているメカニズムも、遺伝子によって直接コントロールされている。神経機能の調節の鍵を握る遺伝子に複数の対立遺伝子があることは、ニューロンが環境内のできごとをどのように感じるか、どれだけ速く反応するか、あるいはどれだけ積極的にほかのニューロンとの間に新たな連絡を作るかに大きく影響する。本書では、神経伝達物質とその受容体の違いが行動にどのような影響をおよぼすかという例をいくつも見てきた。しかし、遺伝子だけでなく、環境も、ニューロン自体の反応のしかたに影響を与えるという事実は、多細胞生物の行動に重要な要素を加える。経験によって個々のニューロンの反応が変わるだけでなく、その生物全体の行動も変わるからだ。ニューロンや個人の行動に遺伝と環境とがそれぞれどの程度影響をおよぼすのかを明らかにすることが、人間行動の分析の「生まれか育ちか」論争の核心にある。そして、この問題でもっとも議論をよぶのが、人間の心的機能の分析である。

ある一定の条件下では、人間の心的機能には個人差が見られる。人間はこのことに、社会を組織し始めたそのときから気づいていたにちがいない。私たち人間には、身体のほとんどすべての形質に、構造や機能の点で大きな個人差が存在する。背の高い人もいれば、低い人もいる。皮膚の色の黒い人もいれば、白い人もいる。引っ込み思案の人もいれば、自己主張の強い人もいる。生物学的観点から考えると、こういう個人差はみな、万が一の環境条件の急変に備えて、ヒトという種がいざというときに使える能力や特質のプールを確保しておくという目的があるのかもしれない。氷河期のもっとも寒い時期にうまく生き延びることのできる表現型は、温暖な時期に適した表現型とはおそらく異なるだろう。一定範囲の表現型（そしてそのもとにある遺伝子型）を維持することは、種が突然の環境の変化に遭遇しても生き延びる可能性を高める。それは個体にとっては、同じ種の繁殖可能な個体が自分のDNAを後世に残すための、交配相手の適切なプールを保証するという利点がある。

ここで問題になるのは、人間の心的機能の個人差はこの点でなにか違いがあるのか、ということである。確かに、私たちの心的機能は、私たちをとりまく環境に対処するもっとも重要な道具である。考えられるのは、私たちの進化の過去では、異なる思考のしかた――環境に対する心の異なる反応――が、異なる時点で異なる生存価をもっていた、ということである。同じくありそうなのは、どんなときにも、ヒトという種に一定範囲の心的形質――たとえば独創的か否か――があることは、ヒト全体が環境の突きつける難題に立ち向かい、交配相手の強力なプールを維持するのを助ける、ということである。しかし、思考のしかたのこうした違いは、どの程度遺伝の影響を受けるのだろうか？　この疑問には、二つの極端な答えを考えることができる。ひとつは、心的機能のあらゆる側面――環境の知覚や解釈から記憶の保持や検索まで、木の棒を削ることからシンフォニーを作曲することまで――の個人差は、遺伝子の違いによって完全に決められている、というものである。もうひとつは、遺伝子はニューロンの構造とはたらきを調節するが、心的機能の個人差は、環境によってそれらのニューロンに刻まれる経験の種類によって完全に決まる、というものである。

こうした人間の心的機能の個人差の可能性に関する証拠を検討するまえに、これまで故意に使うのを避けてきたことば、「知能」について多少説明しておく必要がある。知能ということばをまったく使わないで済ませられれば、それに越したことはない。このことばは、今日の科学や社会においてもっとも問題の多い用語のひとつだろう。このことばの意味の不明確さがこれまでたくさんの熱い論争を生み出し、この一世紀の長きにわたって、人間の心的機能の遺伝的基盤の研究を遅らせてきた。この問題ほど、人間的であるとはどういうことかという本質に密接に関わるものはない。私たちがつねに念頭におかなければならないのは、私たちのそれぞれが、そのもとにある問題についての個人的、文化的、社会的、政治的偏見の歴史を紐解き、それらの問題のもつ意味を考えてみる必要がある、ということである。

本書では、科学の観点から、そして社会の観点からも、いまのところ適切な知能の定義がないという考え方をとる。現在用いられている知能の定義は、ほとんどは学習能力に関係している。しかし、なにを学習する能力か？　音楽？　数学？　美術？　森のなかで生き延びる術《すべ》か？　知能は、読み書きの能力と結びつけられることも多い。しかし、なにを読むのか？　ことば？　音符？　数学の記号？　それとも雪の上の足跡？　これらのそれぞれがまるで違うタイプの心的機能を表わしていて、個々の人間がもっているのは、これらそれぞれの機能がさまざまな程度に組み合わさったものだ。いわゆる知能を測るとされる標準知能テストは、おもに、数学的能力、推論能力、言語能力を測っている。では、そのテスト結果から、創造性や、会社を興す能力、人間関係をうまくやるための洞察力について、なにが言えるのだろうか？科学的見地からすると、まさに問題なのは、これら以外の心的機能の生物学的重要性——自然のなかでのさまざまな状況下での生存価——について、私たちがなにも知らないということである。私たちは、それらの能力を現代社会の文脈のなかで解釈しているが、その社会は、それらの能力が進化をとげた状況と同じではない。人間の知能に見られる個人差には進化的にどういう意味があるのかを考えてみることもできるだろう。ごく限られた環境条件下であれば、この特性やあの特性が利点をもつ、と言うこともできるだろう。しかし、環境条件が多様だと、もはや科学の手には負えなくなってしまう。

そういうわけで、本書では、歴史的なことを述べるとき以外、知能ということばを用いないことにする。知能ということばはさまざまな主観的意味合いを帯びていて、それゆえ、人によってそれぞれ違ったものを指している。思考し問題を解決するしかたには、人それぞれに違いがあることは、さまざまな知能テストから明らかである。こうした個人差がいわゆる知能と関係しているのかどうか、関係しているとすればどう関係しているのかも、ここではとりあげない。ここで問題にしたいのは、こうした個人差が遺伝するのかどうか、遺伝するとすればどの程度遺伝し、どの程度遺伝的基盤をもつのかである。この目的をはっきりさせるため、本書では、思考し問題を解決する能力を、たんに心的機能とよぶことにする。

人間の心的機能は遺伝するか?

人間の心的機能を決定する上で、遺伝子と環境は、それぞれどの程度役割を果たすのだろうか？　この問題を解くひとつのアプローチは、それがどの程度遺伝するかを調べることだ。このアプローチのもとにあるロジックは、単純である。心的機能の明らかな個人差が、それに関与する心的過程のもとにある遺伝子の対立遺伝子によって決まるのであれば、家系研究によって、生殖細胞系列によるこれらの対立遺伝子の伝達がはっきりするはずである。もちろん、このことは、どうすれば心的機能を測ることができるか、そして人間を作り上げているほかのすべての形質からどのようにして心的機能だけをとり出すことができるかがわかっている、ということを前提にしている。この重要な問題については、あとで論じることにしよう。人間の神経の機能は複雑なので、ひとつの心的機能全体を説明する単一遺伝子の例はそれほど多くないと予想される。心的プロセスに関与する遺伝子の変化が、別のある遺伝子の産物を機能させなくして、結果的に、目に見える精神病理を引き起こすかもしれないし、場合によっては、その原因遺伝子が分離され、特定されるかもしれない。しかし、まえに述べたように、こうした知見には慎重でなければならない。というのは、ある遺伝子の欠損によって特定の機能が失われるからと言って、必ずしもその遺伝子がその機能を説明するわけではないからだ。

当然予想されるのは、たくさんの遺伝子が共同してはたらくことによって――いまのところどのようにしてかはわからないが――人間の心的機能が営まれている、ということである。さらに、現代の分子遺伝学の力を借りれば、遺伝の経路を通して心的機能の関与遺伝子を――遺伝子群も――追うことができるようになるかもしれない。一方、環境によって神経経路に刻み込まれるような心的機能は、遺伝しえないはずである。ある人が積み重ねたその人特有の環境の経験の集合は、その人が死を迎えると同時に消滅してしまう。これは、子どものマウスやウサギが豊富な環境の刺激のなかで育つことによって大胆さを身につけても、それが次の世代に受け継がれるわけではないのと同じである。神経が獲得した経験は、生殖細胞系列を通しては伝達されない。もちろん、獲得された経験は、文化によって次の世代へと伝えられてゆく。しかし、少なくとも理論的には、これを遺伝的伝達と区別するためには、生まれたばかりの赤ん坊が、本来の自分の文化が刷り込まれるまえに別の文化に移されて育てられた事例を調べてみる必要がある。

心的形質の個人差も、人間のほかの生物学的形質と同じように遺伝するということを最初に熱心に主張したのは、フランシス・ゴールトンだとされている。ゴールトンは、チャールズ・ダーウィンのいとこだった。ダーウィンは、個体差の意味を生物のさまざまな特性の進化と遺伝の点から考えたが、ゴールトンは、このいとこの考えの影響を強く受けていた。ゴールトンもダーウィンも、イヌのような動物の行動の、明瞭な遺伝パターンに注目した。しかし、行動の個人差、とりわけ異なる環境にいる人々の思考の個人差が、遺伝の点ではほかの形質となんら異なるものではないはずだということを最初に示唆したのは、ゴールトンであった。ダーウィンはそれまでこうした見方をとっていなかったが、その後すぐにこの見方をとり入れた。ゴールトンはさらに、これらの違いは遺伝するのだから、選択的交配によって、ヒトという種の全体的な表現型の構成も変えることができるはずだと考えた。

ゴールトンは、心的形質の遺伝について思索をめぐらせただけではなかった。おぼつかない足どりながら、行動遺伝学とよばれるようになる学問領域を進展させ始めたのである。[注] 彼は、自分の考えを裏づける、あるいは反駁するに足る情報を体系的に収集していった。ダーウィンは、進化についての基本的な考えを裏づけるためにビーグル号の航海中やそのほかの機会に膨大な量の資料を収集したが、ゴールトンは、こ

注　正式な科学としての遺伝学は、ダーウィンやゴールトンの時代にはまだ発展していなかった。遺伝の単位として遺伝子の概念が確立されるのは、やっと二〇世紀の初頭になってのことである。

の膨大な資料に感銘を受けていた。ゴールトンが自ら収集した資料は、いま見てみると、その範囲と複雑さの点で少し首をかしげたくなるものもある。個人の心的能力を評価するための彼の最初の基準は、かなり粗っぽいもので、的はずれなところがあった。彼は、たとえば、イギリス社会でのある人の社会的地位が、その人の知的能力を正確に反映している、と仮定していた。心的能力を量的に測定しようというゴールトンの最初の試みは、特定の対象を認知する速さ、特定の単語や数を記憶する能力、反射、身体的な強さといったような神経機能の変数に、おもに焦点をあてていた。

オーストリアの修道士、グレゴール・メンデルは、植物の交配を研究し、二〇世紀はじめの遺伝学の誕生の基礎を用意したが、ゴールトンには、このメンデルと共通点があった。それは、定量化への情熱である。定量化という考えは、一般には一九世紀の生物学者の頭にはなかったもので、それゆえ、この二人の学問的貢献が十分に評価されるのには時間がかかった。ゴールトンは、正規分布の関数（もともとは測定誤差をあつかうために考え出された）が、ほとんどどんな変数の場合でも、平均値を中心とした値のばらつきの分析に、とくに人間の表現型の分析にも使えるということがわかっていた。彼の研究は、人間のさまざまな形質を統計的にあつかう方法が発展する舞台となり、結果的には、人間のような長生きする生物集団——統制された交配実験が（いくつかの理由から）できない集団——の遺伝を分析するための格好の道具を提供した。ゴールトンとメンデルのもうひとつの共通点は、二人とも、当時の刺激的な科学的問題の白熱した議論に加わらなかっただけでなく、生物学を新たな方向へと動かしつつあった生物学界の主流とも関係をもたなかったという点である。彼ら自身が当時のおもだった生物学者との間にこのように距離をおいていたことは、結局、彼らの研究が最初は過小評価されてしまうことにもつながった。

「生まれか育ちか《ネーチャー・オア・ナーチャー》」ということばを最初に用いたのは、ゴールトンであった。ゴールトンは、明らかに、人間行動の説明としては前者がより適切だと考えていたが、そうした自分の考えを支持するだけの直接的な証拠をほとんどもっていなかった。だが、人間の遺伝学への彼の貢献、とりわけ、人間集団の多量のデータを統計的に解釈する必要があるというその主張は、この分野に数多くの研究をもたらすことになった。彼の発展させた方法は、もちろんその後大幅な改良が加えられ、人間の集団内での遺伝、すなわち遺伝子の役割を研究するために、現在も使われている。彼はまた、ある集団内である形質の両極端をそれぞれもった両親から生まれる子どもが、親に比べると、より平均的な形質をもつ傾向があるということに最初に気づいたひとりであった。この「平均への回帰」こそ、人間の形質を変える方法として選択的交配を用いるのが本当に適切なのかを、しばらくの間ゴールトンに考えあぐねさせた問題であった。ゴールトンはまた、人間の遺伝を研究するなら、ふたごを調べるのがもっともよいということに気づいていた最初の人間でもあった。ただし、それを自らが行なうことはなかった。

ゴールトンは、自分の研究生活の終わりには、人間の大部分の形質は遺伝する、ということを確信した。現在の科学者の目からすると、ゴールトンがもとにしたデータにはそれほど説得力があるようには思えないが、この問題についてのゴールトンのさまざまな発表物は、その当時ほかの人たちを刺激して、彼の成果を踏襲させ、この領域は、おぼつかない足どりながら歩みを開始した。彼は、その考えを『天才の遺伝――その法則と結果』（1869）と『人間の能力とその発達の研究』（1883）という二冊の本にまとめた。後者では、優生学という名称がはじめて使われたが、彼はこの優生学を、選択的交配の実践によって優秀な人間を産むことを促進するための社会的介入と広く定義した。

そこには、生物学的研究からもっとも厄介な問題が育つだけの種子が宿っていた。社会を改善するためにとくに「適した」人々を選択的に交配するということを言い出したのは、ゴールトンが最初ではない。二千年以上もまえ、プラトンも、『国家』という著作のなかで同じことを提言している。両者の大きな違いは、ゴールトンの時代には、遺伝について多くのことがわかり始めており、それらの提言が少なくとも理論的には実現可能のように思えた、ということである。二〇世紀前半に優生学に起こったできごとは、人間の遺伝学の領域にも深刻な影響をおよぼし、その結果、社会全体が、そして多くの科学者さえも、人間の遺伝子を操作しようとする人々に疑いの目を向けることになった。人間の遺伝学の議論は、過去にどういうことが起こったのかを振り返らなければ、完全なものにはなりえないだろう。付章2では、優生主義運動の歴史を簡単に解説している。

大部分の優生学者は、とりわけ俗に言うＩＱテストによって示されるような心的機能の遺伝に、多大の関心を向けるようになった。優生主義の一般の支持者たちは、犯罪やアルコール依存症のような形質の遺伝について論議を繰り広げたが、科学者たちは、一見知能が客観的に測れそうな道具をもっていたので、もっぱらＩＱテストの成績に注目した。１９３０年ごろまで用いられていたＩＱテストはかなり粗雑で、結果からなにかが言えるようなしろものではなかった。ある民族集団が全般的にＩＱテストでは成績が悪いという、政治的意図を含んだ主張は、最初、さまざまな外国人排斥運動を正当化するために使われた。しかし、こういう主張は最終的には、次のような研究結果によって決着した。これらの民族集団の移民者の一世代か二世代あとの子孫では、テストの成績が「主流《メインストリーム》」の成績となんら違わなかったのだ。コチコチの優生主義者でさえ、これらの変化が遺伝では説明できないということを認めざるをえなかった。ほかの研究は、栄養不良や言語ができないことがテストの成績に影響をおよぼすことを示した。テストを受ける者にとって馴染みのない問題や概念をとりあげているという点で、大部分のＩＱテストには明らかに文化的バイアスのあることが、１９７０年代まで盛んに議論された。しかし、ほかの研究が示し続けたのは、次のようなことだった。各民族・人種集団内でのＩＱテストの成績の標準偏差は、主流の集団の場合と同じであった。また、ＩＱテストの成績のレベルは、アメリカ社会の主流に入ってしまうと、民族・人種集団間の統計的な差がなくなった。これは不思議でもなんでもない。人種を定義するのに使われる形質――それらはもっぱら目に見える身体的特性にもとづくものだ――はごく少数であり、しかも、これら少数の身体的特性に関係している可能性のあるほかの形質は、さらに少数しかないからだ。

当初の目的から言うと、ＩＱテストは、学校で学んでいる生徒がどの分野が弱いかを見るために考案され、とくになにができないのかを的確に測るための手段として使われた。これらのテストが、知識の蓄積の量を測るものとしてではなく、一般知能を測るものとして用いられるようになるのは、かなりあとになってからである。最初は、ＩＱは、所定のテストの成績から算出される精神年齢を実年齢で割って、それに一〇〇を掛けたものとして定義されていた。たとえば、九歳の子の平均の成績と同じ成績をとった六歳の子は、ＩＱが一五〇である。おとなの場合はこういう計算式が使えないので、現在では、ＩＱは、個人が自分の属する年齢集団全体と比べてどの程度の成績かを示す値が使われている。さらに、知識の積み重ねではなく、一般的な知的能力を測るために、これまで、広い範囲の心的機能を調べる巧妙なテストが作成されてきた。表12・1に示したのは、もっともよく用いられているテストのひとつである『ウェクスラー成人知能テスト（改訂版）』の下位テストである。

表12.1　ウェクスラー成人知能テスト（改訂版）

テスト問題	仮定されている能力
言語性テスト	
一般的知識	安定した知識
数唱問題	短期記憶
語彙問題	読み書き能力，長期記憶
算数問題	数学的推理
一般的理解	社会的意識
類似性問題	抽象的推理
動作性テスト	
絵画完成	視覚的推理
絵画配列	視覚的技能
積木問題	視覚・運動性抽象能力
組合せ問題	統合的推理
符号問題	視覚・運動性協応

ＩＱテストが獲得された知識内容を測っているのか、基本的な心的能力を測っているのかという論争は、いまも続いている。同様に、ＩＱテストの成績の個人差——これらのテストが実際になにを測っているにしろ——が遺伝しうるという証拠は、増えつつある。遺伝子と性格の関係の場合と同様、心的機能における遺伝子と環境の寄与の程度を推定するために使える最良のデータは、家系研究、とりわけ養子研究と一緒や別々に育った一卵性双生児と二卵性双生児の研究のデータである。この方向の研究は、１９３０年代にほそぼそと始められた。その結果は示唆に富むものであったが、決定的なものとは言いがたく、優生学の社会的・政治的意味に警戒心を抱きつつあった人々によって、当然ながら、疑いをもって受けとられた。しかし、養子と双生児の研究の既存データについて１９６０年に行なわれた包括的な再分析から明らかになったのは、遺伝的血縁度とＩＱテストの成

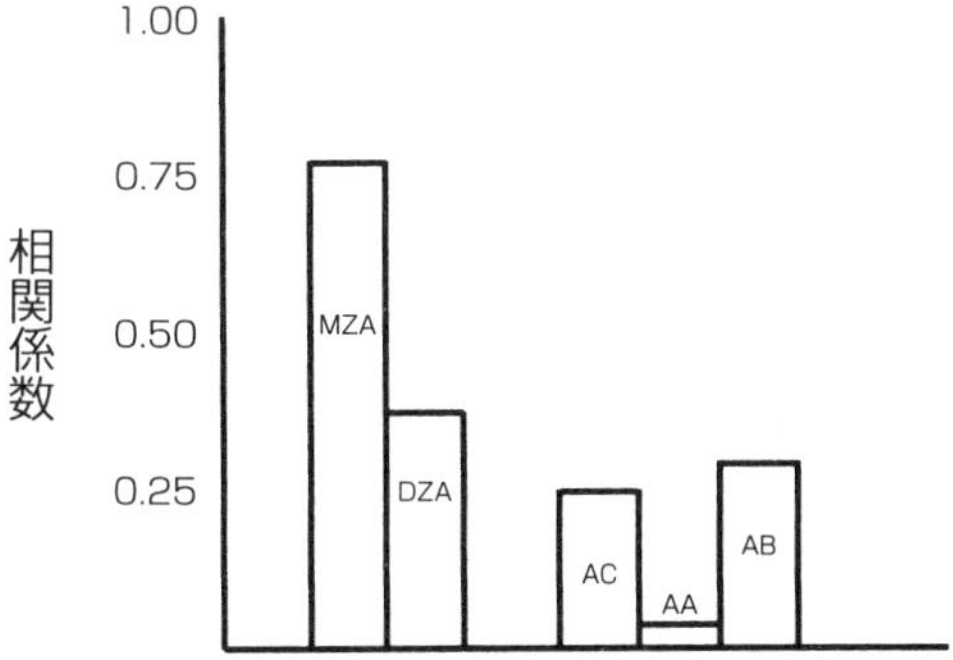

図12. 1　IQテストの相関。MZA：別々に育った一卵性双生児。DZA：別々に育った二卵性双生児。AC：養子と養家の兄弟姉妹で子どものとき。AA：養子と養家の兄弟姉妹でおとなになったとき。AB：おとなになったときの養子と実の両親。Bouchard, *Human Biology* 70 : 257–259 (1998) のデータにもとづき作成。

績との間には明確な相関がある、ということである。たとえば、親密な家族関係のなかで養子として数年をすごしたあとでさえも、IQテストでの育て親と養子の成績の相関は、互いに血縁関係にないランダムに選ばれた二人の成績と同程度なのだ。ところが、生みの親と養子の成績には、その子が生後すぐにほかの家の養子になり、成長してからIQテストが行なわれても、相関があった。

その後、これに類する研究は、この相関が確かなものであることを示している。ミネソタ双生児研究のように、一緒や別々に育った一卵性双生児の詳細な分析は、とりわけ重要である。トーマス・ブチャードは、1998年に発表した論文のなかで、統制が十分に行なわれている五つの双生児研究で得られた結果をまとめている（図12・1）。別々や一緒に育った一卵性双生児では、IQテスト得点の相関は0・75、一緒や別々に育った二卵性双生児では0・38であった。養子と養家の子とのIQテスト得点の相関は、彼らが若いときには0・28であったが、家を去ってしまうと、ほとんどゼロに近くなってしまった。ブチャードによると、これらの相関から引き出せる結論は、IQテストの成績の個人差の少なくとも70%は遺伝的差異による、というものである。これらの双生児研究は、さまざまなテストを用いているにもかかわらず、その結果はすべて、驚くほどよく似ている。このように、IQテストで測っているのが心的機能のどの側面なのかがはっきりわかっているわけではないけれども――おそらくIQテストに解答する能力以上のものではないのかもしれないが――、明らかなのは、これらのテストの成績の差異はかなりの程度遺伝し、したがって遺伝的基盤をもっているということだ。

こうした双生児の分析研究と、実の兄弟姉妹と養子の兄弟姉妹の比較研究から、かなり驚くべき二つの結論が導かれる。ひとつは、IQテストの成績への遺伝的影響が年齢とともに大きくなること。もうひとつは、子ども時代の共有環境の影響が、一緒や別々に育った双生児や兄弟姉妹に見られるIQテストの成績の個人差をほんの部分的にしか説明しない、ということである。

これらの発見のどちらも、直観に反するように見える。これまでに獲得した経験や知恵は、一般的な心的機能に大きく寄与しないはずはないし、歳をとるにつれてそれがIQテストの成績に果たす役割もしだいに大きくなってゆくように思われるからである。生まれて以後に受けとる環境の入力を豊かにすれば、社会におけるその人の能力も向上するという考えは、数多くの教育プログラムや社会政策の土台である。これらのプログラムや政策は、実際にはその目的を果たしているのかもしれないが、データは、それがIQテストで測られる能力の向上によってではない、ということを示している。いくつかの最近の研究は、歳をとるにつれて、IQテストの成績の説明として遺伝の占める割合が多くなるということを示しており、これは性格の場合と同様である。高齢者では、遺伝の影響は多少弱くなるが、これはおそらく、軽度の老人性痴呆の率（測定がむずかしいため、一般には測定されていない）が高くなることが影響している。

性格検査と同様、ＩＱテストでは、心理測定の専門家は、一般には、同じ家庭内でのテスト成績の遺伝率を問題にする場合、遺伝的な血縁度とは無関係に、環境には二つの異なる影響があると考えている。共有環境の因子は、同じ両親、同じ学校や同じ教会に通うといった、子どもたちが同じようにさらされる環境である。非共有環境の因子は、それぞれの子に特有の環境であり、たとえばボーイ（ガール）スカウトに参加したか否か、音楽のレッスンを受けたか否か、あるいはどんな子どもたちを友人にしたか、といったことである。性格の発達の場合と同様、共有環境をどう操作し、そのなかからなにを選択するかは、ある程度、その個人の遺伝子構成に左右されるかもしれない。一卵性双生児では、子宮内での環境の違いがその後どういう影響をもつのかという点から、胎盤を共有する双生児としない双生児についての研究も行なわれている。

別々に育った一卵性双生児と、同じ家庭で一緒に育った血縁関係のない子どもで行なわれたＩＱテストの成績の比較は、共有環境の因子が成績にほんのわずかな影響をおよぼす程度だ、ということを示している。たとえば「コロラド養子研究」など、こうした子どもたちを長期にわたって追跡調査してみてわかったのは、子どもが低年齢の場合にのみ、家庭・学校の共有環境の影響がわずかながら見られるが、十代になってしまうと、影響はほとんどなくなってしまう、ということである。図12・1に示したデータも、この結論を支持している。幼いときに養子になった子どもたちは、数年間は、養父母や養家の兄弟姉妹のＩＱテストの成績のレベルをある程度反映するが、家を離れてしまうと、ＩＱテストの成績は、養家の家族よりも、彼らの知らない実の両親の成績に近づいてゆく。環境がＩＱの成績に影響するひとつの因子だという点に関して、データで顕著なのは、子どもにとって、友人のほうが両親や兄弟姉妹よりも大きな影響を与える、ということだ。[注1]

結論を言えば、現在利用できる最良の分析手法を用いても、おとなになったときの兄弟姉妹のＩＱテストの成績の個人差の原因を、共有環境の経験に求めることはほとんどできない（非共有環境の影響は多少ある）、ということである。別々の家庭で育った兄弟姉妹のＩＱテストの成績も、養家の教育レベルや社会的・経済的地位との間に相関は見られない。ＩＱテストのデータは、人間の性格の発達に関してまえに紹介した知見とよく似ている。それどころか、遺伝的影響は、ＩＱテストの成績のほうが強いのだ。性格の場合もそうだったが、これらの知見は直感に反するように見える。自分の子どもを教育しようという親の努力はまったく無駄なのか？　いや、無駄ではない。教育とはもっぱら、文化的情報を蓄積することである。豊かな文化的刺激に子どもをさらすことは、このプロセスを促進する。しかし、ＩＱテストは、文化的情報の蓄積を測るように作られているわけではない。ＩＱテストができた当初は、かなりの程度そうしたものを測定していたが、それゆえに批判も浴びた。今日でも多少はその問題がある。テストは、特定の言語を用いて行なわれ、言語は文化的なものだからである。ひとつの言語内でも方言があり、方言も文化的なものだ。異なる方言を話す子どもや、先天的あるいは後天的に言語障害がある子どもは、そうでない子どもとＩＱテストの成績に差が出る。しかし、これらのテストが改良されて、これらのあいまいさをなくすか、補正するかしてゆくと、共有環境がテスト成績の違いにほんの小さな影響しか与えないということが、はっきりしてくる。

もちろん、私たちは、自分の子どもに手を貸して、その知的能力を最大限に伸ばしてやることができる。それは、文化的な豊かさを通してや、生まれもった知的能力を育み発揮することのできる温かで安全な環境を用意してあげることによってである。しかし、その能力そのものを子どもたちに伝えるのは、私たちの遺伝子を通してであり、私たちは、子どもたちの遺伝的資質を変えることができるわけではない。しかし、彼らの知的発達を大幅に妨げることはできる。極端な場合、神経の発達の決定的な時期に文化に触れさせなければ――たとえば一二年間物置部屋に閉じ込められていた「ジニー」とよばれる子どもの場合のように[注2]――、重度の情緒障害や精神遅滞になってしまう。私たちは、子どもの生まれつきの知的能力を台なしにしてしまうことはできるが、その能力そのものを改良することはできない。私たちは、できればそうであってほしくないし、直観的には、そんなはずはないと思っているが、残念ながら、そうではないことを示すデータは、いまのところ得られていない。私たちは、安全で文化的に豊かな環境によって、それぞれの子どもの生まれもった能力を最大限引き出すことはできるが、それらの能力を根本から変えることはできないのだ。

注1　なぜそうなのかという詳しい議論については、ジュディス・リッチ・ハリスの『子育ての大誤解』(New York : Free Press, 1998. 早川書房、２０００) を参照されたい。

注2　ラス・ライマー『隔絶された少女の記録』(New York : Harper Perennial, 1993. 晶文社、１９９５)。この実話は、映画『アップル』として、イランの若き映画監督サミラ・マクマルバフによって、ドラマチックに描かれた。

心的機能の遺伝子と個人差

では、遺伝子はどのようにして、どこで、この心的機能の個人差を生み出すのだろう？　人間の心的機能の遺伝的差異を説明するのは、どんな遺伝子なのだろう？　人間のすべての行動の遺伝の場合と同じく、これらの問いに答えるために使える方法は限られている。ひとつのアプローチは、心的機能の欠損を生じさせることが知られている、集団内に自然にある対立遺伝子を調べるという方法である。その遺伝子とその産物とが特定されれば、それらが正常な心的過程に関与していると推論できる。アルツハイマー病は、単一遺伝子に自然に起きた変異によってもたらされる重い脳の病気の例としてあげられることが多いが、実際には、そのような変異が行動に関与する正常な過程についてはまったくなにも教えてくれないということを示す実例でもある。というわけで、ここでは、この重篤な病気の遺伝について簡単に見てみることにする。

アルツハイマー病は、発症時期によって、そしてある程度はそのもとにある欠陥にもとづいて、二種類に大別される。症例のおよそ95％は、遅発性のアルツハイマー病であり、六〇歳をすぎてから始まる。残りの５％は、遺伝性のアルツハイマー病であり、若くして――多くは六〇歳よりもずっと若い年齢で――発症するという特徴がある。しかし、この早発性アルツハイマー病の場合も、発症はその人の生殖の適齢期をすぎてからなので、この病気に関係する変異遺伝子は次の世代にそのまま受け継がれる。

早発性のアルツハイマー病は、常染色体にあるいくつかの優性遺伝子のうちのひとつの突然変異によって引き起こされ、変異遺伝子をひとつもっているだけでも、この病気にかかりやすくなる。これらの遺伝子のひとつは、第21染色体にあり、アミロイド前駆体タンパクというタンパク質をコードしており、*app*とよばれている。このタンパク質は、アミロイドタンパク質の前駆体で、老人斑――アルツハイマー病で変性した脳組織――のなかに沈着した状態で見つかる。

しかし、*app*遺伝子の突然変異は、ほんの一部の早発性アルツハイマー病を占めるだけだということがわかっている。そのほかの大部分の症例には、さらに二つの遺伝子の突然変異が関与していることが発見された。これらは、プレセニリン1（*ps-1*）とプレセニリン2（*ps-2*）とよばれる遺伝子である。いまのところ、*ps-1*には三〇以上もの突然変異が、*ps-2*には二つの突然変異が見つかっている。*ps-1*の突然変異は、早発性アルツハイマー病の症例のほぼ四分の三を占める。*ps-2*によって引き起こされるアルツハイマー病はかなりまれだが、*ps-1*の場合に比べると、それほど重くはなく、発症の時期も遅い。いまのところ、*ps-1*と*ps-2*の遺伝子の産物の機能ははっきりとはわかっていないが、これらの突然変異は、異常なアミロイドタンパク質を生じさせるという点では、*app*突然変異とまったく同じである。

遅発性のアルツハイマー病の遺伝的基盤は、よくわかっていない。遅発性のアルツハイマー病に、早発性のアルツハイマー病を引き起こす三つの遺伝子が関与しているという証拠は、いまのところあがっていない。ここ数年、第19染色体にあるアポE（*apoE*）とよばれる遺伝子の関与が疑われている。アポEタンパク質も、LDL（低密度リポタンパク質）とよばれる複合体の一部で、血液を通してコレステロー

表12．2　アルツハイマー病患者群と対照群のアポE対立遺伝子の頻度

	ε2	ε3	ε4
対照群	.08	.77	.22
早発性アルツハイマー病	.06	.61	.33
遅発性アルツハイマー病	.03	.51	.46

ルを運ぶのを手助けする。人間では、アポE遺伝子には、ε2、ε3、ε4という3種類の対立遺伝子がある（表12・2参照）。アメリカでは、ε3については、およそ60％の人が同型接合体（すなわちε3／ε3）である。遅発性のアルツハイマー病患者では、ε4遺伝子の頻度が、同年齢の対照群の人々の二倍にもなる。統計学者の計算によると、二つのε4遺伝子をもつ人（ε4／ε4。アメリカでは2〜3％の人が該当する）は、ε4をひとつももたない人の三倍も、遅発性のアルツハイマー病にかかりやすい。

　アルツハイマー病を引き起こすことがわかっている遺伝子のどれも、正常な心的機能に直接的な役割を果たしてはいないようだ。早発性のアルツハイマー病では、それらの遺伝子の欠陥はみな、アミロイドの沈着をもたらし、おそらくこれによって周囲のニューロンのはたらきが抑えられてしまう。明らかなのは、ニューロン全体の死や異常につながるものはどれも、重い心的障害をもたらすということである。しかし、ニューロンの死や異常を引き起こす遺伝子が、その影響を受ける心的過程に直接関係しているとは、考えにくい。同じことは、遅発性のアルツハイマー病のアポE遺伝子についても言える。アポEタンパク質の機能はおそらく、血管内の酸化による損傷や有害な血小板の沈着を防ぐことにある。しかし、アポE遺伝子が、遅発性のアルツハイマー病で損なわれる心的機能に直接的な役割を果たしているかというと、その可能性はゼロに近い。

そういうわけで、私たちは、ある行動の障害に関係する遺伝子が特定されたからといって、その遺伝子がその行動そのものに役割を果たすと考えることには、できるだけ慎重でなければならない。

精神遅滞の特殊な症例の研究から、ほかの遺伝子もいくつか特定されている。こちらは、これまでに特定されているアルツハイマー病の遺伝子よりも可能性が高いように見える。そのうちのひとつ、*fmr*-2遺伝子は、「脆弱X症候群」とよばれる種類の遅滞に関係している。特定されているほかの遺伝子と同様、*fmr*-2もX染色体上にある（X染色体が一本で、対にならないことが、この染色体上の遺伝子の遺伝を発見しやすくしている）。*fmr*-2の産物は、細胞内でほかの遺伝子の発現を調節しており、それゆえ、*fmr*-2は正常な神経機能に関わっている可能性が高い。X染色体上にあるほかの心的機能不全を引き起こす遺伝子も、特定されている。このうちいくつかは、シナプスの機能に、あるいはニューロンにおいて重要な役目を果たすPDE-4やCaMKⅡのような細胞内の信号伝達経路に、直接的に関与している。これらの遺伝子の機能が解明できれば、それによって、脳内で心的過程がどのように行なわれているかについて重要な知見が得られることは、ほぼ間違いない。

いささか驚くべきことだが、どんな基準で評価された心的機能の場合にも、神経伝達物質の機能との間にこれといった相関は、ほとんど見られない。脳内の神経伝達物質経路の全体的な欠損は、心的機能の低下と相関することが多いものの、神経伝達物質の欠損が心的機能の低下を引き起こすのか、それともたんにそれに付随するだけなのかは、まだわかっていない。一般には、神経伝達物質に大きな問題があるなら、心的機能がその影響を受けないということのほうが、むしろ驚きだろう。まえに述べたように、シナプスの回収メカニズムを通していくつかの神経伝達物質の量を調整する*maoa*遺伝子の欠損は、精神遅滞を引き起こすが、これまでに研究されているのは、ひとつの家系だけである。しかし、一般には、心的機能と、神経伝達物質のシステムを支配する遺伝子の特定の機能的対立遺伝子との間に、量的な相関関係は見られない。

ウェクスラー成人知能テストなどの知能テストを用いて一般に測定される心的機能は、制限時間内に、ばらばらな情報から一定の関係を見つけ出す能力である。こうした能力の点で言えば、8章で述べたようなマウスのＮＭＤＡ受容体に影響をおよぼす遺伝子を人間で研究することは、きわめて興味深いものになるだろう。連合を即座に、正確に、かつ効率よく形成する能力は、確かに有用な能力であり、知能の多くの解釈のもとになっている能力である。マウスの研究で示されているように、生殖細胞の遺伝子を変えてしまうと、その測定される形質は、世代から世代へと忠実に受け継がれてゆく。確かにこのことは、心的機能に影響を与える遺伝的な差異が受け継がれる、という考えを支持している。

心的機能に関係した個々の遺伝子を探し出す試みは、成果がないわけではないが、正常な心的機能に関与する遺伝子を追いかけるなら、効率のよくない方法かもしれない。アルツハイマー病の関与遺伝子のように、こうして見つけられた大部分の遺伝子は、その後、実際には細胞全体や一連の細胞に大きな変化や破壊を引き起こす遺伝子だということがわかっている。こうした遺伝子は、脳細胞内部のはたらきや脳細胞どうしの相互作用については、なにも手がかりを与えてくれない。

ロバート・プロミンが陣頭指揮するアメリカとイギリスの共同プロジェクトでは、これとは別のアプローチがとられている。対立遺伝子関連解析研究とよばれるこのプロジェクトでは、ＩＱテストで成績の異なる人々のＤＮＡが、神経機能と関連している（あるいはＤＮＡの点で密接に関係している）ことがすでにわかっている多型遺伝子の特定の対立遺伝子やDNAマーカー[注]の点から調べられる。DNAのサンプルが、数百人の人々から集められ、IQテストの得点の高、中、低にもとづいて群分けされる。これらのDNAのプールは、九〇ほどの既知遺伝子やDNAマーカーの特定の対立遺伝子があるかどうかという点から分析される。このアプローチは、通常のゲノムスキャンとは次の点で異なっている。ゲノムスキャンでは、候補遺伝子がどんな遺伝子かという知識をあらかじめもたずに、特定の形質と関連する候補遺伝子が遺伝パターンから見つけられる。一方、プロミンらのアプローチは、あるレベルの神経機能に関与している可能性の高い候補遺伝子やマーカーを用いて、この神経機能の遺伝が、候補遺伝子やマーカーのうち特定の対立遺伝子の遺伝と相関するのかを調べるのだ。

いまのところ、これらの研究で決定的な遺伝子関連は見つかってはいないが、そのうち見つかる可能性は高い。ゲノムスキャンの方法にせよ、関連解析の方法にせよ、こうしたアプローチはすでに、アルコール依存症や肥満などいくつかの領域で成果をあげつつある。これらの研究から得られる成果は、ヒトゲノム計画が2003年の完了に向けて進むにつれて、ますます増えてゆくだろう。これまでにわかっていることからすると、次のように予想するのが自然だろう。すなわち、IQテストの成績を支配している遺伝子は、神経系のほかの機能への関与をもとに発見された遺伝子――ほとんどはニューロンの信号のやりとりの速さや方向に影響を与える遺伝子――と同じものだろう。どうにか「知能の遺伝子」とよべる遺伝子でさえ、見つかる見込みはかぎりなくゼロに近い。

注　DNAマーカーの性質と使い方の詳細は、付章1に紹介しておいた。

13章 性的好みは遺伝するか？

科学の世界では、時たま、以前は結構考えられたことがあったのに、最近は省みもされない考え方に再び目を向けさせる研究が報告されることがある。そんな論文が、1993年7月に『サイエンス』誌に掲載された。アメリカ国立ガン研究所のディーン・ヘイマーの研究室で数年をかけて行なわれた研究成果をまとめたものだった。それには、「X染色体上のDNAマーカーと男性の性的指向の連鎖」という題がつけられていた。このなかで、ヘイマーのグループは、男性の同性愛には遺伝的要素があり、同性愛者になる遺伝子のうち少なくともひとつは母親経由で伝えられることを示す分子レベルの重要な証拠をはじめて提出した。一般の読者からも、専門家からも、すぐさま反響があった。賞賛、拒否、尻込み、歓迎、一笑に付すなど、反応は読者によってさまざまだった。しかし、無視はされなかった。

性的指向には遺伝の要素が大きいという考えは、ヘイマーの研究が最初ではない。同性愛が遺伝するらしいということは、六〇年以上もまえから知られていた。初期の研究の多くは、小規模で、事例研究が主だったのに対し、最近行なわれているいくつかの研究は規模も大きく、このことがほぼ正しいことを裏づけている。たとえば、1986年に発表された研究では、自分を同性愛者だとしている男性の兄弟の22%が同性愛者という結果であった。アメリカの男性全体のうち同性愛者は5%未満と推定されているので、この22%という数字は、偶然確率をはるかに越えている。確かに、この同じ研究でも、同性愛の被験者と同質になるように選ばれた異性愛の男性群の兄弟では、同性愛者は4%にすぎなかった。全般的に、本人が同性愛者で、その兄弟も同性愛者である割合は、本人が同性愛者でない場合の三倍から六倍も高かった。さらに、初期のいくつかの研究では、男性の同性愛の傾向が父系ではなく母系で伝わるようだ、ということも示されていた。女性の同性愛者も、特定の家族のなかに多く現われる傾向がある。ただ、この知見は、少数の研究からのものであり、データもそれほど確実なものではなかった。

それまで、男性の同性愛者は同性愛の姉妹をもつよりは同性愛の兄弟をもつことが多いこと、逆に女性の同性愛者は同性愛の兄弟よりは同性愛の姉妹をもつことが多いことも、知られていた。言いかえると、男性の同性愛者も、女性の同性愛者も、それぞれ同じ家族内にいる傾向がある。同性愛が遺伝子の影響を受けるということで言えば、その遺伝的プログラムは、男性と女性ではまったく同じというわけではないことを示唆する証拠もある。同性愛の男性と女性とは、行動の点でも異なる。男性は、異性愛者か同性愛者のどちらかの傾向があり、両性愛者というのはほんのわずかだ。これに対して女性は広い指向性を示し、異性愛者でない女性がかなりの割合で存在し、さまざまな程度の両性愛の傾向を示す。

同性愛に遺伝的原因があるとは考えたくない人々から見ると、家系研究の結果は、共通の環境という点から解釈することができる。すなわち、その共通の環境が同性愛の行動をとらせるようにはたらき、とりわけ、家族のなかの同性愛の男の子や女の子がその兄弟姉妹を同じような行動へと導くというのだ。双生

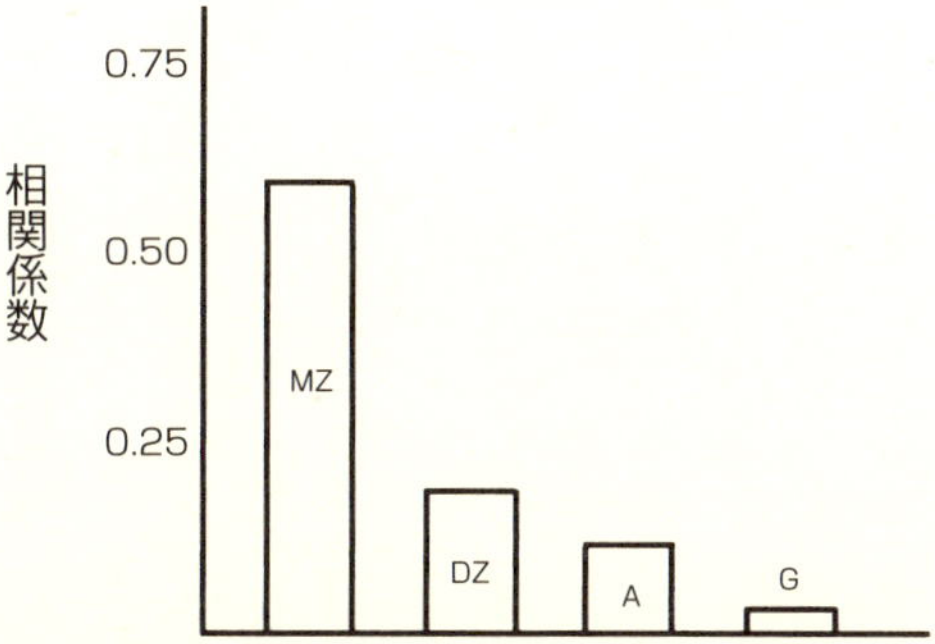

図13. 1　性的指向性の相関。MZ：一卵性双生児。DZ：二卵性双生児。A：養子と養家の兄弟姉妹。G：ランダムに組み合わせられた個人どうし。

児研究には、必ずこの問題がつきまとう。一卵性双生児と二卵性双生児を調べた研究はこれまでに七つあるが、それらをまとめると、ふたごの一方が同性愛者である二四四組の一卵性双生児のうち、もう一方も同性愛者だったのは58%だった（図13・1）。一七五組の二卵性双生児のうち、ふたごの双方が同性愛者だったのは18%で、これは、兄弟姉妹の場合の同性愛者の割合にきわめて近かった。かなりの数の被験者で研究が行なわれているが、これらの割合は、男性でも女性でも、一緒や別々に育った双生児の場合でも、ほぼ同じであった。ある研究では、一卵性・二卵性双生児のほかに、三組の三つ子を調べている。三つ子の一組は、二人の一卵性双生児の男性が同性愛者で、一卵性ではないもう一人の女性はそうではなかった。もう一組は、二人の一卵性双生児の女性が同性愛者だったが、一卵性ではないもう一人の女性は異性愛者であった。三番目の組は、三人の一卵性双生児の男性であったが、三人とも同性愛者であった。おとなになってから同性愛者になった子どもが少なくとも一人以上いる家族の養子になった五七人の男性を調べた研究では、そのうち同性愛者だったのは11％であった。

一卵性双生児では、双方が同性愛者になる確率が高いということ、とくに二人が別々に育った場合でもそうだということは、家庭環境もしくは環境全般のどちらかが同性愛のライフスタイルを決定する唯一の要因だとする考えに重大な疑義をなげかける。これまでの双生児データの分析からわかることは、同性愛行動の遺伝的要素は約50％だということである。一方、大規模集団での調査では、同性愛者の割合は5％程度と推定されているが、養子と養家の兄弟姉妹の両者が同性愛者になる率は11％とかなり高い数字なので、これも疑問を提起する。ただし、この効果は、調べられているのがかなり少人数なので、見かけの違いにすぎないかもしれない。もちろん、同性愛者になる上で、彼らが互いに、直接にも間接にも、影響をおよぼしていた可能性はある。たとえば、同性愛者になる遺伝的傾向を多少もった人が、自分の兄弟姉妹がはっきりと同性愛者になる経過を見るうちに、その傾向が強められる、というように。

家系や双生児のデータは、同性愛が遺伝的な形質だということを示唆しているものの、そのデータは、決定的な「ゲイ遺伝子」とよべるもの（それを受け継ぐと、同性愛者になる）の存在を示しているわけではない。確かに、家系研究や双生児研究は、同性愛が、ほかの行動形質と同じく、メンデル型（単一遺伝子）の形質ではなく、量的形質であることを明らかにしており、いくつもの遺伝子が関与しているのはほぼ確実だ。ほかの行動形質と同じく、環境のような遺伝以外の因子もまた、大きく寄与している。一方、環境が同性愛の50％以上を説明するものではないということは、環境が唯一の決定因子ではないということも明確に物語っている。けれども、こうした双生児研究や養子研究があっても、同性愛には基本的に遺伝的要素があるという考えに政治的・社会的・倫理的理由から反対する人々には、まだ難癖をつけるだけの余地がある。

もしヘイマーの研究が確証されれば、そうした難癖をつけることはできなくなる。ヘイマーのグループは、問題を二つに絞った。ひとつは、男性の同性愛が母系で伝わるように見えるが、それが本当なのかどうか白黒をつけようとした。男性は、X染色体をひとつだけもち（性染色体がXY）、このひとつだけのX染色体を、つねに母親から受けとる。男性では、X染色体上の変異遺伝子が、まったく同じ染色体を受け継いでいる女性には見られない形質の出現を引き起こすことがある。血友病やある種の免疫不全症はそうした例であり、これらの形質は、X染色体に連鎖しており、ほとんど男性だけに現われる。その理由は次のとおりである。女性は、二つのX染色体をもっている（XX）。どちらの染色体も、同じ変異遺伝子をもっているのでないかぎり、その形質は、ふつうは発現しない。それは、もうひとつのX染色体上の「正常な」対立遺伝子によってカバーされるからである。というわけで、もし男性の同性愛を方向づける遺伝子が母親だけを通して受け継がれるのなら、それはX染色体と関係しているにちがいない。このことは、その遺伝子を最終的に分離・確定する上で、有利なことこの上ない。

この問題に答えるために、ヘイマーは、二群の同性愛の男性被験者の家系で詳細な「家系」研究を行なった。遺伝学で行なわれる家系研究は通常は、親子の遺伝パターンだけに焦点をあてているが、ヘイマーは、家族という木の幹だけでなく、その枝の一部も調べようとした。第一群は、七六人の被験者からなっていたが、研究者が家系のなかにどの程度同性愛者がいるのかについてはまったく知らなかったという意味で、選択はランダムであった。第二群は、特別に広告を出し、両方が同性愛者である兄弟を募り、集ま

表13．1　同性愛の男性の家系における同性愛者の頻度（%）

	第1群*	第2群	対照群
兄弟	**13.5**	(100)	4.7
おじ			
母方のおじ	**7.3**	**10.3**	1.3
父方のおじ	1.7	1.5	3.2
いとこ			
母方のおばの子	**7.7**	**12.9**	1.6
母方のおじの子	3.9	0	0.9
父方のおばの子	3.6	0	3.2
父方のおじの子	5.4	5.4	3.2

* 第1群：ランダムに選ばれた同性愛の男性の家系。第2群：兄弟が同性愛者の家系。対照群：同性愛の女性の家系。数字は，同性愛者と判断された割合。統計的に有意な値は，太字で示してある。Hamer et al., *Science* 261 : 321–327（1993）と Hu et al., *Nature Genetics* 11 : 248–256（1995）のデータにもとづき作成。

ったなかから研究のために三八組が選ばれた。それらの被験者やその家族に多岐にわたる質問をすることを通して、これら二群から六九人の同性愛の親族が特定され、次に彼らのひとりひとりに面接することによって、その性的指向が確認された。

第一群のランダムに選ばれた七六人の被験者の家系分析では、予想されたように、同性愛の指向がもっとも高かったのは兄弟だった（13・5%。表13・1）。これ以外の男性の親族では、同性愛指向が偶然確率より高かったのは、母方のおじ（7・3%が同性愛者）と母方のおばの息子（7・7%）であった。第二群の同性愛の兄弟の家系でも、同性愛者の頻度が統計的に有意だった男性の親族は、母方のおじ（10・3%）と母方のおばの息子（12・9%）であった。対照群として、ヘイマーは、別の研究で調べられた女性の同性愛者の被験者の親族における男性の同性愛者の頻度を用いた。というのは、これまでの証拠では、男性と女性の同性愛が遺伝的に異なる、ということが示されていたからである。これらの結果は、男性の同性愛の行動傾向が母親由来の遺伝子によって伝えられる、ということを十分に確証した。

二人の同性愛の兄弟がいる家系で、同性愛者が高い率で見られることは、その関与遺伝子を突き止めるには、そうした家系が最適だということを示唆していた。それに、これらの遺伝子は母親を通して遺伝するということがはっきり示されたわけだから、それらはX染色体上にあるにちがいなかった。こうして、四〇の異なる家族の同性愛の兄弟のDNAのサンプルと、可能な場合には彼らの母親のDNAのサンプルに関して「染色体スキャン」が行なわれた。これらのDNAサンプルは、X染色体全体に散らばる二二のDNAマーカーについてタイプ分けされた。どの母親も二つのX染色体をもっているが、DNAのマーカー（人間集団内で対立遺伝子の種類がきわめて多いマーカーが用いられている）は、二二の遺伝子座のほとんどで多型である。もしX染色体上に同性愛を方向づける遺伝子があるのなら、同一の家族の同性愛の兄弟は、同じX染色体を母親から受け継いでいるはずであり、したがってその遺伝子の近くにあるDNAマーカーの同じ対立遺伝子を受け継いでいるはずである。四〇組の同性愛の兄弟を調べたところ、X染色体の長腕の先端部のXq28とよばれる領域（図13・2）にあるマーカーが、三三組（82％）で受け継がれていた。これが偶然である確率は、きわめて低い。

ヘイマーのグループは、その後二年にわたる研究で、先の研究の第二群の二人の同性愛の兄弟のいる三三の家系でXq28マーカーを用いて先の研究の結果を確認し、さらにその研究を拡大して、二人の同性愛の姉妹のいる三七の家系も調べた。これらの研究では、彼らは、Xq28領域のすぐ近くに位置する別のマーカーも用いて、男性の同性愛に影響を与える染色体領域をさらに正確に突き止めようとした。彼ら

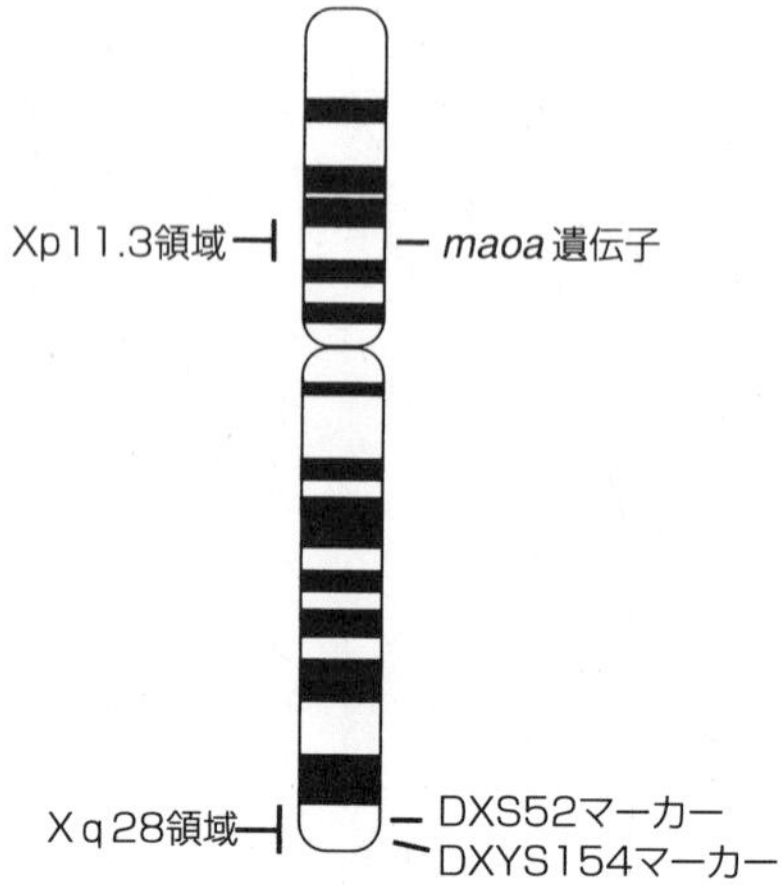

図13. 2　ヘイマーが示した，人間のX染色体上のDXS52マーカーと連鎖する遺伝子領域。9章で紹介した *maoa* 遺伝子の位置も示してある。

は、かなりの割合の同性愛の兄弟（67％）がXq28に関連した同一のマーカーをすべて共有していることを発見した。これらのマーカーは、Xq28のDXS52（もっとも近くにあるマーカー）とよばれるより狭いQTLの位置を示していた。今度も、同性愛の被験者の異性愛の兄弟（いた場合）のDNAが調べられたが、同性愛の被験者と同一のDXS52マーカーをもっていたのは22％にすぎなかった。同じ分析方法を用いて、同性愛の被験者とその異性愛の姉妹を分析してみたところ、どのX染色体マーカーにも、分布の偏りは発見できなかった。同性愛の女性が同じDXS52マーカーを同性愛の姉妹と共有している割合（全体の58％）は、異性愛の姉妹と共有している割合（全体の56％）とほぼ同じだった。両方のX染色体上にDXS52マーカーをもっていても、同性愛者であるわけではなかった。このように、男性の同性愛を方向づけるX染色体の遺伝子は、確かに女性にも存在するが、女性の同性愛の発達には影響を与えないように見える。

いくつもの遺伝研究が明らかにしているように、同性愛には複数の遺伝子が関係しているとすれば、ゲノム全体には同性愛に影響する多数のQTLがあちこちにあって、DXS52マーカーはそのうちのひとつにすぎないということになる。DXS52のQTLが、一部の男性では、性的に同性を好む傾向に関与しているのは明らかだが、同様に明らかなのは、このQTLにある（単一、あるいは複数の）遺伝子は、男性の同性愛の発達の必要条件でも、十分条件でもないということである。さらにそれは、女性の同性愛の発達にはまったく影響をおよぼさない。このことは、男性と女性の同性愛が、少なくともいくつかの点で遺伝的に異なるという、まえに述べた見解に一致する。男性では、同性愛の兄弟の多くでは、両方ともがDXS52マーカーの選択的遺伝を示したわけではなかった。このことから、ほかの遺伝子も関与しているにちがいないということが示唆される。その後の研究では、異性愛の兄弟の22％が同じDXS52マーカーをもっていても、同性愛者ではなかった。このことも、DXS52に関連した遺伝子が同性愛行動を引き起こすには、遺伝的にあるいは環境によってコントロールされるほかの因子を必要とする、ということを示している。

同性愛に影響するXq28領域の遺伝子の存在は、最近カナダで行なわれた研究で疑問視されている。男性の同性愛者で、この領域のマーカーの選択的遺伝を発見できなかったのだ。この研究は、同性愛には遺伝的要素があるとか、それがX染色体と連鎖しているとかを否定しているわけではなく、これまで指摘されてきた遺伝子座ではないと言っているのである。問題は、これらの研究やほかの研究では被験者をどのように選んでいたかである。ヘイマーは、わざわざ母系遺伝が関与している家族を選んでいた。それに彼自身も認めているように、彼の調べた人々は男性の同性愛者全体を代表するものではないし、そしてこの形質の遺伝に関与する別の遺伝子がいくつもあるかもしれない。ヘイマーは現在、DXS52領域のDNAにその候補遺伝子を探しつつある。もちろん、少なくともある種の男性の同性愛に大きな影響をおよぼす遺伝子のうちのひとつが、最終的にこの遺伝子座で発見されるということもありうる。

あと数年もすれば、DXS52マーカーに関連した遺伝子の存在が確証されたり否定されたりするだろうが、すでに、そのような遺伝子――あるいは同性愛に関連したほかの遺伝子――がなにを支配しているかについてさまざまな推測が飛び交う状況になっている。まえに述べたように、哺乳類では（人間も）、デフォルトの性は、メスである。Y染色体上にある*sry*という遺伝子の存在が、男性が発生するのに決定的に重要な役割を果たす。この遺伝子は、女性が発生するのを阻止し、男性の性的特徴の発生を引き起こす。*sry*遺伝子をもたなければつねに女性になる。明らかなのは、ヘイマーの遺伝子は、一次性徴にも二次性徴にも影響をおよぼさない、ということだ。同性愛の男性は、これらの点では、異性愛の男性と区別できない。しかし、Y染色体の遺伝子の多くは、X染色体の遺伝子から進化してきたものだ。したがって、進化的に*sry*遺伝子に関係したX染色体上のある遺伝子が、女性の生殖機能の特定の行動的側面に影響を与え、そしてある状況下では男性の配偶者選択にも影響を与える、ということはありえるかもしれない。

DXS52マーカーに連鎖した遺伝子がテストステロンのような男性の生殖ホルモンに影響を与えているということは、ありそうにない。同性愛の男性と異性愛の男性とでは、これらのホルモンの出現の時期やその分泌量に、違いは見つかっていない[注]。テストステロン受容体をコードしている遺伝子の対立遺伝子が同性愛の行動を方向づけている可能性も検討されてきたが、異性愛か同性愛かと特定のテストステロン受容体との間に、相関は見出されていない。同性愛の行動を方向づける上で性ホルモンが関与していないというのは、この行動の確かな指標が、男の子でも女の子でも、思春期にこれらのホルモンが増加するよりずっと以前に現われるという事実にはっきり示されている。同性愛の前兆として「異性の子どものような」行動が見られることは、百年以上もまえから知られていた。これらの子どもたちは、遊びが性的な色彩を帯びるよりもずっとまえから、異性の遊び仲間や異性が好む遊びを好み、異性のまねをすることが多い。異性の子どものような行動は、就学以前の時期でも顕著に見られ、世界中の異なる多くの文化を通して、将来の性的指向を正確に予測する。もちろん、これが、X染色体に連鎖したへイマーの遺伝子によって支配されている同性愛の側面なのかどうかはわからない。しかし、もしそうだとすれば、その遺伝子が発達のかなり早い段階で——生後すぐからかもしれない——はたらいているということも考えられる。

人間の性的発達の一部として、性的に成熟したときに、異性を配偶相手に選ぶメカニズムが男性にも女性にもなければならないのは、明らかだ。男性の同性愛の発達においては、男性に対する強い性的関心だけでなく、配偶相手として女性を拒む強い傾向が見られる。異性に対するこの拒絶傾向は、異性愛でない女性ではそれほど明確ではない。つまり、両性愛の女性がかなりの割合で存在するのだ。人間以外の哺乳

注　女性では、出生の直前と直後で男性ホルモンの分泌が増加する、先天性副腎皮質過形成とよばれる病気がある。平均的な女性と比べると、これらの人々では、子どものときに男の子のような行動をとり、おとなになると同性愛者になる割合がきわめて高い。

動物では、配偶者選択は学習された行動ではないことを示す有力な証拠があるから、人間の場合だけ学習された行動だとは考えられない。このメカニズムが男性と女性とでは同じものなのかどうかについては、いまのところはなんとも言えない。人間や動物の研究で得られている証拠は、このメカニズムが実際には遺伝的に備わっているものだ、ということを示唆している。最終的には、男性と女性の両方の同性愛の遺伝的理解は、それぞれの性における配偶者選択のこうした変化も説明できなければならない。

人間以外の動物でも同性愛行動の証拠はあるのだろうか？　あるいは、そうした行動は、人間の脳だけがもつ特性なのだろうか？　多くの研究者が、長年にわたってこの疑問に答えようとしてきた。ほとんどの科学者は、若い個体がたまたま同性の仲間と性的な遊びをすることがあるということを除けば、真に同性愛と言える行動は、霊長類（人間、大型類人猿、マカクザル、レムール、メガネザル、マーモセット）より下の動物には見られないと考えている。ある種の霊長類では、人間の同性愛の行動とほとんど違わない行動がオスでもメスでも観察される。しかし、人間の同性愛の重要部分である心理的側面を探る術《すべ》はないので、人間以外の霊長類でのこれらの相互作用も、ふつうは同性に向けた性行動とみなされる。

系統発生的により古い新世界ザルでは、同性に向けた性行動は、ほかの霊長類と同じく、若い時期の遊びの段階では観察されるものの、この時期以降では見られない。人間の場合と驚くほどよく似た同性に向けた性行動が見られるようになるのは、ごく最近に進化した旧世界ザルのいくつかの種――チンパンジーのような大型類人猿――からである。同性のカップルはしばしば、安定した、排他的な関係を長期にわたってもち続ける。同性の配偶相手をめぐって争いが起こる（攻撃のディスプレイやはっきりした嫉妬が見られる）こともある。これらのカップルは、性器をこすり合わせたり（とりわけメスどうしの場合）、お互いの性器をいじるなど、複雑な性行為をする。

しかし、こういった霊長類の行動が人間の同性愛と同じものなのかどうかについては、意見が分かれている。しばしば見過ごされている重要な点は、同性に向けた行動が優先的なものだということをはっきり特徴づける観察例がない、ということである。これまでに検討されているどの例も、異性の相手が得られる状況になると、同性との性行動をやめて、異性との性行動を始めるのだ。同性に向けた性行動は、多くの場合、社会集団のなかの優劣構造のために異性の配偶相手が得られないことを反映している。興味深いことに、同性の個体だけの状況で見られる行動においても、オスとメスの活動には違いがある。オスの同性に向けた性行動はほとんどつねに子ども期や思春期に起こるのに対し、メスでは、これらの時期にそうした行動をとることはめったにない。メスがそうした行動をとるのは、おとなになってからがほとんどであり、ときにはオスとの交尾や出産を経験してからのことさえある。

これらの行動はすでに、霊長類より下等な動物で見られる行動とは明らかに違っており、人間の同性愛に特有の神経や行動のパターンの少なくとも始まりを示していると言えるかもしれない。人間以外の霊長類では、これらの行動が特定の家系内で多く見られるのかどうか、つまりそれらが遺伝するのかどうかは、まだよくわかっていない。

同性愛を方向づける遺伝子の存在は、現在の進化理論に興味深い難問を突きつける。伝統的な見方では、さまざまな突然変異のプロセスを通して新しい対立遺伝子が生じた場合、その遺伝子が、それをもった個体から集団全体へと広がるかどうかは、自然淘汰がその遺伝子にどうはたらくかによっている。新しい対立遺伝子がある動物種内に広がるように選択されるのは、そうした遺伝子がそれを受け継いでいる個体の繁殖成功率をなんらかのやり方で高めるからだ。したがって、問題は以下の点だ。個体を繁殖活動から遠ざけるような対立遺伝子が、どうしたら、進化のなかで種内に確立され、維持されるのだろうか？　人間における同性愛行動は、少なくとも有史以来ある。高等な霊長類の多くでは、同性愛らしき行動も見られる。このことが示唆するのは、そうした行動が人類が誕生したときからおそらくすでに存在し、それ以後ずっと維持されてきたということだ。では、どのようにしてそれは起こりえたのだろうか？　同性愛の男性や女性から産まれる子どもの数は、異性愛の男性や女性の場合の約五分の一にすぎない。通常、これなら、そのもとにある対立遺伝子は、短い期間のうちに急速になくなってしまうはずである。しかし、そうしたことが起こっているようにはとても見えない。ひょっとして、同性愛行動を方向づけている対立遺伝子の多くは、私たちがまだ気づいていない利点を人間に与えている（あるいは過去に与えていた）のだろうか？

同性愛に関係する対立遺伝子以外でも、そうした対立遺伝子が維持されているというミステリアスな例がいくつかある。最近とみに明らかになりつつあるように、老化と死をもたらすメカニズムの多くは、遺伝子のコントロール下にある。これらの遺伝子は、繁殖の点で利点があるようには見えない。同様に、嚢胞性線維症のような遺伝病を引き起こす遺伝子もある。付章2で論じるように、推定によれば、白人の20%がこの有害な対立遺伝子をもっている。これは、不運にも二つのコピーを受け継いでいる人に不妊と短命をもたらす対立遺伝子としては、驚くべき頻度である。いまのところ考えられるのは、そうした対立遺伝子が、同型接合体の人の繁殖を妨げはするものの、実際には、ひとつのコピーだけをもった人になんらかの利点――いわゆる「異型接合体有利性」――をもたらしているのかもしれない、ということである。

鎌状赤血球貧血症のようないくつかの例では、欠陥遺伝子のコピーがひとつだけの場合に有利性があることが明らかにされている。しかし、異型接合体有利性が同性愛のような量的形質に関与する遺伝子の淘汰に影響をおよぼしたりするのか、あるいは影響するとすれば、どの程度影響するのかは、わかっていない。

心的機能の遺伝的基盤の研究と同じく、人間の性的指向の遺伝的基盤の研究——そしてとりわけ同性愛の遺伝的にありうる説明——は、まったく別の二つの理由から批判されてきた。予想されることだが、ヘイマーの研究には、科学的に妥当な批判がなされている。その批判はおもに、兄弟姉妹での研究と複雑な遺伝形質の遺伝との関係についてヘイマーたちがとっている仮定に焦点をあてている。ヘイマーらは、科学雑誌や学会でこれらの批判に答えているが、これはまったく健全なやり方と言えるだろう。だれもが認めるのは、どのように遺伝子が関与しているかを確証するためには、もっとデータを集める必要があるということだ。きっと近い将来、これらの批判になんらかの形で答える新しい研究計画が考え出されるだろう。

しかし、この種の研究は必然的に、科学だけでなく、政治にも、そして社会にも強い反応を引き起こす。一部の人々は、同性愛が、ライフスタイルの選択であって、生物学的な問題ではなく、モラルの問題だと考えようとしている。またある人々は、当然ながら、同性愛者が、ほかの行動と同じく、遺伝的なコントロール下にあるのだと、そして同性愛者になることにはその人の選択の余地などほとんどないことを証明しようとしている。同性愛者になることに選択の余地がないことは、同性愛者が法的に保護すべき人々だということにひとつの根拠を与えるが、これには多くの人々が反対している。

だが、同性愛を、強い遺伝的要素が根底にある、人間の正常な行動のひとつとみなすことは、そのように認知されることを最善だと考える立場の人にとっても、両刃の剣のところがある。一部の人は、アルコール依存症は現在病気とみなされているのだから、同性愛もその定義に合わせてひとつの病気とみなすべきだと考えている。12章でも述べたし、付章でも述べるように、人間の遺伝学全般に対する最大の恐怖のひとつは、私たちがヒトゲノムのすべての遺伝子を分離し解読し、各遺伝子がなにをしているのかを知ってしまったなら、この知識を、急速に進歩しつつある生殖操作技術と組み合わせて、まったく同じ遺伝子だけを伝えたいという強い誘惑が生じるだろう、ということだ。異性愛の夫婦が、自分の家系に同性愛者がいた場合、できた胚を遺伝子の点から選別し、同性愛の可能性のある胚を捨てたりすることも、予想できないことではない。これは、ごく当然の恐怖だ。その技術はすでにある。関与している遺伝子がなにかを知るのは、もはや時間の問題なのだ。

また、一部の人々にとってもうひとつの当然の懸念は、同性愛者になるかもしれない胚を選択的に排除するのを可能にするその同じ知識を利用して、簡単な遺伝的検査によって個人の性的指向も測られるようになるかもしれない、ということだ。これは、遺伝的プライバシーという、もっと大きな問題とも関係している。健康保険会社や生命保険会社は、現在も保険契約や保険の掛け金の決定にあたっては、標準的な医学的検査によってさまざまな健康リスクを査定しているのだから、将来的には、それと同じく、ＨＩＶ感染のリスクを見積もるために遺伝的検査を用いようとするかもしれない。特定の職場ではたらく人を雇用する側は、現在も雇用に際しては心理テストや性格検査を行なっているのだから、それと同じように、個人の性的指向を知るために遺伝情報を用いようとするかもしれない。これらは、私たちの社会全体が早急に考えねばならない問題である。ヘイマーらは、ＤＸＳ52についての最初の論文を書いたときに、明らかにこの問題を考えていた。彼らは、その論文を次のように結んでいる。

私たちの研究は、分子的連鎖法を、人間行動の通常の個人差に用いた最初の例である。ヒトゲノム計画が進むにつれて、こうした相関関係が数多く発見されるだろう。私たちは、ある個人の現在や未来の性的指向（異性愛か同性愛か）やほかの行動特性を調べたり変えたりするためにこうした情報を使うのは、基本的に倫理に反することだと考えている。むしろ、科学者も、教育者も、政治家も、そして一般市民も、これらの研究が社会のすべての人々に利する使われ方をするよう協力し合わなければならない。

科学者の圧倒的多数が、これに賛同するだろう。分子遺伝学的に「標準」とは多少違っているとみなされる人々が、たとえどんな理由からでも、淘汰の危険や不利な状況におかれるようなことがあってはならない。社会のなかのほかの人々の利益のために、一部の人々を特定し、孤立させ、あるいは数を減らすために、遺伝子構成に関する情報が使われるならば、人間の遺伝学の知識が私たちに利するすべてのものは、優生主義の終息以来なかったような政治的復活によってことごとく失われてしまうだろう。これらの利益は、私たちみなにとってあまりに重要なので、それが起こることを許すわけにはいかない。社会のなかのすべての人々――医者、科学者、法律の専門家、倫理学者、そして（もっとも重要なのだが）一般市民――が、根本にある問題を認識し、その解決策を考え、二一世紀に突入したこの時点で、これらの問題に対処する議論に加わる必要がある。

14章 遺伝子・環境・自由意志

行動の個体差の生物学的基盤を理解してゆくと、最終的には、どのように人間を個々の存在として見るかという問題の核心へと行き着く。ほかの人との、そしてまわりの世界との相互作用において、なにが、私たちそれぞれをこれほどまでに違うようにするのだろうか？　この問題にアプローチするには、いくつかの方法がある。本書がとってきた方法は、行動の個人差が遺伝するものなのかどうか、遺伝するとしたら、どの程度遺伝するのか、そしてそうした個人差が行動に関係する遺伝子の対立遺伝子の違いと、少なくとも部分的には相関すると考えるだけの根拠があるのか、を考えてみることである。

これまでの章ではおもに、系統発生的に人間とはかなり遠い関係にあるゾウリムシ、線虫、ショウジョウバエ、そして人間にかなり近縁のラットやマウスといった動物の行動について述べてきた。そうすることによって、より広い生物学的文脈のなかで、人間の行動を解釈することが可能になる。人間の行動は、動物の行動とは多くの重要な点で大きく異なるように見えるが、進化の歴史のなかで人間にはじめて行動が生じたわけではない。実際、ゾウリムシのように、現存種のなかでもっとも単純そうに見える生きものでさえ、直接的で反射的な反応に限られるにしても、環境に反応して行動する。ゾウリムシのところで紹介した行動の突然変異（ポーン、ファースト、パントフォビアック）はみな、ゾウリムシが化学的刺激や物理的刺激に対して適切に動くことができないという例だった。これらは遺伝するので、行動に関与する遺伝子の変異がこれらを生じさせていることは明らかである。

しかし、行動の進化のこの初期段階においてすでに、あらゆる動物（もちろん人間も含む）の行動に関係する遺伝子について言えることが存在する。ゾウリムシの特定の遺伝子の変異遺伝子は行動を変化させるが、それらは、ある特定の行動だけを司っているのではなく、ふだんの生活と機能も指示している。ゾウリムシで見た変異遺伝子は、環境を感知するゾウリムシの能力に影響を与えるのでも、ゾウリムシの移動に使われる身体器官、繊毛と、移動のためのエネルギー変換メカニズムに影響を与えるのでもない。環境の信号は適切に検出されているのだが、その信号の処理のしかたが、さまざまな遺伝子の変化によって正常に機能しなくなっているのだ。行動に障害を起こす対立遺伝子は、大きく分けて二種類ある。信号の変換に関与する遺伝子と、膜のイオンチャンネルをコードするか調整するかしている遺伝子である。

線虫では、行動はかなり複雑になる。この単純な多細胞生物は、原始的ながら、独立した神経系を備えている。高次の動物の神経系には、感覚ニューロン、介在ニューロン、運動ニューロンの三種類があるが、線虫では、たった三〇二個の神経細胞に、これら三種類がしっかり揃っている。線虫の遺伝子のなかでもっとも興味深い遺伝子は、*npr-1*である。これは、単一遺伝子の自然の対立遺伝子が、集合採食か単独採食かという明確な行動の表現型に顕著に影響する例である。*npr-1*遺伝子がコードしているタンパク質の分子の性質からすると、それは、神経ペプチドYに似た分子を受けとる細胞膜の受容体だろう。

おそらく線虫は、食べ始めると、神経ペプチドYに似たタンパク質を放出し、そのタンパク質は、隣接する個体の細胞上の、*npr-1*遺伝子がコード化している受容体によってとらえられ、次にこの受容体が細胞の一連の反応を引き起こし、それが最終的に集合採食行動となる。線虫は、*npr-1*受容体遺伝子のどの対立遺伝子を受け継いでいるかによって、一方の採食行動をとるようになる。この場合も、*npr-1*遺伝子によって影響を受ける特性は、たんに信号の変換である。しかし今度は、この対立遺伝子の影響をもっぱら受けるのは、神経細胞である。

それゆえ、集合採食行動と単独採食行動は、単一遺伝子によって支配されている、と結論づけたくなる。しかし、おそらくその結論は適切ではない。神経ペプチドYに似たタンパク質の遺伝子そのものに欠陥があるとしたら、あるいは神経ペプチドYの信号を受けとったり処理したりするほかの段階のどこかを制御する遺伝子に欠陥があるとしたら、集合採食をする系統の線虫でも、単独採食行動が引き起こされるかもしれないからだ。もしそうした変異体が見つかったなら、集合採食か単独採食かは、それらの遺伝子の対立遺伝子のみによって決まる、と言いたくなるだろう。*npr-1*遺伝子を重要な例としてもちだしてきたのは、どのように単一遺伝子が特定の行動に寄与するのか、そしてどうしてその遺伝子そのものがその行動の唯一の決定因——遺伝子レベルでも——とは言えないのかを示す典型的な例だからである。

ショウジョウバエの神経系はよく発達していて、なかなか精巧にできており、基礎的な脳と言えるものを備えている。このショウジョウバエでも、行動の個体差は遺伝的差異によって大きな影響を受け、その関与遺伝子は神経細胞の機能に影響を与えている。一番最初に発見された行動の遺伝子のひとつはダンス遺伝子だが、この遺伝子はその後、細胞内の典型的な信号伝達物質であるサイクリックAMP（cAMP）

を調節する酵素をコードしているということがわかった。cAMPは、キナーゼとよばれる酵素が細胞内のタンパク質を変えることを可能にし、ほとんどの場合遺伝子の新たな発現を引き起こす。cAMPに影響をおよぼす多型遺伝子は、周囲の環境の情報を学習し記憶するハエの能力に、したがって行動にも直接的な影響をおよぼす。ルタベガ遺伝子も、アムネジアック遺伝子も、cAMPの代謝を調整している。さらに、これらの遺伝子はどれも、行動そのものの遺伝子ではない。それらは、体中のどの細胞でも同じような役割を担っている。ダンス、ルタベガ、アムネジアックの変異は、これらの変異をもつハエのどの細胞でも見つかるが、その行動への影響は、神経系の細胞だけに限られる。

比較的単純な生物では、行動に関連する遺伝子がいくつも報告されているが、その大部分は、注意深く突然変異を誘導することによって発見されたものである。このような方法で生み出された変異遺伝子は、実際には、突然変異による新しい対立遺伝子でしかない。しかし、突然変異を誘導する方法は、その遺伝子だけでなくほかの遺伝子も変えてしまったり、あるいは研究者自身も気づかないうちにその生物そのものに影響を与えてしまっているおそれがつねにある。一方、これらの単純な生物の野生集団で、自然に存在する変異体を探すというやり方は、驚くほど手間がかかり、現実には不可能に近い。けれども、下等生物では、少数ながら、遺伝子にもとづく行動の自然の変異の例が特定されている。線虫の*npr-1*変異体や、ショウジョウバエのフォレジャー(*forager*)がそうだ。このフォレジャーの「ローヴァー」という対立遺伝子をもつハエは、エサを探してはるか遠くまで出かけてゆくのに、「シッター」という対立遺伝子をもつハエは近場で済ます傾向にある。これらの自然界に見られる対立遺伝子は、cGMP依存性キナーゼ[注]をコードしている遺伝子の変異遺伝子だということがわかっている。おそらく、単純な生物では、自然に生じる行動の変異にはたくさんのものがあるはずだが、それらを特定するのは技術的にきわめてむずかしい。知られている範囲で言えば、自然界で生じている行動変異の対立遺伝子と人為的な突然変異の対立遺伝子によって生じる行動変異との間には、まったく違いがないように見える。

より単純な生物で行動に影響をおよぼすことがわかっている個々の遺伝子は、哺乳類にも見つかる可能性が高い。たとえば、ダンス遺伝子や、イオンチャンネルを調節する幾種類もの遺伝子がそうである。とくにマウスでは、遺伝子ノックアウト技術を用いて、個々の遺伝子の影響が研究されてきた。いくつかの例では、単一遺伝子が、哺乳類の行動に大きな影響をおよぼすことがある。プレーリーハタネズミは、一夫一妻で、オスとメスの同じつがいが一生涯連れ添い、子育てを一緒にする。マウンテンハタネズミは、これとは正反対である。彼らは一夫多妻で、つがいの絆を作らない。オスは、交尾が済むとすぐにメスのもとを去り、生まれてくる子どもの世話は一切しない。この行動の大きな違いは、単一遺伝子の二種類の自然の対立遺伝子にある。これらの対立遺伝子は、神経ホルモンのヴァソプレッシンの脳内受容体をコードしている。実際、それぞれの対立遺伝子がコードしているタンパク質受容体は同一であり、違いは、この遺伝子の制御部分にある。この遺伝子は、二種類のハタネズミではそれぞれ脳の少しだけ異なる領域で発現するのだ。この行動に影響を与えるほかの遺伝子もあるかもしれないが、もしゲノムスキャンを行なったなら、ハタネズミの染色体のひとつにQTLのピークが現われ、ヴァソプレッシン受容体遺伝子が際

注　サイクリックGMP（cGMP）は、cAMPに似た分子であり、細胞内では似たようなはたらきをする。

立つ結果が得られるだろう。ヴァソプレッシンは、個体間の絆に明確な役割を果たすので、現在、自閉症の子どもで、このヴァソプレッシンシステムが詳しく調べられている。

もうひとつ例をあげると、NMDA遺伝子の対立遺伝子は、マウスの学習に深刻な影響を与える。だが、より複雑な動物では、単一遺伝子は、行動に小さな影響しか与えないことが多い。そういうこともあって、科学者は、哺乳動物の行動における個々の遺伝子の研究から、複数の遺伝子の研究へと重点を移してきた。もちろん、より単純な生物の行動も多数の遺伝子によって支配されてはいるが、単一遺伝子が特定の行動に大きな影響をおよぼすことも多い。行動に関係した複数遺伝子（QTL）をゲノム全体を通して探索する手法の妥当性は、ラットやマウスで十分に確立されているが、これは人間の行動の遺伝子を探る場合にもきわめて有望である。齧歯類と人間では、遺伝や化学的側面は大きくは違わないから、齧歯類でのゲノムスキャンは、ヒトゲノムにおける行動のQTLを探索し解釈するための貴重な道具となるだろう。

したがって、動物の行動の遺伝的基盤から、人間の行動にもあてはまる、少なくとも二つの重要なことが明らかになる。ひとつは、それ自体が「行動の遺伝子」といったものはありそうもない、ということだ。行動に影響を与える遺伝子は、細胞全般、なかでも神経細胞の日常的はたらきを指示する遺伝子と同じものだと思われる。二つめは、人間のかなり単純な行動でさえも、ほとんど確実に、多数の遺伝子の協調的な相互作用——遺伝子間の相互作用、そしてあとで述べるように、遺伝子と環境の相互作用——を含んでいる、ということだ。

人間の行動への遺伝的寄与

動物の行動に遺伝子が果たす役割に比べて、人間の行動の個人差に遺伝的多型がどのように寄与しているかについては、理解がかなり遅れている。これはひとえに、人間で行なえる実験には大きな制約があるからである。動物で行動に関与する遺伝子の大多数は、人為的に突然変異を生じさせることで発見されたものであり、こうした実験は人間では許されない。動物では、突然変異によってある行動に変化が起こると予想される場合、その遺伝的基盤が、統制された交配実験を通して確認される。こうした実験では、その後の多くの世代にわたって表現型の形質の変化がどのように受け継がれるかが調べられる。もちろん、こうした実験は、人間ではできないし、してはならないことだ。その変化が確かに遺伝によるものだということが遺伝パターンから確認できると、次にＤＮＡレベルでの遺伝子探しが始まる。そしてその遺伝子が発見されたら、今度は個体間でその遺伝子のさまざまな対立遺伝子が入れ換えられる。人間でできるのは、世代間で表現型の形質がどう伝わるかを観察することに限られている。これには幾世代もの時間がかかるのと、人間の生殖活動がもつランダムさのゆえに、研究としてはあまり効率がよくないアプローチである。しかし、遺伝子が人間行動の個人差にどのように関与しているかを分析するには、これしかとれるアプローチはない。

行動の個人差の家系内での遺伝についての本格的な研究は、ほんの数十年まえに始まったばかりである。

はじめのころは、これらの研究の多くは、少数の家系の一目でわかる遺伝パターンを調べたものであり、事例研究の域を出なかった。その後、研究は、実の兄弟姉妹と養子の兄弟姉妹、そして一緒や別々に育った一卵性や二卵性双生児などを対象にした大規模な家族研究で得られたデータを用いて、厳密で洗練された統計的分析へと発展した。初期の研究は、サンプル数とサンプリング方法、それにデータの統計的解釈に問題があって、批判された。しかし、最近の研究は、それらの批判点を考慮しながら行なわれており、人間の行動に見られる個人差のかなりの部分が確かに遺伝するという、強力な証拠を提供しつつある。

遺伝的形質が世代から世代へとどう伝わるのかを調べることによって、人間の特定の形質の遺伝率を明らかにすることはできるけれども、それによって、そのもとにある遺伝子が直接特定できるわけではない。しかし、ここ十数年ほどの間に、遺伝学と分子生物学の分野での新たな展開によって、人間の行動の個人差のもとにある遺伝因子を、組織的に、人間のDNAのなかに直接探ることができるまでになっている。これらのアプローチは、ヒトゲノム計画から生まれた技術によって大いに促進された。この計画が2003年に完了するまでに、行動に影響を与える遺伝子を探るための手法や技術が多数考え出されるだろう。

とくに、ゲノムスキャンは、ゲノム計画で得られる情報を大いに利用する。さまざまなアプローチのなかでも、とりわけこのアプローチは、ほとんどすべての行動が遺伝的に複雑であって、多くの遺伝子間の相互作用を含んでいる、ということを十分に明らかにしてきた。私たちは、ゲノムスキャンで得られた最初のデータをいま目にしつつある。アルコール依存、摂食障害、薬物依存、そしてほかの複雑な人間行動に影響を与える対立遺伝子をもつ遺伝子座として、これまで多数のQTLが特定されている。今後一〇年から二〇年のうちに、これらのQTLにある遺伝子の多くの正体が突き止められるだろう。しかし、関与遺伝子の特定は、ほんの序の口にすぎない。これらの遺伝子のすべての対立遺伝子がどのように互いに、そして環境と作用し合って、特定の行動に影響を与えるのかを解明するのに、科学者はこれから数十年間かかりきりになるだろう。

しかし、形質遺伝研究とＱＴＬスキャンは、人間行動の個人差の遺伝的差異の役割とよく対応してはいるものの、いまのところ、関与遺伝子の性質については少数の間接的手がかりしかないというのが実情である。行動の個人差に確実に関与していそうな遺伝子は、神経伝達物質やその受容体をコードしている遺伝子である。神経伝達物質が行動に影響を与えることは間違いない。人間では、セロトニンの量の違いが、攻撃性や鬱病といったさまざまな行動と関係している。神経伝達物質を合成する酵素や神経伝達物質の受容体をコードしている遺伝子については、複数の対立遺伝子が人間でも見つかっている。動物での研究から明らかになったのは、神経伝達物質経路の関与遺伝子の差異が行動の個体差に関係しているどころか、実際にはその個体差を生み出しているということだ。人間ではそうではないと考えるだけの理由はない。

行動に特有の遺伝子ということで言えば、それにもっとも近いのは、神経伝達物質の遺伝子かもしれない。それらは、ほかの遺伝子に比べて神経系に特有だし、神経系が行動にもっぱら関わるからだ。しかし、特定の神経伝達物質の遺伝子型と特定の行動の表現型との間には、一対一対応の独占的な関係は、見出されていない。むしろ、見出されているのは、神経伝達物質のシステムが、とりわけ人間では広い範囲の行動にわたっていて、それらが行動にどう影響するかは予測が困難だということだ。

自然の多型遺伝子も、人為的に誘導された多型遺伝子も、ほかの動物では、イオンチャンネル、信号伝達、神経伝達物質の機能のいずれかをコントロールしているので、行動に違いが生じる。繰り返し述べてきたように、それとまったく同じ遺伝子が人間にもあり、細胞のはたらきを同じように支配している。このことから、次のような疑問が浮かぶ。人間でのこれらの自然の多型遺伝子が、行動の個人差を生じさせないと考えるだけの理由があるだろうか？　動物における遺伝的差異と行動の個体差との結びつきが、進化の過程で、人間で急になくなるなどということがあるだろうか？　一動物種にすぎない私たちが、行動を支配するメカニズムの点で、ほかの動物と根本的に異なっていたりするだろうか？

心というものが発達し、その心から文化が生まれたという点で、明らかに人間はほかの動物とは異なる。人間がとる行動のほとんどを生み出しているのは心であり、物理的環境から直接刺激されて生じる行動は、ごく少数あるだけである。私たちが反応する環境自体も、心が生み出したものだ。多くの場合、私たちの反応行動は、生態的環境だけでなく、私たちをとりまく知的・文化的環境にも向けられる。したがって、問うべきは次のような問題である。遺伝子によってコントロールされて生じる行動は、物理的環境に対する反応行動と同じなのだろうか？　これらの遺伝子の差異と行動の個人差との結びつきは、ほかの動物に見られるものと同じなのだろうか？　言語や文化の習得は、人間行動の基盤がほかの動物の行動の基盤と根本的に異なっていることを必要とするのだろうか？

文化はそれ自体が生きものであり、人間の遺伝子とは独立に進化し、動物とはまったく違うやり方で人間の行動をコントロールしている、と言われることがある。おそらくそれは真実かもしれないが、環境の知的・文化的情報は、個々の人間によって、物理的環境の情報の場合と同じやり方で吸収され、処理される。すべての人間行動は（心や文化が生み出した環境に対して生じる行動も）、神経系、すなわち脳が仲介している。歌や小説の意味、政治の話題、信仰心などを処理しているのと同じ神経経路が、捕食者や食

表14. 1　遺伝子，ゲノム，神経細胞。進化にともない，遺伝子とDNAの比率も増える。これは，コードの役目をもたない「ジャンク」DNAの量も累積的に増えてゆくからである。

種	ゲノムサイズ*	遺伝子の推定数	神経細胞数
バクテリア	1−2	1,500−2,000	0
酵母	13−15	6,000−7,000	0
線虫	100	17,000	302
ショウジョウバエ	170	14,000	250,000
ヒト	3,000	35,000	100,000,000,000

*100万ヌクレオチド

物、天候や配偶相手に対する反応を処理している。行動の点で、人間の神経系は、ショウジョウバエや線虫の神経系に比べればはるかに複雑なことをしているように見えるが、神経系の処理のしかたそのものは、長い進化の時間を通してほとんど変化していないのだ。ハエのニューロンをはたらかせている分子メカニズムと、そのもとにある遺伝子は、人間のニューロンを支配している分子メカニズムや遺伝子と驚くほどよく似ている。違いは、ニューロン間の連絡の範囲と複雑さだけだ。しかし、これらの相互連絡を生み出し、はたらかせているメカニズムには、ほとんど違いがない。人間の心のもっとも複雑で精密なはたらきでさえ、ショウジョウバエを果物に引き寄せたり、オープンフィールド・テストでマウスに探索行動を起こさせるのと同じ神経メカニズムが仲介しているのだ。

かつては、人間は単純な生きものに比べればはるかにたくさんの遺伝子をもっているはずだから、いずれ人間行動の遺伝も動物行動の遺伝よりもはるかに複雑だということがはっきりするだろう、と考えられたこともあった。しかし、明らかになったのは、そうではないということだった。確かに、人間には数百億の脳細胞があり、三〇二の神経細胞しかない線虫に比べれば、規模の点でも複雑さの点でも桁違いである。人間は推定で約三万五千の遺伝子をもっているが、線虫のゲノムの遺伝子配列を確定してみてわかったのは、この小さな生きものでさえ、約一万七千もの遺伝子をもっているということだった（表14・1）。さらに、人間は、単純な生きものに比べ、そのゲノムのなかに特定の遺伝子のコピーがより多く含まれている。人間には、少なくとも七種類のホスホジエステラーゼの遺伝子があるが、ショウジョウバエはそれが三種類だ。人間には、一二を越える種類のセロトニン受容体があるが、線虫ではそれが二つだ。実際のところ、人間の遺伝子の数は線虫の三倍以上だが、遺伝子の種類の数は、そんなに大きく違うわけではない。このように、遺伝的複雑さだけでは、人間の行動の複雑さを説明できそうにない。

行動の個体差への環境の影響

動物の行動の遺伝から得られた知識を直接人間に応用する場合には、大きな問題点がいくつかある。そのひとつは、行動の表現型の決定に環境がどのような役割を果たすかをあつかっている研究は、ほとんどが下等生物についてのもので、しかもほんの数えるほどしかない、ということだ。大部分の動物研究は、行動の遺伝的側面に焦点をあてており、通常はたいへんな苦労をして、行動に影響を与えそうな環境の変数をとり除いている。個々の行動特性への遺伝的寄与をはっきり特定しようとする場合には、これは必要不可欠なステップである。しかし、行動の個体差への遺伝的寄与について教えてくれるまさにその同じ証拠から言えるのは、平均的に、環境がこの同じ個体差の少なくとも半分に寄与しているということである。

環境の変数を調べようとした動物での数少ない研究のうち、いくつかは、幼い離乳まえの時期のほとんどあらゆる種類の刺激作用が——たんなるハンドリングも、あるいはまだ経験したことのないニオイや音にさらすことでさえも——、おとなになってからの臆病さの減少や、新しい感覚や経験をしてみたがる傾向の増加と相関する、ということを示してきた。これらの実験は、いくつかの異なる動物種で繰り返され、その知見がほぼ正しいことを示している。サルの赤ちゃんでの実験は、これとは逆の実験的アプローチを用いているが、次のように似た結果を示している。赤ちゃんザルが生後すぐにほかのサルから隔離され、母親の代わりに哺乳ビンのついた布製の人形とだけおかれた場合、その性格や社会行動の発達は、著しく阻害される。こうした隔離を三か月続けて、そのあとで通常の環境に戻すと、彼らは、極度の恐怖と社会的不適応を示すが、最終的にはなんとか回復する。隔離が六か月以上になると、重い自閉症のような状態になり、回復することがない。彼らは、自力で生きるのに必要な行動をとることができなくなってしまい、性行動のような基本的行動すらもとることができない。

動物では、環境の経験が脳にどのような影響をおよぼすのかは、かなりよくわかっている。これらの研究は、1950年代に始められて以来、環境の経験や学習課題が神経系にどのような物理的変化を起こすかを明らかにしてきた。視覚や嗅覚の刺激が多いと、あるいは体を動かすことが多いと、それに関係する脳の部分が20％以上も増加する。この増加は、ニューロンの数の増加と、個々のニューロンの樹状突起やシナプス連絡の増加によっている。同様に、毛細血管の数も増え、脳細胞の活動を高めるのに必要なだけの酸素と栄養物を運べるようになる。これらの構造的変化と環境の経験の間に関係があるのは間違いないが、それらを特定の反応行動の変化の点から、量的に解釈するのはむずかしい。

人間では、行動への環境の影響の組織的研究は、さらにいろいろな問題がある。行動への遺伝子の影響を測るために、人間のゲノムを直接操作することは倫理的に許されることではないが、同様に、行動への環境の影響を測るために、環境を操作することも許されることではない。私たちができるのは、発達のさまざまな時期に異なる環境にさらされた人がどのように行動するのかを観察し、その観察から意味ある結論を引き出すことだけである。残念なことに、こうしたアプローチをとる研究の大部分は、少数の事例の観察にもとづいているため、逸話的になりがちであり、どう見るかによってその評価も異なり、正反対の評価がなされることもある。

人間の行動の個人差の遺伝的影響の研究と同様、環境の果たす役割についての量的データのほとんどは、一緒や別々に育った双生児の研究と養子研究から得られたものだ。これらの研究は、必然的に観察にもとづいており、ほとんどの場合、環境の影響は、遺伝で説明できる以外のものとして推論される。これらのデータの統計的解釈から、興味深い推測がもたらされるが、それらの推測は、個々の人間を実験的に直接操作することによっては検証できない。環境が人間の行動に大きな影響を与えていることは間違いないが、しかしその支持のほとんどは推測によるものであり、確かなデータと言えば、ほんのわずかにある程度だ。

他方、動物の場合と同様、人間でも、環境の経験が脳の基本構造に影響を与えるという証拠がある。死後解剖の研究によれば、一般に、脳がたくさん刺激されるような生涯を送った人は、大脳皮質のネットワークがより広範囲におよぶ。スポーツ選手は、筋の協調運動に関与する脳領域のニューロンのネットワークが高度に発達している。さらに印象的なのは、これらの研究の一部では、ＭＲＩ（磁気共鳴映像法）や

PET（陽電子放出断層撮影法）などのテクニックを用いて、学習状況で言語機能や身体の運動機能がはたらいているときの脳の画像をリアルタイムで観察している。細胞内の代謝率をモニターするPETは、行動の障害を治療する際に、治療の前後で脳細胞の変化をモニターするのにも使われている。最近、UCLAで行なわれた研究では、強迫神経症の患者で、セロトニン輸送体阻害剤が投与された場合でも、また行動療法を行なった場合でも、中脳領域の細胞に安定した代謝の変化が引き起こされた。この研究は、行動の変化によって引き起こされるシナプスの数や強さのような物理的変化を調べる研究に貴重な知見を提供する。それはまた、環境の経験が神経の構造を変えるだけの力をもっているということも明らかにしている。

リチャード・ルウォンティンらが『われらの遺伝子にはあらず――生物学、イデオロギー、そして人間本性』（1984）のなかで指摘しているように、遺伝子型と環境は、個々の人間に最終産物として現われる表現型を（相反するやり方でか、あるいはそれぞれ独立にか）形作る二つの別々の無関係な力だと考えるべきではない。遺伝子の違いは、胚の発生段階で脳の構造そのものにも影響を与えるが、それは遺伝子が発生過程をガイドするからである。遺伝子はまた、イオンチャンネル、神経細胞内の信号処理、ニューロンが相互の情報伝達に用いている神経伝達物質システム、これらそれぞれの性質にも影響を与える。処理される信号は、脳の構造やはたらきとは独立に、環境が与えるものだが、それらの信号も脳内の変化に影響しうる。それらは、細胞内の処理経路を変化させ、脳の構造とシナプス連絡の改変を引き起こす。

個々の人間の遺伝子型は、まずその人間が環境をどのように見るかに大きく影響する。まったく同じ環境が、ある人にとっては敵意や脅威に満ちているが、別の人にとっては、見慣れた心安らぐものかもしれない。そして、遺伝子型が環境のなかで試されるときのこの経験こそが、その人のそれ以後の行動に持続的な影響力をもつのだ。同様に心にとめておかねばならないのは、個々の人間は、各自の遺伝子型によってガイドされて、それぞれ異なるやり方で環境を操作するということだ。たとえば、1章で紹介した二卵性双生児が、まわりの環境をそれぞれどのように違ったやり方で操作したかを思い出していただきたい。仲間の選択、つまり気持ちよく一緒にいられる人々を友人に選ぶことは、大きな影響力をもつ環境となるが、これは大きくは、遺伝子型の反映でもある。したがって、遺伝の影響と環境の影響の相対的比率を言うときに、つねに念頭におかなければならないのは、人間の発達において、これら二つの力は、逆にはたらくというよりも、相互に作用し合う、ということである。遺伝－環境論争で数字のゲームをしてどちらが「勝ち」かを言うこと自体、時間の無駄というだけでなく、おそらくその行き着く先は、誤った結論だろう。

遺伝子・環境・自由意志

私たちがどんな人間になるかを決定する上で遺伝子と環境の相対的役割の議論は、究極的には、自由意志と個人の責任の問題に関係する。自由意志とは、選択の際にどんな決定論からも、すなわち歴史的、遺伝的、あるいは神による決定のいずれからも自由だ、ということを意味する。すべての法や倫理のシステムは、個々の人間がさまざまな行動の選択肢を選べる自由をもっているということを前提としている。自由に選択できなければ、個人の責任というものは意味をなさない。しかし、そういう自由は本当にあるのだろうか？　もしあるとするなら、その生物学的基盤はなにか？

人間行動の研究は、二つのかなり異なる枠組みのなかで進められてきた。現代の行動科学者は、厳密な形では、このどちらの枠組みも採用していない。生物学的決定論は、身のまわりで起こることへの私たちのどんな反応も、受精の瞬間に私たちのゲノムに書き込まれたものから予測できる、と仮定する。ある行動に影響を与える遺伝子のすべてを特定できたあかつきには、そして、それらの遺伝子の対立遺伝子のすべてがその行動にどのような影響をおよぼすかが解き明かされたあかつきには、一定の環境条件に対して生じるその行動の点から個人がなにをするのかを予測できるはずである。一方、環境決定論では、生まれたばかりの人間の赤ん坊は基本的になにも書かれていない白紙のようなもので、どんなおとなになるかは、その人間がさらされる環境的・文化的経験の総和から予測可能だ、と考える。一定の環境条件に対して生じる行動は、それまでの経験の連続と総和から完全に予測可能なはずである。

現在はっきりしているのは、人間の行動は、生物学的要因と環境要因の組合せによってもっともよく説明される――人間の行動の個人差には、遺伝子とそれまでの経験がほぼ同程度に寄与する――ということである。しかし、行動のこれらの要因のどちらも、自由意志について考える助けにはならない。なぜなら、どちらも、自由意志の存在を強く否定しているからだ。もし私たちのすべての行動が私たちが生まれるまえにゲノムに書き込まれたものから予測可能だというのであれば、このことから、私たちの選択の自由や選択の際の個人の責任について、なにが言えるのだろう？　なにも言えない。だが、遺伝子の専制を恐れる人々は、私たちが白紙のような状態で生まれてきて、たくさんの経験を積んで分別のあるおとなになると考えることで、安心することもまたできない。それもまた、私たちが遺伝子のたんなる総和であるとした場合と同様、私たちの行動を予測可能なものに、そして選択し行動する私たちの自由を制約されたものにするからである。

しかし、生物学的決定論と環境決定論の「現代の統合」によっても(行動を説明するために遺伝子と環境を結びつけても)、自由意志の問題は解決されないままに残る。二つの決定論を結びつけたところで、人間行動における選択の起源と意味を考える助けにはならない。自由意志こそ人間行動の特徴であって、行動を生み出すのが神経系だというのなら、自由意志は相互作用し合う神経細胞のぎっしり詰まったこの脳のなかのどこにあるのだろう？　自由意志は、生物学的な観点からは意味をもちうるだろうか？　自由意志は、伝統的に、人間に特有のものとみなされている。しかし明らかに、動物も選択を行なう。線虫でさえ、二つの等しいバクテリアの塊に直面すると、一方を食べるという決断を行ない、もう一方を失うという危険を冒す。この選択はランダムなのだろうか？　とれる反応や行動が複数ある場合はつねに、動物は選択を余儀なくされる。こうした選択は、自由意志を含んでいるのか？　もし含んでいないなら、私たちが人間の意志決定過程だけに特有と思っているものはなんなのだろうか？

標準的な答えは、人間は良し悪しの判断ができるというものだろう。ここで言う「良し悪し」とは文化的構成概念だが、そのもとをさかのぼれば、遠く、行動の進化を形作る生物学的現実に行き着く。しかし、まえに述べたように、文化的情報を処理する神経メカニズムは、物理的環境の情報を処理しているメカニズムと同じものである。要するに、行動のほかの決定に影響を与えるまさにその対立遺伝子の違い、環境の歴史のまさにその違いが、私たちの良し悪しの判断にも影響を与えているのだ。しかし、もし遺伝子とそれまでの経験のどちらも決定論的だというのなら、自由意志はどこから生じるのだろうか？

この疑問への答えの手がかりは、一見場違いに見える領域にある。それは、数学、そして予測という性質である。予測可能性は、科学の本質である。ある現象が観察され、それを説明するためにさまざまな仮説が出され、それらの仮説は、ある一定の条件下でなにが起こるかを予測できるかどうかによって、検討される。競合する仮説がしだいに選りすぐられ、最終的には、最大の予測力を備えた統一理論が生み出される。しかしつねに、理論がどれぐらい長くもちこたえるかを決めているのは、その予測力である。ある理論が結果を予測できない場合には、その理論は、修正を余儀なくされるか、あるいは完全に捨て去られる。

宇宙を説明するために考え出された物理学の理論には、目を見張るほどの予測力がある。これらの理論によって、私たちは、潮汐や天体の蝕、惑星や銀河の運動、特定の放射性物質の崩壊速度などを予測できる。しかし、そのほかの圧倒的多数の例では、ある一定の状況で作用する物理的力のすべてが詳細にわかったとしても、なにが起こるか――たとえば、お尻から空気を出して飛ぶゴム風船がどんな軌跡をとるかや、来週はどんな天気になるか――を正確に予測することはできない。これらの予測不能に見えるシステムが共通にもっているひとつの特徴は、初期条件がほんの少し違うだけでそのシステムが大きく変わってしまう、ということである。たとえば、がけっぷちに小石があるとしよう。それをちょっと蹴れば、がけに沿って転がり落ち始めるだろう。小石がどんな軌跡をたどるかを予測してみよう。落下する小石が個々の小枝にぶつかるごと、潅木や岩に衝突するごとに、落ちてゆく小石の未来の一連の新たな相互作用が設定される。そして、初期条件のほんの小さな違い、すぐまえにある別の小石とぶつかるかどうかや、ぶつかるとしたらどの角度でかが、その後どういう軌跡をたどるのかをほとんど予測不能なものにしてしまう。

科学者は長いこと、こうした状況での行動を予測できないのはたんに計算の問題だ、と考えてきた。がけの上の条件すべてと、最初に小石を押し出す力の条件について十分詳細な情報があれば、そして高性能のコンピュータがあれば、小石がどこで止まるかは予測できるだろうと考えてきた。しかし、できなかった。落下のステップごとに、それぞれの接触が、次の接触の可能性の全範囲を設定する。最終的な計算結果は、これら接触すべての線形的な合計になるのではなく、それぞれの接触によって生じる可能性の非線形的な「掛け算」になるのだ。最初の一メートル行くか行かないうちに、可能性は、コンピュータが計算可能な範囲、あるいは人間の脳が把握できる範囲を越えてしまう、ということである。さらに悪いことには、量子力学が教えるところでは、静止状態にある小石を押し出すことを含めてどんな事象の初期条件ですら、絶対的な正確さで知ることはできないし、位置や運動量を厳密に測定しようとすること自体が位置や運動量を変化させてしまう。初期条件をほんの少し変化させただけで、たちまちに結果が計算不能になってしまうようなシステムを、数学者はカオスとよぶ。

確かに、脳は、非線形的でカオス的な行動を生み出すたくさんの機会を豊富に提供する。すでに見たように、個々の神経細胞自体も、信じられないほど複雑だ。広く枝を伸ばした多数の樹状突起を通して、それぞれの細胞に情報が伝えられる。ひとつのニューロンは、千かそれ以上のニューロンから情報を受けとり、それらのニューロンのそれぞれもまた、百とか千とかの入力の影響を受けている。ある瞬間にあるニューロンに信号を送り込む樹状突起のとりうる組合せの数によって、加えてこれらの信号のとりうる強度と頻度の範囲によって、初期条件の可能性そのものがすでに膨大にある。そのニューロンの単一の（だがたくさんの枝が伸びた）軸索を通して情報を送り出すために必要な電位は、それぞれ独立にはたらく数百ものイオンチャンネル——細胞のナトリウムイオン、カリウムイオン、カルシウムイオンの出入りを調節している——によってコントロールされている。開いたチャンネルと閉じたチャンネルのありうる組合せの数も、その細胞の状態の決定に寄与する大きな要因である。最後に、脳内の特定の神経路を構成している数万から数十万の神経細胞は、フィードバック回路によって相互に作用し合い、さらにそれらは、その神経路が行き着く脳領域にあるほかの細胞とも作用し合う。たったひとつのニューロンの初期条件——ある瞬間にどの樹状突起が活動しているか、つまり活性化しているイオンチャンネルの数と状態——のごくわずかな違いが、神経路内の細胞間の相互作用の膨大な可能性とあいまって、がけを落下する小石の軌跡と同じように、行動に予測不能な影響を与える変化をもたらしうるということは、容易に想像がつく。

予測不能性を生み出す上で決定的な役割を果たす脳のような器官に、どうしてプログラムをおく必要があるのだろうか？　利点のひとつは、環境に反応する能力の多様性である。ヒトという種には、いくつもの異なる型の遺伝子（対立遺伝子）があり、すでにそれが多様性を生み出すもとになっている。特定の遺伝子のある対立遺伝子はある条件のもとでもっともよく機能し、別の対立遺伝子は、それとは別の条件のもとでよく機能するだろう。このように、ヒトという種全体が、さまざまな種類の内外の条件に対処できるだけの能力をもっている。個々の人間においては、体に侵入し病気を引き起こすさまざまな種類の病原体に対処するために、免疫系のようなシステムが、体のなかで特定の遺伝子を組み合わせて、驚くべき多様性を作り上げることもできる。しかし、これはごくまれな例外だ。受け継がれた遺伝子は一般には、その人の一生の間変わることはない。カオスは、遺伝子を変えはしないが、遺伝子によって特殊化され経験によって変えられた経路に新しい（そして予測不能な）可能性を作り上げる。いずれにしろ直接的証拠があるわけではないが、個々の神経細胞や神経路内の初期条件の小さなゆらぎが非線形的に増幅され、信号処理の予測不能なパターンを生み出し、ＤＮＡにも書かれておらず過去の経験とも関係のない行動を生じさせる、ということは確かに考えられることだ。これこそ、カオスの定義にぴったり合う。

私たちは、人間行動のカオス的過程の役割を理解する試みをちょうど始めたところだが、すでにたくさんの可能性が思い浮かぶ。創造性はつねに私たちを悩ませてきた。私たちは時には急に思いついて、これまでの経験からは予測しえないような、まったく新しい見方をもたらす結論に達することがある。そして意志決定についてはどうだろうか？　ある状況を思い返して、なぜ自分がそうしたのかを考えてみたことが何度あっただろう？　神経系は、あるレベルでは決定論的だが、私たちは、それがどうはたらくかを必ずしも予測できるわけではない。カオスは、行動の結果が複雑すぎて予測できないことがあり、そして遺伝子型にも過去経験にも合理的な理由などないかに見える行動が生じることもあると考えることに、合理的な理由を提供する。一方、カオスがもたらす不確定性は、必ずしも無限なわけではない。小石ががけを落ちてゆくときにとりうる軌跡の数は、計算するにはあまりに膨大すぎるかもしれないが、最後はつねにがけの底で終わるのだ。

さてここで、自由意志に戻ってみよう。私たちは、自由意志について、あたかも自分がコントロールしているものであるかのように語る。しかし、これは必ず正しいのだろうか？　この状況ならこう行動しようという決定は、まったく自分のなかだけのものだ。しかし、カオス的行動のまさにその定義によれば、その行動は、人間の意識や記憶の外ではたらく。このように、もしカオスが人間行動を生み出す要因ならば、私たちが自由意志とよんでいるものはたんに、行動について、私たちがあってほしいと思うあるレベルの不確定性を説明する方法――不確定性を私たちの理解できるパターンへと組み入れて、コントロールできると思うための方便――にすぎないのかもしれない。

こうした自由意志の見方から、個人の責任についてなにが言えるだろう？　私たちの遺伝子や過去経験といったものは、人間行動におけるその役割について私たちが理解しているかぎりでは、きわめて決定論的である。もしそれだけだとすれば、自由意志などないか、あってもほんのわずかだろう。私たちは、自分のどんな行為についても、どちらか一方の確定性の無力な犠牲者だと申し立てることができるだろう。犯罪行為のこうした説明は、現在、法廷でも一般的なものになりつつある。しかし、遺伝子と過去経験の両方から私たちを自由にするカオスの不確定性はまた、私たちに、自らの行為に対する責任を認めるように強いる。カオスは確かに遺伝子と経験のどちらにおいても筋書きとして書かれていないものを経験するように強いるが、私たちには驚異的な学習能力がある。私たちは、自分の行為がどのように自分の生に、そして周囲の人々の生に影響を与えるかを見て十分に理解できる。おそらくそこにあるものこそ、倫理的選択の定義、そして自由意志の本質であり、遺伝子や経験に規定されない個人的・社会的可能性のなかからどれかを選択する能力なのだ。

遺伝‐環境論争は、近い将来も続いてゆくだろう。本書では、一部の人たちの願いとは逆に、遺伝子が人間の行動にきわめて重要な役割を果たしている、ということを述べてきた。そうした証拠が目の前にあるのにそうでないと考えるならば、それは重大な過ちを犯すことになる。しかし、この論争の結末にある真実とは、遺伝と環境とを完全に切り離すことなどできないし、私たちの行動につきまとうある種のランダムさ――これが自由意志の可能性を生む――から遺伝か環境のどちらかをとり出すというのも無理な話だ、ということだろう。ヒトという種が現在もち、実際に機能している遺伝子は、これまで何度となく環境の攻撃にさらされ、形を整えられてきた。私たちのDNAそのものは、環境の経験が書かれては消されるということを何度も繰り返してきた石板のようなものだ。私たちが世代から世代へと労力をかけて受け継いでゆく「ナンセンス」DNAにも、過去の環境の経験を反映した化石的遺伝子の痕跡が詰まっている。私たちのそれぞれがもっているDNAは、人類の遺伝の歴史のなかのほんの「一コマ」にすぎず、私たちのだれひとりとして、人類の環境の経験全体を受け継いでいる者はいない。私たちのそれぞれは、自分が生まれ落ちた環境のなかで、あるレベルの不確定性――それをコントロールするにはある程度学習が必要だ――を背景として、私たちに与えられた遺伝的な力を最大限に発揮できるよう奮闘しなければならない。私たちを私たちたらしめ、人間たらしめているもの、それこそがこの奮闘なのだ。

付章1　遺伝子を発見し、特定する

人間の遺伝についてわかっていることのほとんどは、表現型として観察可能な形質が世代から世代へとどう伝わるのかを追うことによって得られたものである。本書では、これらの形質の個人差のかなりの部分が遺伝するものであり、したがって、それらの形質のもとにある遺伝子の違い——対立遺伝子——に帰すことができることを、多くの間接的証拠で示してきた。対立遺伝子の違いは、究極的には、遺伝子を構成しているヌクレオチドの精密な配列のわずかな違いで決まるのだから、もし異なる対立遺伝子が行動の個人差にどのように影響するかを十分に理解しようとするなら、関与している遺伝子を分離し、その遺伝子の対立遺伝子を調べる必要がある。しかし、まず最初に、特定の遺伝子や遺伝子群と特定の形質とをどのようにして関係づければよいだろうか？　そして、二三対の染色体に広がっている数十億のヌクレオチドのなかに埋まっている、未知の遺伝子をどうすれば見つけることができるだろうか？

二〇世紀初頭に遺伝学者が遺伝子を追い始めて以来、この問題には幾多のアプローチがなされてきた。古典的な「伝達遺伝学」は、表現型として観察可能な突然変異を誘導し、それを世代から世代へと追跡することによっていた。この方法は、その形質の関与遺伝子の特定を可能にしたが、その形質にほかの遺伝子も関与しているのかどうかや、あるいはその遺伝子自体がどのような性質をもっているかについてはなにも教えてくれなかった。１９７５年になってやっと、最初の遺伝子がウイルスから分離された。人間の遺伝子が分離されるのは１９７７年になってで、βグロブリンとよばれる血清タンパク質をコードしている遺伝子であった。それ以降の二〇年間で、人間の遺伝子は数千ほどが見つけられたが、そのほとんどは、どちらかと言えば簡単な遺伝子であった。

ある遺伝子の染色体上の位置を突き止め、その遺伝子を分離し、クローニングし、配列を決定するのに用いられる方法は、最近まで手間のかかるものであった。しかし、ここ数年の、その多くはヒトゲノム計画から生まれた技術革新によって、この手順全体が簡単になった。そして２００３年までに、ヒトゲノムのすべての遺伝子が分離され、配列決定が完了する見込みである。[注] 残念ながら、そのときに、これらの遺伝子の大半については、なにをしているのかがわかるわけではなく、たんに配列が明らかになるだけである。しかし、配列決定に先立つこの遺伝子分離技術を、既存の遺伝子技術と組み合わせることによって、遺伝子の機能を特定することはできる。いくつかの方法を組み合わせるこうしたアプローチは、すでに最初のゲノムスキャンで採用されているが、人間の行動遺伝の領域にとって大きな一歩と言えるだろう。

遺伝子を見つけて、それを世代から世代へと追跡できるようになったのは、なんと言っても「ＤＮＡマーカー」法の進歩のおかげである。ＤＮＡマーカーは、ある生物のゲノムの、特定の染色体上の特定の位置にある、一定のヌクレオチド配列の小領域である。もしあるマーカーを見つける方法があれば、つねに、それがゲノムのどの部分なのか、つまりどの染色体上のどの領域なのかを正確に知ることができる。さらに、特定の形質の遺伝と特定のマーカーの遺伝とを関係づけることができれば、その形質に関与する遺伝子は、そのマーカーのすぐ近くにあるということもわかる。

ＤＮＡマーカーには、二つの重要な要件がある。まず、ひとつしか存在しないものでなければならない（ゲノムのなかの一箇所だけにあるものでなければならない）。そして、多型でなければならない（調べようとする生物集団のなかに少なくとも二つか、できれば多数の型がなくてはいけない）。ＤＮＡマーカーはどんな長さでもよい。また、それ自体が遺伝子であってもよい。人間では数千の遺伝子の位置が突き止められているが、これらの遺伝子のいずれも、それらが載っている染色体のマーカーとして用いることができる。しかし、最近になって、ナンセンスＤＮＡ――ヒトゲノムの大部分を構成している、なにもコードしていないＤＮＡ――の特性を利用して、遺伝子ではないＤＮＡマーカーの新しい組合せが得られた。このタイプのマーカーの一例が「短縦列反復（short tandem repeat）」であり、ＳＴＲと通称される。

ナンセンスＤＮＡのヌクレオチド配列は、ゲノム全体にある程度均等に散らばっている。これらの配列は、個人差が大きい。おそらく、なにもコードしていないＤＮＡでは、ヌクレオチドの変化を妨げたり、機能をもつ遺伝子の突然変異に相当するものを妨げるような淘汰圧がはたらかないのかもしれない。さらに、このＤＮＡには、少数のヌクレオチドのモチーフが何回も繰り返されるという、重要な特徴がある。

注　ヒトゲノム計画とそれを可能にしている技術の進展については、Ｗ・Ｒ・クラーク『遺伝子医療の時代――21世紀人の期待と不安』（New York : Oxford University Press, 1997.　共立出版、１９９９）に述べてある。

たとえばACAGというモチーフの場合、繰り返しは五〇回から千回の範囲にわたる。このようなSTRは、ゲノム全体に散らばっている。モチーフの長さと同様、ヌクレオチドの構成の点でも、STRはほとんど無限に近いぐらい多様性があり、それらの多くは、人間集団では、きわめて多型である。STRの魅力は、その多型性が、ヌクレオチドの構成にあるのではなく、特定のモチーフについて個人がもっている繰り返しの数にある、ということである。たとえば、ある人には第12染色体上の特定領域にATGTモチーフの繰り返しが二六回あるが、別の人には三一回の繰り返しがある。染色体の特定領域にあるその人のモチーフ数を数えることは、そうむずかしくはない。このように、STRは、ゲノムの特定領域にだけあって、多型だという点で、DNAマーカーの条件を満たしている。

現在、DNAマーカーは、人間のどの染色体のどの部分でも、そして主要な実験動物のほとんどの種で、確立されている。こうした「ゲノム地図」は、これまでヒトゲノム計画を進める上で重要な役割を果たしてきた。DNAマーカーは、間隔が十分近接して並んでいれば、分子生物学者から見て、DNAのあつかいやすい部分をそれぞれ構成する。あつかいやすいとはどういう意味かを、ここでは、ある形質の遺伝子の位置を突き止めるためにDNAマーカーがどう用いられるのかを紹介することで見てみよう。かりに、二つの染色体しかない実験動物がいるとしよう。さらに、それぞれの染色体は、二つの異なるDNAマーカーだけによって特定されるとしよう。(実際には、二つなどということはなく、数百のマーカーがある。)この動物の一部の個体は、明るい赤毛をしていて、それが優性な形質として世代から世代へと受け継がれ、親の一方が赤毛である親から生まれる子どもの半分は赤毛だとしよう。残りの個体はみな茶色の毛をしている。ここでは、赤毛という形質をコントロールしている遺伝子がゲノムのどこにあるのかを知りたいので、その遺伝子を分離してみよう。

赤毛のオスと茶色の毛のメスをかけ合わせるとしよう（図A1・1）。まず、それに先立って、それぞれの個体が私たちの用いるDNAマーカーのどの型をもっているかを見ておこう。赤毛のオスでは、第1染色体上に、マーカー1のaとc、マーカー2のeとcという型がある。第2染色体上には、マーカー7のdとb、マーカー9のfとaという型がある。これらの多型のマーカーを用いて、個々の染色体が、次の世代の子どもにどう受け継がれるのかを調べることができる。同様に、メスの染色体上には、マーカー1にはfとd、マーカー2にはbとa、マーカー7にはgとa、マーカー9にはbとdという型がそれぞれある。

動物が生殖をするとき、精子や卵子の染色体のコピーの数を二つからひとつへと減らす。この特別なプロセスは、減数分裂とよばれている。染色体の異なる半分のセットが、ランダムに組み合わされて、異なる精子や卵子になる。たとえば、図A1・1Bに示したように、茶色の毛のメスは、それぞれの染色体の二つの異なるコピーをランダムに分布させることによって、四種類の卵子を作り出すことができる。（それぞれの染色体は、ここではマーカーの番号のついた直線で示してある。）同じことは、赤毛のオスについても言える。精子と卵子が合体したあと、染色体が組み合わされ、細胞ごとの染色体のコピーの数は、新たに形成される胚では二つになる。図では、胚の染色体の可能な組合せ（マーカーがどの型かで特定される）が、中央の箱のなかに示されている。四種類の精子と四種類の卵子は、組合せで言うと一六種類の胚になるが、これらは、マーカーの存在から明確に区別することができる。つまり、それぞれの子どもの遺伝子型が、その受け継がれた染色体にもとづいて、正確に特定できるのだ。

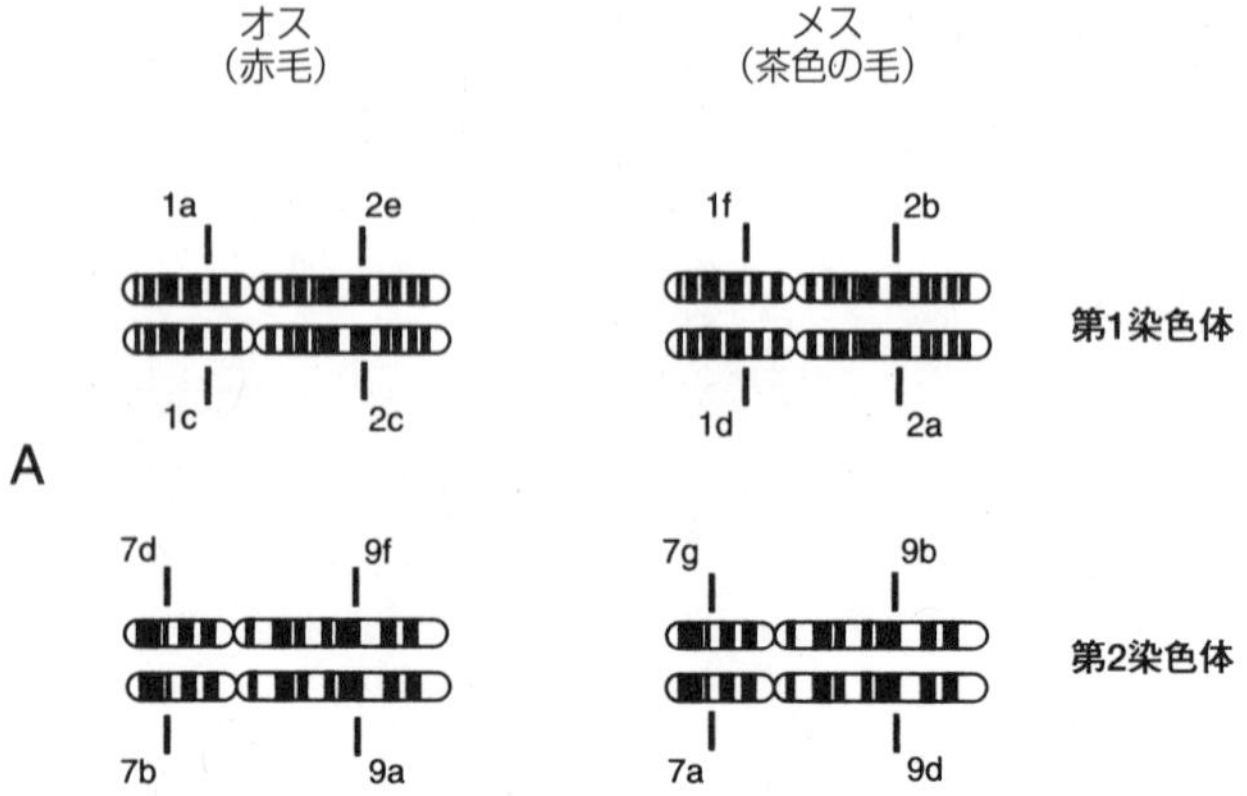

B

茶色の毛のメスの卵子（列）／赤毛のオスの精子（行）

赤毛のオスの精子	1f 2b / 7g 9b	1f 2b / 7a 9d	1d 2a / 7g 9b	1d 2a / 7a 9d
1a 2e / 7d 9f	1a,2e; 1f,2b **7d,9f**; 7g,9b 赤	1a,2e; 1f,2b **7d,9f**; 7a,9d 赤	1a,2e; 1d,2a **7d,9f**; 7g,9b 赤	1a,2e; 1d,2a **7d,9f**; 7a,9d 赤
1a 2e / 7b 9a	1a,2e; 1f,2b 7b,9a; 7g,9b 茶	1a,2e; 1f,2b 7b,9a; 7a,9d 茶	1a,2e; 1d,2a 7b,9a; 7g,9b 茶	1a,2e; 1d,2a 7b,9a; 7a,9d 茶
1c 2c / 7d 9f	1c,2c; 1f,2b **7d,9f**; 7g,9b 赤	1c,2c; 1f,2b **7d,9f**; 7a,9d 赤	1c,2c; 1d,2a **7d,9f**; 7g,9b 赤	1c,2c; 1d,2a **7d,9f**; 7a,9d 赤
1c 2c / 7b 9a	1c,2c; 1f,2b 7b,9a; 7g,9b 茶	1c,2c; 1f,2b 7b,9a; 7a,9d 茶	1c,2c; 1d,2a 7b,9a; 7g,9b 茶	1c,2c; 1d,2a 7b,9a; 7a,9d 茶

図A1. 1　交配実験でのDNAマーカーの追跡。染色体上のマーカーは，Bの箱に示すように，子にさまざまに受け継がれる。

したがって、これは、受け継がれる遺伝子型と表現型との対応づけの問題である。子どもが赤毛か茶色の毛かは、遺伝子型の下に記されている。遺伝子型を見ながら、表現型とつねに一緒に動くＤＮＡマーカーを探してみよう。明らかなのは、7dと9fのマーカーによって区別される染色体をもった子どもにのみ赤毛が見られるということである。したがって、赤毛を生じさせる遺伝子は第２染色体にあると結論づけられる。この場合に、マーカーそれ自体は、遺伝子ではなく、赤毛に関係するタンパク質をコードしているわけではない。これらのマーカーは、その遺伝子が載っている染色体を特定するのに使われるにすぎない。

この方法をさらに洗練して、実際の遺伝子が第２染色体上の二つのマーカーのうちどちらに近いかも知ることができる。動物が減数分裂のプロセスを通して精子や卵子を作るとき、染色体のもとの二倍体のペアは、一倍体へと分かれるまえに、相同の部分を互いに交換することがある（図Ａ１・２）。これが、世代間でさらに遺伝情報を組み換えるメカニズムである。このいわゆる「交差（乗換え）」現象のあと、組み換えられたそれぞれの染色体は、異なる二つの娘細胞へと割り振られ、これらの娘細胞が最終的に精子や卵子になる。簡単にするため、染色体のひとつのペアしかここには示していないが、交差は、染色体のどのペアでも（あるいはすべてのペアで）起こり、これによって新たな精子や卵子ができあがる。

もし交差現象が二つのマーカーの間で起こるならば、図Ａ１・２Ｃに示すように、マーカーの新たな組合せができあがる。ここで問題になるのは、私たちが追跡する形質がどのマーカーともっとも密接に関連しているかである。たとえば、7dと9fというマーカーは、はじめは同じ親の第２染色体のコピー上にある。交差現象のあと、これら二つのマーカーは、組み換えられた別々の第２染色体に位置し、赤毛の形質が7dマーカーと一緒に伝わったとしよう。この場合に、赤毛の色に影響をおよぼす遺伝子は、交差点と、7dマ

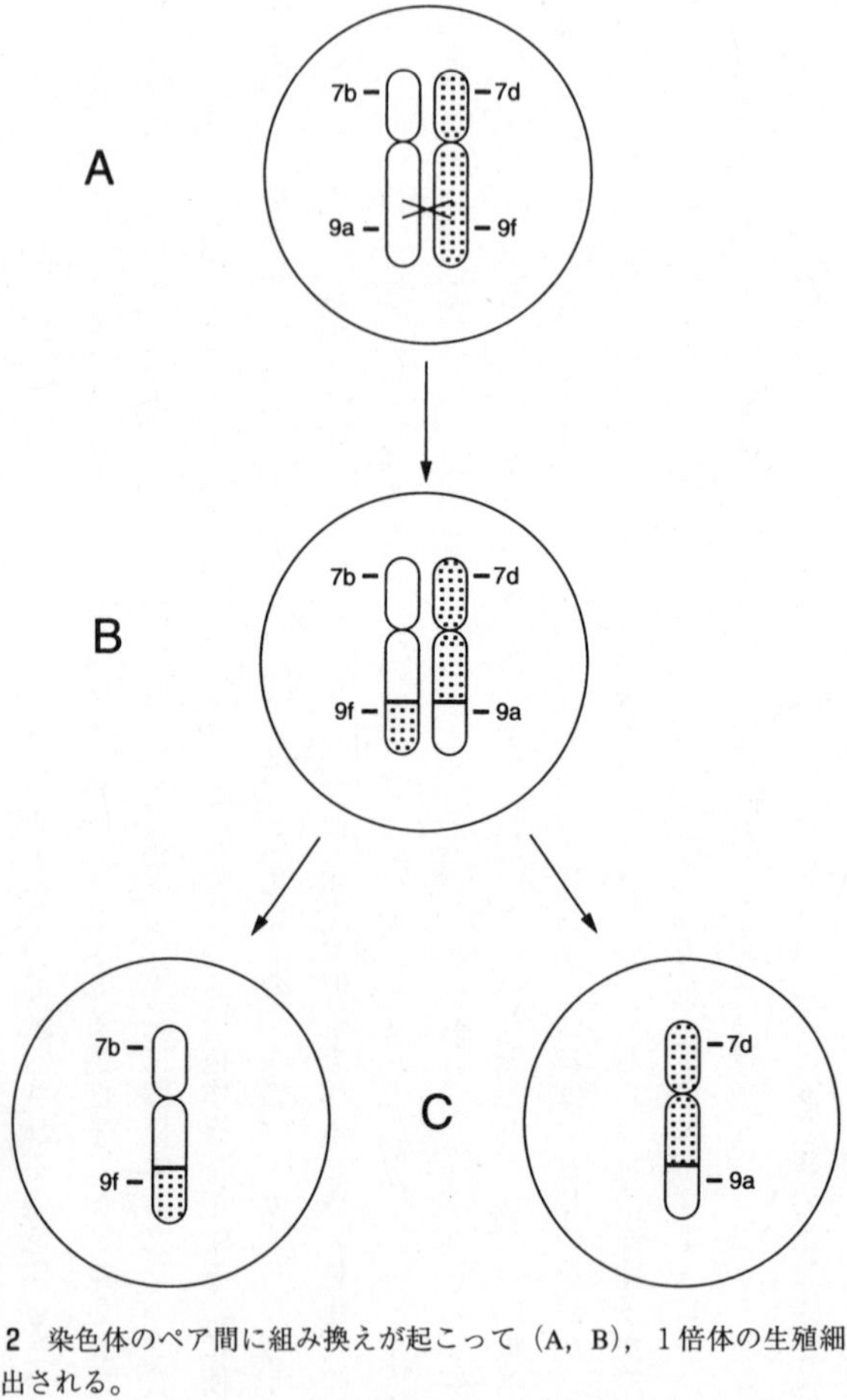

図A1. 2　染色体のペア間に組み換えが起こって（A，B），1倍体の生殖細胞（C）が生み出される。

ーカーによって示される部分の端との間にある、と言える。その遺伝子は、7のマーカーをもつ第2染色体の部分と「一緒に動く」のだ。したがって、この遺伝子をさらに詳しく探ろうとするなら、第2染色体のほかの部分は無視してかまわないことになる。精子や卵子の形成の際に起こる交差現象を利用しながら、より間隔の狭いマーカーを用いれば、問題の遺伝子があると予想される第2染色体の領域をさらに狭めることができる。

このアプローチのさまざまな変型は、遺伝子を発見する現在のほとんどすべての方法の基本にある。人間は、ほかのほとんどの動物に比べても産む子どもの数が少ないから、たくさんの家系で、できれば数世代にわたって、マーカーと表現型の関連性を追跡する必要がある。ゲノムスキャンでは、特定の行動形質について両親をできるだけ徹底的に記述し、彼らのDNAを、各染色体に関連した多数のマーカーによって位置づける。子どもたちも同じようにして、表現型を評定し、次に、どのマーカーが両親から受け継いでいるかを調べる。可能な場合には、孫や祖父母も同じように分析する。最初のスキャンでは、それらの結果は通常は、研究者に、どの染色体がその形質に寄与していそうか、そしてQTLが見つかりそうなのがその染色体の大体どのあたりかを教えるだけである（たとえば図10・2と図11・1参照）。次に行なうスキャンでは、研究者は、最初のスキャンで活性を示さなかった染色体は無視して、テストでクロと出た染色体領域に注目して、より間隔の狭いマーカーを用いる。

このアプローチの限界は、マーカー間の間隔が狭くなるにつれて、マーカー間の交差の可能性も小さくなり、その結果、染色体上のかなり小さな領域に正確に位置づけるのがむずかしくなる、ということである。だが、世界のさまざまな研究拠点の研究を連携して大規模な研究を行なうことによって、問題とする遺伝子のある領域をどんどん狭めてゆけるだろう。「かつての」分子生物学（五年まえ）だったら、研究者は、候補遺伝子を見つけるまで、マーカーの周辺のＤＮＡ配列を決定するたいへん手間のかかる作業を始めていただろう。現在は、その染色体領域ですでに見つけられているヌクレオチド配列をスキャンするだけでよい。また、ヌクレオチド配列をスキャンするときに、どうすれば遺伝子と判断できるかもわかっている。つまり、ストップとスタートの信号と、それぞれの遺伝子に関係する特定の調節領域を見分けることができる。さらに、ある遺伝子がコードしているタンパク質の性質についても、その遺伝子配列を見てゆくことによって、たくさんのこと――細胞膜に埋め込まれる種類のタンパク質（たとえば受容体）の可能性が高いのかどうか、あるいは酵素の可能性があるのかどうか（ときにはどんなタイプの酵素なのかについても）――がわかる。

人間のある遺伝子の配列がよくわからないときでも、ほとんどの場合、マウスからそれと同じ遺伝子を釣り上げることが可能であり、かなり容易にその機能を推測できる。たとえば、その遺伝子をノックアウトしたり、遺伝子を変えたりして、ホスト動物にどのような影響があるかを観察できる。人間の遺伝子の機能について手がかりを得るための手段として、ほかの動物で遺伝子の機能を探ることができるというのが、ヒトゲノム計画の予算のかなりの部分が、酵母からマウスにいたるまで、ほかの動物のゲノムの配列決定にあてられている理由のひとつである。

メンデルが百年以上もまえに、現在私たちが遺伝子とよぶ神秘的な存在を最初に記述して以来、長い進歩の道のりがあった。実際、エンドウマメの形や茎の背丈に影響をおよぼす遺伝子のように、彼が特定した遺伝子の多くは、分離され、クローニングされ、配列が決定され、それらが作り出すタンパク質の機能もかなり詳しくわかっている。次の百年間に、新たな分子遺伝学がどのような発展をとげるかは、これまでの百年以上に魅力的である。きっと、人間の行動のもとにある主要な遺伝子が分離され、その特徴が明らかにされ、そしてその対立遺伝子のなかで重要なものも特定されてしまうだろう。どのようにこれらの遺伝子が互いに、そして環境と相互作用して、行動の形質を生み出すのかを解明することは、二一世紀の人間生物学の大きなテーマとなるはずだ。

付章2 優生学小史

人間の遺伝の研究というと強い情緒的反応が返ってくるのは、研究が、その始まり以来、そしてその後もずっと、まったく別の二つの側面をもってきたからである。ひとつは、人間におけるさまざまな形質の明確な違いの性質と程度を探り、これらの違いに遺伝と環境がどのように関わっているのかを明らかにするという側面である。これに大きな役割を果たしたのは、既存のデータを解釈し、遺伝と環境の影響とを分けるための、洗練された定量的・統計的手法の発展であった。

この研究のもうひとつの側面は、人間の遺伝学をめぐる幾多の論争の火種となってきた。それは、この領域の創設者、そしてそれ以降のあまたの継承者が強く望んだものであり、その研究成果を、自発的、あるいは強制的な選択的交配を通して、「人類をよくするために」用いたいというものであった。[注1] 彼らは、ダーウィンのいとこであったフランシス・ゴールトンが創始した優生学に惹かれたが、優生学は、社会的にも文化的にもさまざまな問題をはらんでいた。人間の個人差が遺伝と環境のどちらに起因するのかという問題は、現在も、世界中の名だたる大学や研究所で精力的に研究が進められている。一方、ゴールトン流の優生学は、本格的な研究領域としては例外なく放棄された。

優生学が遺伝学という新たな領域から誕生したのは、欧米の科学が大きな知的展開を見せつつあったときであった。世俗の知識を用いて人類を改良することができるという啓蒙主義の主張は、一九世紀の後半には実現可能になりつつあるように思われた。とりわけ、生物学や医学の発展は、人々の想像力をとらえて離さなかった。よくある多くの病気が、人間の過ちに対する天罰などではなく、微生物によって引き起こされるのだという証明は、だれも想像だにしなかった考え方の変革だった。免疫学と公衆衛生学という新たな領域の発展とあいまって、伝染病についての新たな見方は、人間の健康と寿命に直接的な影響を与えた。

ダーウィンの進化論がもたらした考え方の革命は、その直接的な実際的利益はそれほど確かではないにしても、人類の起源について、そして人間の営みに果たす神の導きについて人々がもっていた多くの信念を揺さぶったのは確かである。しかし、「ダーウィンの危険な思想」[注2]は、とくにその後、遺伝に関するメンデルの研究が再発見された時点で、生物学の中身までも永久に変えてしまうことになった。自然の生物界のできごとについての理解は、それまでは、絶対確実というわけでもない常識と神の叡智に頼っていたが、突如として、そうした世界のできごとを解釈する理路整然とした枠組みが登場したのだ。これらの新しい考え方によって、人間は、それ以前には考えもしなかったやり方で、生物の世界をあつかい、形作ることができるようになった。だから、人類そのものを作り変えようという誤った試みが出てきたとしても、それほど驚くにはあたらない。

約百年という時を隔てた現在から見れば、選ばれた人間たちの交配の慣習を変えることによって人間の遺伝子構成を変えることができ、変えるべきであるという考えを、一笑に付すのはたやすい。だがこれこそ、優生学が意図したことだった。私たちは、一般的な生物学から見ても、遺伝学から見ても、それが科学的に見込みのない企てだということを理解できるだけの十分な知識をもっている。ほかの人間たちのために一部の人間は生殖の機会を自主的に削減すべきだという考えは、これまでの数十億年の進化の過程で起こってきたことにまったく反する。一九世紀の大部分の生物学者が、そして当時の西洋のほとんどすべての人々がおそらく信じていたのは、人間は、適切な思慮によってそうした基本的営為を超えられるし、そして人間には文化という能力があり、それによって生物学的な基本的必然を乗り越えることができる、ということであった。これが正しいという証拠はどこにもない。人にはさまざまの理由から、自ら生殖活動をしない自由があるだろうが、それらの理由は、遺伝子プールから自分の遺伝子を自主的に除くことによって人類の質を向上させるという考えにはつながらない。

この七五年ほどのうちに、人間と自然の関係や人間どうしの関係についての見方も大きく変化した。一九世紀末にはまだ、[注3]人間が社会的動物として行動するという認識が欠けており、それをあつかう社会学も生まれたばかりだった。人間は、近縁の大型類人猿を含むほかの動物と同様、ヒトという種のなかで、自

注1　欧米における優生学の歴史の詳細については、ダニエル・J・ケヴルスのすぐれた本『優生学の名のもとに（第2版）』(Cambridge, Mass.: Harvard University Press, 1995. 朝日新聞社（第1版の訳）、１９９３）を参照されたい。
注2　ダニエル・C・デネット『ダーウィンの危険な思想』(New York: Simon & Schuster, 1995. 青土社、２００１）
注3　大学において最初の社会学科は、１８９２年、シカゴ大学に設立された。

分たちが共通に受け入れている同一性の原理にしたがって、社会集団を組織化する。大型類人猿と同じく、それぞれの人間集団は、その原理を脅かしたり、変えようとする力に強く抵抗する。ある独立した集団に、別の組織化原理をもつ他集団が侵入することにも強く抵抗する。霊長類の社会では、違いをもつ個体は目の仇にされ、「他者」の排斥が主要な組織化原理である。残念なことに、人間は、自分たちに特有の組織化原理を、よいことの普遍的規準であると考え、さまざまな社会制度によってそれらの組織化原理への信念を公的なものにしようとする。人間は、必要とあれば、そうした社会制度を安定に保ち、変化を避けるために闘う。

もちろん、問題は、人間が種内だけでなく、下位集団や「文化」においてもダイナミックに変化し、多様性に富んでいるということである。人類の進化の過程では、おそらく、ある期間繁殖集団の地理的隔離が起こって、相対的に異なる下位集団が誕生しただろう。しかし、いったんこれらの下位集団どうしの接触が起こると、下位集団――「人種」ともよばれる――の概念はあいまいになり、この数千年の間に、実質的に意味のないものになった。今日、人間は、下位集団内でも下位集団間でも、流動性がきわめて高く（これこそ、人間とほかの霊長類との大きな違いだ）、その結果、特定の下位集団の成員すべてが、必ずしもまったく同じ組織化原理をもっているわけではないし、同じ遺伝子型ももっていない。ここに摩擦の種がある。しかし、人間のこうした見方は、一九世紀後半に一般だった見方に比べれば格段に洗練されている。二〇世紀に入って優生学が花開いたのには、人間が社会集団のなかでどう機能するのか、とりわけ、人間が排他的なやり方でしばしば残忍にふるまうという傾向を、よく知らなかったという背景があった。

人間の遺伝学の分野を打ちたてるのに最初に貢献した人々のほとんどが、フランシス・ゴールトン自身を筆頭に、選択的交配を実践することによって人類を改良できるし、改良すべきだと強く信じていた。その当時、動物を選択的に交配して特定の行動パターンを強めることができるということは明らかだったし、人間が原理的にそれとは異なると考える理由もなかった。明確でなかったのは、人間のどの形質を選ぶべきか、だれがその選択をするのか、そしてどのようにすれば人々をこの壮大な計画に同意するよう説得できるか、という問題であった。「心的機能」の向上は、漠然と目指す価値のある目標だと考えられていたものの、ではすぐれた心的機能の要素とはどういうものかについては、だれも明確な考えをもっていなかった。けれども、心的機能の個人差そのものは遺伝するということは、認められていた。ゴールトン自身は、彼の時代のイギリス貴族の婚姻システムを維持することにはなんの関心もなかった。彼は、貴族の多くを、なにもできない能なしだとみなしていた。彼の関心は能力社会を作り上げることにあり、さまざまの領域で秀でた人々の間の結婚を推奨した。もちろん、交配が望ましい集団として彼が考えた人々の大部分は、結果的に、彼と同じ社会的階層に属していた。

ゴールトンは、その最後の最後まで、臆せぬ優生主義者であった。彼は、ゴールトン優生学研究所の設立と運営に私財の大部分を注ぎ込んで、人間の遺伝の研究を維持し続けた。ゴールトンの始めた奮闘を受け継いだのは、イギリスではカール・ピアソン、アメリカではチャールズ・ダヴェンポートだった。彼らは、ゴールトンが確立した方法をさらに押し進めた。すなわち、人間のさまざまな形質の個人差に関するデータを収集し、同時に、これらのデータを分析する統計的手法を精密なものにしていった。生物のあらゆる側面を量的に測定するという考えは、当時は革命的なものであった。革命は必ず反動を招くが、この場合にも、科学界には強い反発が起きた。当時はまだ、生物学者も数学者も、統計学に大きな価値を見出していなかった。現在の生物学と医学でこそ統計学の力は認められているが、たとえば、臨床試験でデータからなにかを言うために厳密な統計的分析が行なわれるようになるのは、1970年代に入ってからのことである。現在では、臨床試験の結果から確実に明確な結論が出せるように、事前に「生物統計学者」に相談するのが当たり前になっている。ゴールトンとピアソンは、1902年に、学術専門誌『バイオメトリカ』を創刊して、この流れの先鞭をつけた。

ゴールトンと同様、ピアソンも、選択的交配によって人種を改良することができると確信していた。もちろん、彼の場合も念頭にあったのは、自分の属する知的・社会的集団の選択的交配であった。平均への回帰が人種の改良の妨げにはならないこと、そして平均値そのものを時間はかかるが「上げる」ことができるということをゴールトンに確信させたのは、ほかならぬこのピアソンであった。だから、ピアソンが、ゴールトン優生学研究所の初代ゴールトン優生学講座教授に就いたのも、ごく当然のなりゆきであった。ピアソンは、科学的研究に加え、当時の社会的実験のいくつか——とくに、ヴィクトリア朝社会の女性や性に対する厳しさからの解放——にも関わっていた。ダーウィニズムは、人類の起源についての教条的な宗教的信念に異議を唱えただけでなく、人類の社会的進化の論争も刺激し、生物学的意味のみならず文化的意味においての「適者生存」の概念を、「社会ダーウィニズム」として知られるようになる思想へと組み入れていった。一九世紀から二〇世紀の変わり目には、これらの考え方について、たくさんの論文や本が書かれ、知識人の間で広く論争された。

アメリカでは、チャールズ・ダヴェンポートが、私的な資金援助を得て、ニューヨークのコールド・スプリング・ハーバー研究所の付属施設として優生学記録局を設立した。この研究所は、遺伝学の研究所として、そして国内のさまざまな集団から集められた膨大な数の遺伝調査結果の保管施設としての役目を果たすためのものだった。これは、実質的には、イギリスのゴールトン優生学研究所に刺激されて設立されたもので、いわばそのアメリカ版であった。ダヴェンポートは、人間の眼の色の形質がメンデル型の（基本的には単一遺伝子の）遺伝をするということを最初に示したひとりであった[注]。そのころ盛んに議論されていたのは、どの程度人間の形質全般が単一遺伝子の違いとして遺伝するのか、そして遺伝的にどのような形質がより複雑か、という問題であった。初期の二、三の成功にもかかわらず、そしてハンチントン舞踏病や血友病などの病気が、単一の遺伝子によって支配されているということが証明されたにもかかわらず、すぐに明らかになったのは、人間で問題になる表現型の大部分は、遺伝的にきわめて複雑――いまなら、量的形質とよばれるもの――だということであった。しかし、遺伝学の初期にあっては、このことは明らかではなかった。

ピアソンやゴールトンと同様、ダヴェンポートも筋金入りの優生主義者だった。彼は、アメリカに優生思想を広めるために、自分の集めたデータ、そして優生学についてもっていた少なからざる知識に根拠を見い出そうと懸命になった。彼は、人間の遺伝もメンデル型遺伝がもとになっていると信じていたので、アルコール依存症や精神病のような多くの好ましからざる形質が、優生学のちょっとした指導で、人間集

注　人間の眼の色は、二つの対立遺伝子（青と茶）をもつ単一遺伝子で説明できるが、青以外の眼にはさまざまな色があり、これは、多数の濃い色の眼の「修飾」遺伝子も同時にはたらいていることを示している。

団から「交配を通して排除する」のは容易だと考えた。ほかの研究者たちは、トーマス・ハント・モーガンのもとで、この頃すでにショウジョウバエのような単純な生物で研究し、単一遺伝子によって制御された、あるいは少なくとも単一遺伝子の影響を受けた形質を数多く発見していた。人間の遺伝学の初期にあっては、人間の遺伝形質がどの程度メンデル型の遺伝をするのかは、明らかでなかった。この点をもっとも強く推し進めたのはダヴェンポートだったが、彼は、より複雑な人間の行動にメンデル型遺伝の強い証拠を示すことができず、これがその後の研究者の人間の遺伝学に対する態度を方向づけることになった。

ゴールトンとその直系の継承者による研究、そして心的形質の遺伝に対する関心の高まりは、適切な心的能力テストを作る必要性を生み出し、その成績の解釈のための統計的方法を急速に洗練させることになった。この必要性が最終的に、計量心理学、あるいは心理測定とよばれる心理学の新しい分野を生み出した。新しいテストは、二〇世紀のはじめにフランスのアルフレッド・ビネーとその協力者たちの研究によって生み出され、心的能力の認知的側面に重点がおかれた。ビネーが関心を抱いていたのは、個々のテストにもとづいてその子どもの学業成績を予測することだった。彼は、言語能力、文化的認識、空間パターンの認知といった概念を導入した。

すでにビネーの研究に暗黙のうちにあったのは、彼やほかの研究者が「知能」とよぶものが、いくつもの下位能力からなっているだろう、ということである。けれども、さまざまな研究の結果は、心的機能の多重な側面を探るために特別に構成されたテストを行なうと、そのテストのある下位テストで高い得点をとった者は、ほかの下位テストでも高い得点をとる傾向がある、ということであった。このことから、イギリスの心理学者チャールズ・スピアマンは、心的能力全般を支配する単一の遺伝的性質があると主張し、これを「g因子」と名づけた。人間の心的機能全体に関わる単一の因子があるのかどうか、それはどうしたらうまく測れるのか、そうした因子は遺伝するのか、遺伝するならどのように遺伝するのか、これらの問題をめぐる論争は現在も続いている。同時に理解しておく必要があるのは、そのようなテストは、なぜある人がヴァイオリニストになり、またある人は物理学者になるのか、そしてそれが遺伝するのかどうかを予測するために作られているのではなく、心的機能の全般的レベルと遺伝率を予測するために作られている、ということである。しかし生物学的観点からすれば、すなわち先史時代の自然のなかで暮らしていた存在として人間を考えるなら、前者の問題のほうが、後者より重要かもしれない。

知能テストの多くは、ほとんどの国では研究の道具として使われていたが、大量生産の国、アメリカでは、知能テストもマスプロで行なわれるようになった。１９２０年代までには、知能テストは、アメリカのさまざまな集団で、とりわけ学校の児童と軍隊で、使われるようになっていた。第一次世界大戦では、二百万人におよぶ兵士がテストを受けた。この時期までのテストは、数理的推論や言語的推論を含んでいた。子どもたちは、標準知能テストにもとづいてその能力を推定され、さまざまな教育の「進路」に振り分けられた。心的能力のさまざまな形式のテストが（そして同時に性格検査も）、とりわけアメリカでは、職場にも浸透することになった。

心的能力を量的に測定しようという試みはその後も続けられ、「ＩＱテスト」として知られるようになるテストの開発と精密化が少しずつ推し進められていった。ＩＱは「知能指数」の略称だが、これは、もとは１９１６年にヴィルヘルム・シュテルンが提案したものであり、ある子どもの精神年齢（これは標準知能テストの結果をもとに判定される）をその子の生活年齢（実年齢）で割った値から算出される。成人では、この定義は使えない。五〇歳の人が、ＩＱが一五〇で、心的能力が七五歳の人と同じだと言われても、おそらく喜べないはずだ。ＩＱに相当する値を成人で算出するために、ほかの多くの「心的能力」テストが使えるようになったが、そのなかでもっとも一般的なのはウェクスラー成人知能テストである。このテストでは、集団全体の成績が正規分布の釣鐘曲線を描くように作られ、テストを受けた人がその曲線のどこに位置するのかを見る。心理測定学者のなかには、現行の心的能力テストでも、成績を適切に解釈するなら、スピアマンの *g* 因子がほぼ測れると考えている者もいる。しかし、この見方は、心理学者の間では決して一般的ではない。

１９３０年代には、知能テストの結果を解釈する上で遺伝学と遺伝率の重要性に大きな関心が寄せられるようになった。家庭環境と教育環境の質が知能テストの成績に影響しうるという主張が、すぐに妥当なものと認められるようになった。とりわけ、英語の読み書きがやっとという新兵が多くいる軍隊では、言語的に複雑なテスト（テスト内容も、テストの教示も）の成績から、生まれもった知能を測ることなどできるわけがなかった。だが、たとえば１９２６年に設立されたアメリカ優生学協会のような市民団体の支持を受けて、アメリカでもヨーロッパでも、優生主義運動は広がりを見せた。

優生主義者たちは、素人も科学者も、その主張を互いにさまざまに区別したが、それは、彼らが属する社会での地位と、政治的・社会的・宗教的信念を反映していた。優生主義は、その時代の自由主義者にも保守主義者にも受け入れられた。つまり、少なくとも最初は、政治的問題ではなかった。無神論者のなかにも、宗教的指導者のなかにも、優生主義を支持する人たちがいた。優生主義者を最初に結びつけていたものは、彼らの大部分がインテリであり、活動よりも思想に関心があったという点だ。すべての優生主義者に共通の問題は、適者――「成績優秀者」とよべる人々――が子どもを少なくしか作らない傾向にあり、一方、「不適者」はたくさん作る傾向があることにあった。優生主義でいつも言われていたセリフは、それぞれの世代の四分の一の「底辺の」人たちが、次の世代の子どもたちの四分の三を産んでおり、こうした傾向が長く続けば、破滅的な結果を招くことは目に見えている、というものであった。

優生主義者は、生殖をなんら規制しないがために、「民族」の質が低下しつつあると感じており、それを正す方法としては奨励策か排除策いずれかの態度をとることが多かった。奨励策をとる優生主義者は、有能な者や適者の少子化傾向の問題を解決するためには、子作りに熱心になるようそれらの人々を説得することが最善の方法だ、と考えた。高学歴で、経済的にも裕福な人々に子どもが少ないという傾向は、優生主義の指針とは関係なく、すでに一九世紀からあった。奨励策をとる優生主義者は、これらの人々に、子どもをたくさん産むことが「民族に対する義務」だということを教え込むべきであり、もしそれがうまくいかないときには、税の控除や高額の報奨金などさまざまな経済的見返りを用いてその気にさせるべきだ、と考えた。一方、排除策をとる優生主義者は、彼らが不適者とみなす人々の望ましくない特性に注目し、その目的を達成するためならどんな手段や力を使ってでも、不適者の数を制限する方法を模索した。「不適者」は、急速に、そういう分類をする側の人間とは異なる人たちを指す、なんにでもあてはまる分類になっていった。もともとは一般に成績がよくない者を指し、個別には知的障害者を指していたが、たちまちにして、階層や民族や人種といった意味合いをもつようになった。分類をする側の人間はほとんどつねに、白人の知識階級出身者であり、少数ながら独学者や「自力で叩き上げた」者もいたが、それ以外は正規の教育を受けた人々であった。不適者のほうはほとんどつねに、教育を受けていないか、技能をもたないか、あるいは有色人種であった。

アメリカでは、さまざまの民族の移民が急速にふくれあがりつつあった。そこで、排除策を唱える優生主義者がとった手段のひとつは、移民を厳しく制限することによって、移民者のなかの不適者の数を抑えるというやり方だった。特定の民族集団、とりわけアジア、南欧、東欧からの移民は、生まれながらに心的能力が低く、犯罪傾向やそのほかの望ましくない性質をもっているとされた。優生学の専門家、なかでもチャールズ・ダヴェンポートの優生学記録局の研究者たちは、役人にこの主張を裏づける証拠を提供するために、そのデータベースからデータを選別した。IQテストは、移民者に関して一般に言われていることが本当だということを示すのに使われた。アメリカに渡ってきて数年しかたっていない移民者は、英語の読み書きがやっとできる程度だったので、成績が下のほうになるのは当然のことだった。

移民者たちが実際に知的に劣る――少なくとも一般に遺伝的に好ましいとされた北欧系の人々よりも知的に劣ることが多い――というのは、少しも確かなことではなかった。ある人が実際にこれらの形質をもっているとしても、それらのうちどれが遺伝するのかは、当時ほとんどわかっていなかった。自国の文化から自らと家族を引き離し、ほかの文化へと移り住むことがたいへんな勇気と決断力を必要とし、そしてそのこと自体が有能な遺伝的形質の反映かもしれないと考えることもできたかもしれない。しかし、海外からの移民者が不適な人々だという考えにとりつかれた排他主義が生み出したのは、より過激で、排斥的な移民法であった。アメリカにおいては、こうした法律が最初に制定されたのは、一九世紀後半のことであった。排他主義的な法律は、最初アジア人を念頭において制定されたものであったが、1920年代になると、おもにアングロサクソン系白人でプロテスタントである以外の人々を対象としたものになった。

アメリカの排他主義は、1924年の悪名高い移民法で頂点に達する。

もうひとつの形の排除的優生主義は、不適者とみなされた人々の生殖活動に直接干渉するものであった。望ましくない階層の人々の産児制限を推し進めるさまざまな計画が提案されたが、宗教団体からの反発、それにかかる費用、そして本人の承諾の問題が、これらの計画を実行不可能なものにした。遺伝病をもつ人、あるいはその疑いのある人は、結婚しないように、もしくは少なくともそうした人間どうしでは結婚しないように強い勧告を受けた。多くの州で、遺伝的に望ましくない結婚を禁じる法律が制定された。これは、さほど重大なことではないように見えるかもしれない。しかし、これらの病気のいくつかが遺伝性だという証拠は、当時はきわめて不確実なものであり、実際には、個人の結婚にまで国家や州が干渉するだけの妥当な科学的理由があったわけではなかったのだ。重度の知的障害者、「病的な犯罪者」、そしてある種の累犯者に対して――とりわけ施設への入所者に対して――、不妊（断種）を強制する法律が求められた。移民法はアメリカ連邦政府の管轄であったが、結婚を制限する法律や不妊（断種）のような処置は、州ごとに制定された。ある時点では、三〇以上の州にこうした種類の法律があり、現在もいくつかの州にはそうした法律がある。アメリカ最高裁も、こうした法律の合法性を支持した。あろうことか、最高裁は、州が不妊を強制する権利を、強制的な予防接種にたとえたのだ！

結婚や断種（不妊）のような問題への国家の干渉は、アメリカやイギリスよりも、北欧のいくつかの国でより広く行なわれたが[注]、最たるものは、優生主義を国策として実施したナチスドイツであった。1933年のナチスの支配以前には、ドイツは、国家の関心事としても、個々の組織のおもな組織化原理としても、とりたてて熱心に優生学にとり組んだわけではなかった。当然ながら、ドイツの科学者たちは、それまで多大の関心をもってイギリスとアメリカの優生学の動向を追っていたが、自分たちの国の優生学の発展にはほとんど関わっていなかった。しかし、ナチスが権力の座につくやいなや、多くの優生学的奨励策・排除策がたちまちにして断行された。アーリア系だとわかっている家族は、できるだけたくさんの子どもを産むと、さまざまな報奨が与えられた。排除策は、それまでほかの国で行なわれていたのとは比べものにならないほどの規模で実践された。不適者の断種（不妊）手術を合法化するだけでなく、強制する法案――いわゆる「遺伝病子孫予防法」――が、1933年に議会を通過した。医者は、患者がわずかでも遺伝の可能性がありそうな精神障害や身体障害をもっている場合、報告する義務があった。この時代、ほとんどの障害の遺伝的原因はよくわかっていなかったのだから、とられた措置には科学的根拠などないに等しかった。しかし、これらは、科学にではなく、政治に動かされた政策であった。ドイツでは、第二次世界大戦開始時点までに、三〇万人を越える人たちに断種（不妊）手術が行なわれた。実際にはもっと多くの人々に手術が行なわれるはずだったのかもしれないが、しかしこのときには、障害があるとみなされた人々も、そして最終的にはユダヤ人もそれらの人々に含められて、強制収容所で命を絶たれることになった。

欧米の優生主義の歴史には、多くの悲しい教訓が詰まっているが、科学にとってもっとも重要な教訓は、科学研究を動かすものが、科学の基本的疑問に明確に答えたいという望みではなく、社会的・政治的動機やその個人の主義主張であるとき、なにが起こってしまうのか、ということである。二〇世紀には、科学が社会的・政治的理由でねじ曲げられた例がほかにいくつもある。その一例は、ルイセンコがソヴィエト遺伝学に与えた破壊的な影響である。しかし、私たちは、科学以外の目的をとげるために科学を用いる誘惑に乗ってはならないのと同じく、科学の名のもとに行なわれた濫用に対する憎悪のゆえに、知りうるかぎりの真実を追求することに背を向けてもならない。今日にいたるまで、多くの信頼できる科学者が、人間の遺伝学から言えることの多くに反対するのは、そのデータが誤っているからではなく、そのデータの人類にとっての意味を恐れるからなのだ——これまでの遺伝学の歴史からすれば、恐怖を感じるだけの理由がないとは言えない。その恐怖は、正当な理由がある場合もあるし、ない場合もある。しかし、それは、科学的立場からではなく、政治的な立場から検討されるべき問題である。

確かに、ナチスの優生政策の恐怖が、イギリスやアメリカでも否定できないものになって、社会的・政治的問題の解決に人間の遺伝学の知識を用いることに、即座に終止符が打たれた。残念なことに、それによって、人間の遺伝学全般に対する研究の熱も冷めていった。優生学への反対は、当然ながら、優生思想に影響力をもった人々によって不適者のレッテルを張られた人々の間で、かねて大きくなっていた。アメリカでは、彼らはおもに、アングロサクソン系白人のプロテスタントではない人々であった。しかし、排斥を受けた人たちや不適とみなされた人々は、カトリック教会やユダヤ人グループ、そして私的・公的な福祉団体などを組織し、貧困層や恵まれない人々——一部の人々から実質的に「不適者」とみなされた大勢の人々——のための代弁者として活動した。奨励策をとる優生主義者が子どもをたくさん産むことを奨励する当の女性たちの多くからなる女性の権利運動の団体も、抵抗を強め続けていた。

注　1999年、スウェーデン政府は、1936年から76年までの間「遺伝的劣等」を理由に不妊（断種）手術を受けた、推定で六万三千人にのぼる人々——大部分は女性——のうち、生存者に損害賠償を行なうことに決めた。

これらやそのほかの攻撃はすべて、優生主義の社会的・政治的側面にもとづいてなされていて、そのもとにある科学に向けられたわけではなかった。しかし、その後、多くの科学者が、優生学を問題にし始めた。科学ではどんな領域でも、とりあげるに値するほとんどすべての問題について、活発な、ときには辛辣なまでの議論が繰り広げられるのがつねである。もちろん、きわめて多くの科学者は、その領域の主流の一部になりたいので、その時間の大半を使って、主流の理論を支持するような証拠を発見しようとする。これは確かに、長年にわたり、優生学にもあてはまった。しかし、どんな科学のパラダイムも、時間がたてば、そのままではいない。科学理論は、たえず交替し、たえず変わり続ける。それらは、たゆまぬ実験と、それに引き続く研究者の議論によって進展する。ゴールトンの時代以来、人間の遺伝についてのデータは、どんな科学研究にもつきものの絶えざる吟味と攻撃にさらされてきた。そして、つねに研究結果の別の解釈があった。

科学者の間で優生学が衰退したのは、行動の個人差における遺伝の役割を否定する新たなデータが得られたからではなかった。人間の大部分の心的形質や性格特性は、メンデル型で遺伝するというダヴェンポートや彼の支持者の主張は、すぐに論破されたが、これらの個人差がある程度遺伝するという基本的考え方――優生学者の第一の主張――はそうではなかった。人間の多くの遺伝的形質が基本的にメンデル型ではなく、量的なものだという考えは、1930年にはすでに確立されていた。多くの科学者は優生学に反対したが、そのおもな理由は、人間の遺伝全般についてのデータが、いかなる社会的・政治的政策のガイドの根拠としても確実なものではないと考えていたからであり、それに、優生学が急速に社会的排斥と迫害という民族・人種差別的な政策の原動力になりつつあるのを目のあたりにしたからである。彼らは、そのもとにある科学の一部に異議を唱えることもあったが、それが理由で、優生学に反対したわけではなかった。

新しい優生学？

この二〇年間に、多くの病気の遺伝的基盤の理解にも、そしてこれらの病気の関与遺伝子について特定の対立遺伝子を分離し操作する技術にも、飛躍的な進歩があった。これによって、たとえば、（家系の病歴にもとづくと）遺伝病を発症する可能性のある人の場合に、実際にそうした遺伝子をもっているかどうかの判定が可能になった。嚢胞性線維症のように、劣性遺伝子によって引き起こされる病気の場合、症状がまったく現われないのに、病気の保因者であることもある。しかし、二人の保因者の夫婦に子どもができた場合、確率的に、子どもの四人に一人がその遺伝子の欠陥遺伝子を二つ受け継ぎ、嚢胞性線維症（細胞膜のイオンチャンネルの欠陥によって引き起こされる）を発病する。

しかし、生殖技術の最近の進歩とあいまって、遺伝病の理解の進展により、嚢胞性線維症のような病気の保因者を見つけ出す以上のことが可能になっている。いまや、少なくとも理論的には、そういう遺伝子を人間のゲノムから永遠にとり除いてしまうこともできる。体外受精の技術は、通常の性交では妊娠するのがむずかしい夫婦を助けるために開発された。体外受精は、将来の両親から精子と卵子を採取し、それらが受精（精子が卵子のなかに入る）しやすいような条件の下で実験室で混ぜ合わせる。ほとんどの場合、この体外受精のプロセスでは、いくつもの受精が起こり、多数の接合子（受精の結果形成される細胞）が生じる。接合子は通常数日間観察されるが、この間に、接合子は、最終的に完全な人間の体を生み出す最初の細胞分裂を開始する。細胞分裂のプロセスを始めた接合子は、胚とよばれる。この分裂のプロセスを正常に始め、顕微鏡で正常だと確認された胚は、その将来の母親の体のなかへ入れることができる。[注]

　両親の一方あるいは双方が潜在的に有害な遺伝子をもっていることがわかっている場合、標準的な遺伝子技術を用いれば、体外受精に先立って母親の卵にこの遺伝子があるかどうか、あるいは初期の胚の細胞にこの遺伝子があるかどうかを知ることが、いまでは可能だ。両親の求めに応じて、体外受精を行なう医者は、どの卵を受精させて母親の体に戻すのかを決定できるし、受精後、胚のうちどれが欠陥のある対立遺伝子を二つもっているかを判定できる。そして、使われなかった卵——あるいは欠陥のある胚——は捨てられる。

　こうした方法（これまでも遺伝病のない子どもを産むために何度となく使われてきている）がなぜ倫理的問題を提起するのかは、明白だろう。まだ形のない子どもに将来的に嚢胞性線維症のような遺伝病の苦しみを与えないことに反論することは、むずかしいかもしれない。しかし、この技術は、容易にほかの用途にも使うことができる。ほんの数年のうちに、ヒトゲノム計画が完了して、人間のゲノムの全遺伝子の完全なカタログが手に入り、人間集団内にある遺伝子の対立遺伝子もすべてわかるようになる。これらの遺伝子の機能が明らかにされ、それらのさまざまな対立遺伝子に関係する違いがどういうものかがわかるにつれて、未来の「生殖技術を利用する夫婦《テクノ・カップル》」や彼らの「遺伝子ドクター」は、見かけのよさや性格特性といったほかの基準にもとづいて、卵や胚を選別するようになるのだろうか？　そして、卵や胚に遺伝子を加えようとする行為を、なにが妨げるのだろうか？　未来の両親は、人間の利用可能な遺伝子のカタログをスキャンできるようになって、自分たちの子どもにもってもらいたい対立遺伝子を選ぶようになりはしないだろうか？　マウスのＮＭＤＡ遺伝子に対応する人間の遺伝子が、ＩＱを高めるために選ばれるのではないだろうか？　これは決して架空の物語ではない。その技術は現に存在するからだ。生物学者たちは、この一〇年で、外部から遺伝子をつけ加えることによって、遺伝的に仕立てられたマウスの系統を作り出しているのだ。

　あまり軽く考えるべきでないのは、生殖レベルで行なわれる遺伝子操作は、その個人だけに影響するのではない、ということだ。この操作は、未来にも影響を与える。特定の遺伝子の、病気を引き起こす既知の対立遺伝子をもつ胚を捨て去ることは、実際には、未来のその家系のすべての人間からその対立遺伝子をとり除くことになるのだ。たとえば、ハンチントン病のような、いくつかの悲劇的な病気を引き起こす対立遺伝子の場合、そうしたことをすべきでないと主張するのはむずかしい。しかし、嚢胞性線維症のような病気の場合も同じように考えるべきなのだろうか？　もしある集団全体から特定の対立遺伝子をとり除くと、どういうことが起こるのだろう？　嚢胞性線維症を引き越こす遺伝子のいくつかの対立遺伝子の頻度は、ある集団ではきわめて高いことが知られているが、この高さはふつうには説明できない。なぜ高

注　生殖技術の最近の展開については、詳しくはＲ・ゴスデン『デザイナー・ベビー——生殖技術はどこまで行くのか』（New York : W. H. Freeman, 1999.　原書房、２００２）を参照。

いのだろうか？　通常なら、（嚢胞性線維症の対立遺伝子のように）生殖能力に影響する遺伝子の対立遺伝子は、集団内から急速に消え去ってしまうと予想される。これらの対立遺伝子があることは、ある集団では、少なくとも異型接合体の場合には、まだ知りえない利点をもっていたりするのではないだろうか？鎌状赤血球貧血症を引き起こす遺伝子の対立遺伝子の場合、わかっているのは、これが異型接合体（一方は正常な、もう一方は欠陥のあるグロビン遺伝子）の場合はマラリアを防ぐということであり、このことは、なぜアフリカの人々とその子孫にこの対立遺伝子がきわめて高頻度で見られるのかを明確に説明する。嚢胞性線維症を引き起こす対立遺伝子には、私たちがまだ知りえないような、なんらかの利点が過去にはあったり、あるいは現在もあったりするのではないだろうか？　私たちは、この病気のリスクをもつ人々からこの遺伝子をとり除くことができ、彼らに生殖について助言することができ、さらにそうした病気を患っている人に遺伝子治療によってその原因の欠陥を治すことができるとしたときに、はたして、人類からこの遺伝子を未来永劫に放逐してしまうべきなのだろうか？

人類から特定の遺伝子の有害な対立遺伝子をとり除くことができるということは、人間社会に「遺伝的不適者」という新たなカテゴリーを生む危険性がある。一部の人たちは、これについて、優生学の再来という警鐘を鳴らしている。[注]　少なくともいくつかの遺伝病の場合には、本人とその家族に耐えがたい苦しみと悲しみをもたらす原因の対立遺伝子を人類からとり除くことについては、異論はあまりないだろう。しかし、ＩＱテストでの成績の低さに関係する対立遺伝子が最終的に発見されたとしたら、その場合はどうだろうか？　攻撃性、犯罪、同性愛にもっとも重要な役割を果たす遺伝子の対立遺伝子がわかったら、その場合はどうだろうか？　ほとんど確実に言えるのは、そうした新しい情報を用いて、自分の生殖を操作しようと思う人が少なからず出てくるだろう、ということだ。過去の歴史から言うと、もしそういう人々が政治的な権力をもったとしたら、自分の考えを社会全体にも押しつけようとするだろう。どうすれば、それを防ぐことができるだろうか？　この問題はかなり真剣に考えるべきことだ――いや、考えなくてはいけないのだ。でないと、私たち自身の遺伝子についての理解がもたらすはずの利益を、ことごとく失うことになりかねないからだ。

注　アメリカ人類遺伝学会は、人間の遺伝学研究を支援・促進する専門的組織だが、この学会でさえ、これらの発展に対して慎重であり、最近、学会誌に注意を喚起する声明を掲載している。『アメリカ人類遺伝学誌』64巻、335～338ページ（1999）を参照。

訳者あとがき

本書の原題は、*Are we hardwired? : The role of genes in human behavior* である。オックスフォード大学出版局から、２０００年11月に刊行された。日本語訳に先がけて、すでにイタリア語訳も出ている。

著者のウィリアム・Ｒ・クラークは、細胞性免疫の業績で国際的に知られる研究者である。１９６３年にカリフォルニア大学ロサンゼルス校（ＵＣＬＡ）で動物学を専攻した後、65年にイリノイ大学で修士号（化学）を、68年にワシントン大学で博士号（生化学）を得た。70年からＵＣＬＡで免疫学の研究と教育にたずさわり、分子・細胞・発生生物学科の学科長などを務め、現在は名誉教授である。クラークの著書のうち、邦訳されているものには次の三冊がある。『免疫の反逆――進化した生体防御の危機』（反町洋之・反町典子訳、三田出版会、１９９７）、『死はなぜ進化したか――人の死と生命科学』（岡田益吉訳、三田出版会、１９９７）、『遺伝子医療の時代――21世紀人の期待と不安』（岡田益吉訳、共立出版、１９９９）である。このほか、最近の著書に、老化と死の生物学をあつかった *A means to an end : Biological basis of aging and death*（New York : Oxford University Press, 1999）もある。これらの内容は、http : //www.wrclark

books.com で見ることができる。

共著者のマイケル・グルンスタインは、遺伝子発現の調節機構の研究で知られる研究者である。1967年にカナダのマギル大学を卒業後、71年にイギリスのエジンバラ大学で博士号(分子生物学)を取得した。スタンフォード大学で研究の後、75年からUCLAで研究と教育にたずさわり、現在はUCLAの医学部・分子生物学研究所の教授を務める。邦訳されている論文には、「遺伝子の発現を調節するヒストン」(中西真人訳、日経サイエンス、1992年12月号、100－111ページ)がある。

数日まえ(2003年4月14日)、ヒトゲノムの解読がついに完了した。奇しくも、今年は、ワトソンとクリックがDNAの二重らせんを発見してから50年の節目の年にあたる。物理学や化学の知識をもった研究者によって開拓されたこの生物学の分野は、いまや医学や薬学のみならず、心理学、哲学、倫理学、宗教学、法学など人文・社会科学の分野も巻き込んで、次の新たな(いわゆるポストゲノムの)時代に突入する。これまで私たちが常識のようにもっていた生命観や人間観も、これら新たな知識にもとづいて、根本から見直しを迫られている。

生物学的に見れば、人間は特別な存在などではない。ほかの動物との間に種という境界はあっても、垣根と言えるほどの垣根は存在しない。ほかの動物同様、ヒトのクローンを作ることが可能であるばかりか、ヒトの遺伝子をほかの動物に入れてやっても(あるいはその逆でも)、遺伝子が機能することも多いのだ。本書は、単細胞生物のゾウリムシの行動から始めて、線虫、アメフラシ、ショウジョウバエ、マウスの行動についての分子遺伝学的な研究成果を紹介しながら、人間の行動や心(ここで言う「心」とは感覚・知覚、学習・記憶、思考、感情など脳のなかで営まれているものの総称のことだ）について、なにが言えるのかを解説している。類書には、こんな性格の遺伝子が発見されたとか、これこそ知能の遺伝子だといったセンセーショナルな（だが短絡的な）記述が目立つものも多いが、本書は、落ち着いた筆致で、さまざまな知見をフェアに見ながら、確実な知識を伝えている。免疫学と分子生物学の第一線の研究者が一般向けに書いた入門書として、平易ながら、しっかりした構成がなされているように思う。とくに、付章2にまとめられている優生学（優生主義）の歴史は、入門書に不可欠の（だが入門書の多くには入っていない）重要なことがらである。

本書であつかわれている遺伝―環境問題、いわゆる「生まれか育ちか《ネーチャー・オア・ナーチャー》」は、心理学の中心問題である。心理学の大きな柱のひとつは、個々の人間の性格や知的能力がいかに形作られるかを探ることにあるので、いま急速に展開しつつあるゲノム研究や遺伝子や分子レベルでの動物の行動遺伝研究は、こうした問題を解く重要なカギを与えてくれるはずである。ところが、残念なことに、大部分の心理学者はいまのところ、このカギを使いこなすだけの知識や用意をもちあわせていない。もちろん、これには、知能をどう定義するかや知能テストがなにを測っているかという根本的な問題が曖昧なまま残されているということもあるが（この点は本書のなかでも指摘されている）、もうひとつ大きい要素は、遺伝か環境かという二者択一的な解決法で研究を進めてきたために、その論争がイデオロギー論争になってしまっているということも関係している。加えて、行動遺伝の問題が動物ではあつかえても、人間の場合には優生主義につながるおそれがあるため、人間の行動遺伝の問題が故意に避けられてきたという経緯もある。このように、周囲の情勢は急激に変化しているにもかかわらず、それを問題にしなければならない研究者の多くは、旧態然とした遺伝観とタブーをもち、ステレオタイプ的な論争に終止しているというのが現状である。これはかなり困ったことかもしれない。

種のレベルで見れば、その動物種がもっている形質は、自然淘汰のなかで、すなわち特定の環境の試練のなかでうまく生き延びてきたものだ。つまり、維持されてきた形質は、そうした特定の環境があることが前提となっている。そして本書にも述べられているように、同一の環境であっても、遺伝的に違うと、その環境のなかの要素の選択が異なってくる。このように、問題の本質は、遺伝か環境かという二者択一的なものではない。遺伝子そのものは、特定のタンパク質をコードしているにすぎない。それが、体を構成する物質として、あるいは体のなかの伝達物質として、あるいは受容体や酵素として、ある特定の時点で特定の場所で特定のやり方で発現し、互いに作用し合う。そして、それらが最終的にある特定の行動傾向を生み出したり、心の形質を形作ったりする。これらのプロセスは、生体の物質的な内部環境によって、そして外的環境によって大きく左右される。したがって、問題にしなければならないのは、(本書で使われていた比喩をそのまま用いると) 遺伝と環境が手をとりあってどのようなダンスを踊るのかである。私たちに課された問題は、このダンスのステップやタイミングを解き明かすことにある。ひとりでも踊れるとか、遺伝と環境の役割は半々といった問題ではないのだ。

これに関連して、最終章の14章で論じられるのが自由意志の問題である。自由意志の問題は、西洋の哲学的議論のなかで、因果論や決定論、そして偶然や必然の問題とも絡んで、核となる位置を占めてきた。そのもとには、おそらく、私たち人間が、自分が大きな力によって運命づけられていると考えたがる一方で (その大きな力とは神や宇宙であったりするが、卑近なところでは、占星術や姓名判断、血液占いなどもこれにあたる)、他方では、自分の意志決定がなにからもフリーでありたいという欲求もあるという、一種アンビヴァレントな存在だということがあるのかもしれない。著者たちが遺伝決定論(本書の原題のなかの "hardwired" という語がこれに相当する)と環境決定論の両方を排しているように、私たちが今後しなければならないのは、遺伝か環境かという二律背反的な議論に陥ることなく、かつ影響は半々といった中途半端な結論に陥ることもなく、個々の行動傾向や心的機能について、それがどの程度遺伝子によって規定され、どの程度環境の違いによって変えられるのか(強めたり、抑えたりできるのか)を探ることだろう。人間の染色体上での個々の遺伝子が特定され、そのDNA配列が解明されつつあるいま、それをするだけの準備は整い始めている。

本書では、eugenics を文脈によって優生主義と訳したり、優生学と訳したりしているが、英語は同一の語である。突然変異や遺伝子名については、可能なものはカタカナで表記した。なお、翻訳の過程で気がついた誤りがいくつかあり、これについては著者に確認の上修正してある。それにともなって、図のひとつについては著者(クラーク)に描き直してもらった。

今回の翻訳にあたっては、生命科学のさまざまな問題に詳しく、『遺伝子問題とはなにか』(新曜社)などの著書のある科学ジャーナリストの青野由利さん(毎日新聞科学環境部編集委員)にお願いして初校全体に目を通していただいた。お忙しいなか貴重な助言とお力添えをいただいたことに深く感謝申し上げる。

新曜社編集部の塩浦暲さんには、全章にわたって訳文を読みやすくする上でお手伝いいただいた。同編集部の吉田昌代さんにも、レイアウトや校正など実務の面でたいへんお世話になった。また、文章を推敲する過程で、井上和哉さん（新潟大学人文学部学生）にはわかりにくい箇所を指摘してもらった。記して感謝する次第である。

2003年4月

鈴木光太郎

遺伝子は私たちをどこまで支配しているか
DNAから心の謎を解く

初版第1刷発行　2003年6月15日©

著　者　ウィリアム・R・クラーク
　　　　マイケル・グルンスタイン
訳　者　鈴木光太郎
発行者　堀江　洪
発行所　株式会社 新曜社
〒101-0051 東京都千代田区神田神保町2-10
電話（03）3264-4973・Fax（03）3239-2958
e-mail　info@shin-yo-sha.co.jp
URL　http://www.shin-yo-sha.co.jp/

印刷　三協印刷　Printed in Japan
製本　イマヰ製本所
ISBN 4-7885-0855-9　C1045

著者紹介

ウィリアム・R・クラーク（William R. Clark）

カリフォルニア大学ロサンゼルス校（UCLA）分子・細胞・発生生物学科の名誉教授。専門は免疫学。細胞性免疫の研究で世界的に知られている。邦訳されている著書に，『免疫の反逆――進化した生体防御の危機』（三田出版会），『死はなぜ進化したか――人の死と生命科学』（三田出版会），『遺伝子医療の時代――21世紀人の期待と不安』（共立出版）がある。

マイケル・グルンスタイン（Michael Grunstein）

カリフォルニア大学ロサンゼルス校（UCLA）医学部・分子生物学研究所の教授。専門は分子生物学，生化学。邦訳されている論文に，「遺伝子の発現を調節するヒストン」（日経サイエンス，1992年12月号）がある。

訳者紹介

鈴木光太郎（すずき　こうたろう）

新潟大学人文学部教授。専門は実験心理学。著書に『動物は世界をどう見るか』（新曜社），監修に『脳のワナ』（扶桑社），共訳書にソルソ『脳は絵をどのように理解するか』，ヴォークレール『動物のこころを探る』，グレゴリー『鏡という謎』，ブラウン『ヒューマン・ユニヴァーサルズ』（以上新曜社）などがある。

索 引

アルファベット等

あ行

か行

さ行

た行

な行

は行

ま行

や行

ら行

わ行

文献一覧

1章

Bouchard, T. 1994. Genes, environment and personality. *Science* 264 : 1700–1701.

Bouchard, T., and P. Propping, eds. 1993. *Twins as tools of behavioral genetics.* Dahlem Workshop Report no. 53. New York : John Wiley and Sons.

Bouchard, T., et al. 1990. Sources of human psychological differences : The Minnesota study of twins reared apart. *Science* 250 : 223–228.

DiLalla, D., et al. 1996. Heritability of MMPI personality indicators of psychopathology in twins reared apart. *Journal of Abnormal Psychology* 105 : 491–499.

Hur, Y., and T. Bouchard. 1997. The genetic correlation between impulsivity and sensation-seeking traits. *Behavior Genetics* 27 : 455–463.

Lykken, D., et al. 1993. Heritability of interests : A twin study. *Journal of Applied Psychology* 78 : 649–661.

McClearn, G., et al. 1997. Substantial genetic influence on cognitive abilities in twins eighty or more years old. *Science* 276 : 1560–1563.

Waller, N., et al. 1990. Genetic and environmental influences on religious interests, attitudes and values. *Psychological Science* 1 : 138–142.

Wright, L. 1997. *Twins : What they tell us about who we are.* New York : John Wiley and Sons.

2章

Haynes, W., et al. 1998. The cloning by complementation of the pawn-A gene in *Paramecium. Genetics* 149 : 947–957.

Hinrichsen, R., Y. Saimi, and C. Kung. 1984. Mutants with altered Ca^{++} channel properties in *Paramecium tetraurelia* : Isolation, characterization and genetic analysis. *Genetics* 108 : 545–558.

Jennings, H. 1906. *Behavior of lower animals.* Bloomington : Indiana University Press.

Kink, J., et al. 1990. Mutations in *Paramecium* calmodulin indicate functional differences between the C-terminal and N-terminal lobes in vivo. *Cell* 62 : 165–174.

Saimi, Y., et al. 1983. Mutant analysis shows that the Ca^{++}-induced K^{+} current shuts off one type of excitation in Paramecium. *Proceedings of the National Academy*

of Science 80 : 5112–5116.

3章

Abbott, D., et al. 1993. Specific neurendocrine mechanisms not involving generalized stress mediate social regulation of female reproduction in cooperatively breeding marmoset monkeys. *Annals of the New York Academy of Sciences* 807 : 219–238.

Belluscio, L., et al. 1999. A map of pheromone receptor activation in the mammalian brain. *Cell* 97 : 209–220.

Halpern, M. 1987. The organization and function of the vomeronasal system. *Annual Review of Neuroscience* 10 : 325–362.

Herrada, G., and C. Dulac. 1997. A novel family of putative pheromone receptors in mammals with a topographically organized and sexually dimorphic distribution. *Cell* 90 : 763–773.

McClintock, M. 1971. Menstrual synchrony and suppression. *Nature* 229 : 244–245.

McClintock, M. 1984. Estrus cycle : Modulation of ovarian cycle length by female pheromones. *Physiology and Behavior* 32 : 701–705.

McClintock, M. 1998. On the nature of mammalian and human pheromones. *Annals of the New York Academy of Sciences* 855 : 390–392.

Monti-Bloch, L., et al. 1998. The human vomeronasal system. *Annals of the New York Academy of Sciences* 855 : 373–389.

Ober, C., et al. 1997. HLA and mate choice in humans. *American Journal of Human Genetics* 61 : 497–504.

Porter, R., and J. Winberg. 1999. Unique salience of maternal breast odors for newborn infants. *Neuroscience and Biobehavioral Reviews* 439–449.

Preti, G., et al. 1987. Human axillary extracts : Analysis of compounds from samples which influence menstrual timing. *Journal of Chemical Ecology* 13 : 717–722.

Schank, J., and M. McClintock. 1997. Ovulatory pheromone shortens ovarian cycles of rats living in olfactory isolation. *Physiology and Behavior* 62 : 899–904.

Sorensen, P., et al. 1998. Discrimination of pheromonal clues in fish : Emerging parallels with insects. *Current Opinions in Neurobiology* 8 : 458–467.

Stern, K., and M. McClintock. 1998. Regulation of ovulation by human pheromones. *Nature* 392 : 177–179.

Tirindelli, R., et al. 1998. Molecular aspects of pheromonal communication via the vomeronasal organ of mammals. *Trends in Neuroscience* 21 : 482–486.

Wedekind, C. 1997. Body odour preferences in men and women : Do they aim for specific MHC combinations or just heterozygosity? *Proceedings of the Royal Society of London* Series B, 264 : 1471–1479.

Weller, L., and A. Weller. 1993. Human menstrual synchrony : A critical assessment. *Neuroscience and Biobehavioral Reviews* 17 : 427–439.

4章

Bailley, C., D. Bartsch, and E. Kandel. 1996. Toward a molecular definition of long-term memory storage. *Proceedings of the National Academy of Sciences* 93 : 13445–13452.

Bargmann, C. 1993. Genetic and cellular analysis of behavior in *C. elegans. Annual Review of Neuroscience* 16 : 47–71.

Bargmann, C. 1998. Neurobiology of the *C. elegans* genome. *Science* 282 : 2028–2032.

C. elegans Sequencing Consortium. 1998. Genome sequence of the nematode *C. elegans* : A platform for investigating biology. *Science* 282 : 2012–2018.

De Bono, M., and C. Bargmann. 1998. Natural variation in a neuropeptide Y receptor homolog modifies social behavior and food responses in *C. elegans. Cell* 92 : 217–227.

Frost, W., et al. 1985. Monosynaptic connections made by the sensory neurons of the gill and siphon withdrawal reflex in *Aplysia* participate in the storage of longterm memory for sensitization. *Proceedings of the National Academy of Sciences* 82 : 866–869.

Kandel, E. 1979. *Behavioral biology of Aplysia.* New York : W. H. Freeman.

Troemel, E., et al. 1997. Reprogramming chemotaxis responses : Sensory neurons define olfactory preferences in *C. elegans. Cell* 91 : 161–169.

Ware, R., et al. 1975. The nerve ring of the nematode *Caenorhabditis elegans* : Sensory input and motor output. *Journal of Comparative Neurology* 162 : 71–110.

Wen, J., et al. 1997. Mutations that prevent associative learning in *C. elegans. Behavioral Neuroscience* 111 : 354–368.

5章

DeFries, J., et al. 1978. Response to 30 generations of selection for open-field activity in laboratory mice. *Behavior Genetics* 8 : 3–13.

Flint, J., et al. 1995. A simple genetic basis for a complex psychological trait in laboratory mice. *Science* 269 : 1432–1435.

6章

Campbell, S., and P. Murphy. 1998. Extraocular circadian phototransduction in humans. *Science* 279 : 396–399.

Crosthwaite, S., et al. 1997. Neurospora wc-1 and wc-2 : Transcription, photoresponses, and the origin of circadian rhythmicity. *Science* 276 : 763–769.

Czeisler, C., et al. 1999. Stability, precision, and near-24-hour period of the human circadian pacemaker. *Science* 284 : 2177–2181.

Deeb, S., and A. Motulsky. 1996. Molecular genetics of color vision. *Behavior Genetics* 26 : 195–207.

Dunlap, J. 1996. Genetic and molecular analysis of circadian rhythms. *Annual Review of Genetics* 30 : 579–601.

Ishiura, M., et al. Expression of a gene cluster kaiABC as a circadian feedback process in cyanobacteria. *Science* 281 : 1519–1523.

King, D., et al. 1997. Positional cloning of the mouse circadian clock gene. *Cell* 89 : 641–653.

Klein, T., et al. 1993. Circadian sleep regulation in the absence of light perception : Chronic non-24-hour circadian rhythm sleep disorder in a blind man with a regular 24-hour sleep-wake schedule. *Sleep* 16 : 333–343.

Konopka, R., and S. Benzer. 1971. Clock mutants of *Drosophila melanogaster. Proceedings of the National Academy of Sciences* 68 : 2112–2116.

Miyamoto, Y., and A. Sancar. 1998. Vitamin B2-based blue-light photoreceptors in the retinohypothalamic tract as the photoactive pigments for setting the circadian clock in mammals. *Proceedings of the National Academy of Sciences* 95 : 6097–6102.

Ralph, M., et al. 1990. Transplanted suprachiasmatic nucleus determines circadian period. *Science* 247 : 975–978.

Rosato, E., et al. 1997. Circadian rhythms : From behavior to molecules. *BioEssays* 19 : 1075–1082.

Tei, H., et al. 1997. Circadian oscillation of a mammalian homologue of the Drosophila period gene. *Nature* 389 : 512–516.

7章

Bailey, C., et al. 1996. Toward a molecular definition of long-term memory storage. *Proceedings of the National Academy of Science* 93 : 13445–13452.

Balling, A., et al. 1987. Are the structural changes in adult Drosophila mushroom bodies memory traces? Studies on biochemical learning mutants. *Journal of Neurogenetics* 4 : 65–73.

Bear, M. 1996. A synaptic basis for memory storage in the cerebral cortex. *Proceedings of the National Academy of Science* 93 : 13453–13459.

Cashmore, A., et al. 1999. Cryptochromes : Blue-light receptors for plants and animals. *Science* 284 : 760–765.

Dauwalder, B., and R. Davis. 1995. Conditional rescue of the dunce learning/memory and female fertility defects with Drosophila or rat transgenes. *Journal of*

Neuroscience 15 : 3490–3499.

Davis, R. L., et al. 1995. The cyclic AMP system and *Drosophila* learning. *Molecular and Cellular Biochemistry* 149/150 : 271–278.

Davis, R., and B. Dauwalder. 1991. The Drosophila *dunce* locus. *Trends in Genetics* 7 : 224–229.

Dudai, Y., et al. 1976. Dunce, a mutant of Drosophila deficient in learning. *Proceedings of the National Academy of Sciences* 73 : 1684–1688.

Engert, F., and T. Bonhoeffer. 1999. Dendritic spine changes associated with hippocampal longterm synaptic plasticity. *Nature* 399 : 66–69.

Engels, P., et al. 1995. Brain distribution of four rat homologues of the Drosophila dunce cAMP phosphodiesterase. *Journal of Neuroscience Research* 41 : 169–178.

Feany, M., and W. Quinn. 1995. A neuropeptide gene defined by the Drosophila memory mutant amnesiac. *Science* 268 : 869–873.

Griffith, L., et al. 1993. Inhibition of calcium/calmodulin–dependent protein kinase in Drosophila disrupts behavioral plasticity. *Neuron* 10 : 501–509.

Hall, Jeffrey C. 1994. The mating of a fly. *Science* 264 : 1702–1714.

Imanishi, T., et al. 1997. Ameliorating effects of rolipram on experimentally induced impairments of learning and memory in rodents. *European Journal of Pharmacology* 321 : 273–278.

Lisman, J. 1994. The CaMII kinase hypothesis for the storage of synaptic memory. *Trends in Neurological Science* 17 : 406–412.

Liu, L., et al. 1999. Context generalization in *Drosophilia* visual learning requires the mushroom bodies. *Nature* 400 : 753–755.

Mayford, M., et al. 1996. Control of memory formation through regulated expression of a CaMKII transgene. *Science* 274 : 1678–1683.

Morimoto, B., and D. Koshland. 1991. Identification of cAMP as the response regulator for neurosecretory potentiation : A model memory system. *Proceedings of the National Academy of Science* 88 : 10835–10839.

Nassif, C., et al. 1998. Embryonic development of the Drosophila brain. I. Pattern of pioneer tracts. *Journal of Comparative Neurology* 402 : 10–31.

Neckameyer, W. 1998. Dopamine and mushroom bodies in Drosophilia : Experience-dependent and -independent aspects of sexual behavior. *Learning and Memory* 5 : 157–165.

Nighorn, A., et al. 1994. Progress in understanding the Drosophila *dnc* locus. *Comparative Biochemistry and Physiology* 108 : 1–9.

Phelps, E., and A. Anderson. 1997. Emotional memory : What does the amygdala do? *Current Biology* 7 : R311–R314.

Siegel, R., et al. 1984. Genetic elements of courtship in *Drosophila* : Mosaics and learning mutants. *Behavior Genetics* 14 : 383–409.

Silva, A., et al. 1992. Impaired spatial learning in calcium-calmodulin kinase II mutant mice. *Science* 257 : 206–211.

Technau, G. 1984. Fiber number in the mushroom bodies of adult *Drosophila melanogaster* depends on age, sex and experience. *Journal of Neurogenetics* 1 : 113–126.

Weiner, J. 1999. *Time, love, memory* [Biography of Seymour Benzer]. New York : Alfred A. Knopf.（『時間・愛・記憶の遺伝子を求めて——生物学者シーモア・ベンザーの軌跡』垂水雄二訳，早川書房，2001）

Yu, J., et al. 1997. Identification and characterization of a human calmodulin-stimulated phosphodiesterase PDE1B1. *Cellular Signaling* 9 : 519–529.

8章

Bellivier, F., et al. 1998. Serotonin transporter gene polymorphisms in patients with unipolar or bipolar depression. *Neuroscience Letters* 255 : 143–146.

Bliss, T. 1999. Young receptors make smart mice. *Nature* 401 : 25–26.

Boschert, U., et al. 1994. The mouse 5HT1b receptor is localized predominantly in axon terminals. *Neuroscience* 58 : 167–182.

Diagnostic and Statistical Manual of Mental Disorders. 1994. 4th ed. Washington, D. C. : American Psychiatric Association.

Galli, A., et al. 1997. Drosophila serotonin transporters have voltage-dependent uptake coupled to a serotonin-gated ion channel. *Journal of Neuroscience* 17:3401–3411.

Goldman, J., et al. 1996. Direct analysis of candidate genes in impulsive behaviors. *Ciba Foundation Symposium* 194 : 139–154.

Göthert, M., et al. 1998. Genetic variation in human 5HT receptors : Potential pathogenetic and pharmacological role. *Annals of the New York Academy of Science* 861 : 26–30.

Hollander, E., et al. 1998. Short-term single-blind fluvoxamine treatment of pathological gambling. *American Journal of Psychiatry* 155 : 1781–1783.

Jönsson, E., et al. 1998. Polymorphisms in the dopamine, serotonin, and norepinephrine transporter genes, and their relationships to monoamine metabolite concentrations in CSF of healthy volunteers. *Psychiatry Research* 79 : 1–9.

Kendler, S., and C. Prescott. 1999. A population-based twin study of lifetime major depression in men and women. *Archives of General Psychiatry* 56 : 39–44.

Lam, S., et al. 1996. A serotonin receptor gene (5HT1a) variant found in a Tourette's syndrome patient. *Biochemical and Biophysical Research Communications* 219 : 853–858.

Mason, S. 1984. *Catecholamines and behavior.* Cambridge : Cambridge University

Press.

Nielsen, D., et al. 1992. Genetic mapping of the human tryptophan hydroxylase gene on chromosome 11 using an intronic conformational polymorphism. *American Journal of Human Genetics* 51 : 1366–1371.

Nierenberg, A., et al. 1998. Dopaminergic agents and stimulants as antidepressant augmentation strategies. *Journal of Clinical Psychiatry* 59 (Suppl. 5) : 60–63.

Nöethen, M., et al. 1994. Identification of genetic variation in the human serotonin 1Db receptor gene. *Biochemical and Biophysical Research Communications* 205 : 1194–1200.

Olde, B., and W. McCombie. 1997. Molecular cloning and functional expression of a serotonin receptor from *Caenorhabditis elegans. Journal of Molecular Neuroscience* 8 : 53–62.

Quirarte, G., et al. 1998. Norepinephrine release in the amygdala in response to footshock. *Brain Research* 808 : 134–140.

Siever, L. 1997. *The new view of self : How genes and neurotransmitters shape your mind, your personality, and your mental health.* New York : Macmillan.

Tang, Y., et al. 1999. Genetic enhancement of leaning and memory in mice. *Nature* 401 : 63–69.

Tsien, J., et al. 1996. The role of hippocampal CA1 NMDA recepetor-dependent synaptic plasticity in spatial memory. *Cell* 87 : 1327–1338.

9章

Bonhomme, N., and E. Esposito. 1998. Involvement of serotonin and dopamine in the mechanism of action of novel antidepressant drugs. *Journal of Clinical Psychopharmacology* 18 : 447–452.

Boschert, U., et al. 1994. The mouse 5HT1b receptor is localized predominantly on axon terminals. *Neuroscience* 58 : 167–182.

Brunner, D., and R. Hen. 1997. Insights into the neurobiology of impulsive behavior from serotonin receptor knockout mice. *Annals of the New York Academy of Sciences* 863 : 81–105.

Brunner, H., et al. 1993. Abnormal behavior associated with a point mutation in the structural gene for monoamine oxidase A. *Science* 262 : 578–580.

Brunner, H., et al. 1993. X–linked borderline mental retardation with prominent behavioral disturbance : Phenotype, genetic localization and evidence for disturbed monoamine metabolism. *American Journal of Human Genetics* 52 : 1032–1039.

Coccaro, E., and R. Kavoussi. 1997. Fluoxetine and impulsive aggressive behavior in personality-disordered subjects. *Archives of General Psychiatry* 54:1081–1088.

Coccaro, E., et al. 1997. Heritability of aggression and irritability : A twin study of the Buss-Durkee aggression scales in adult male subjects. *Biological Psychiatry* 41 : 273–284.

Coccaro, E., et al. 1997. Serotonin function in human subjects:Intercorrelations among central 5-HT indices and aggressiveness. *Psychiatry Research* 73 : 1–14.

Dabbs, J., and M. Hargrove. 1997. Age, testosterone and behavior among female prison inmates. *Psychosomatic Medicine* 59 : 477–480.

DeVries, A., et al. 1997. Reduced aggressive behavior in mice with targeted disruption of the oxytocin gene. *Journal of Neuroendocrinology* 9 : 363–368.

Kavoussi, R., et al. 1997. The neurobiology of impulsive aggression. *Psychiatric Clinics of North America* 20 : 395–403.

Kriegsfield, L., et al. 1997. Aggressive behavior in male mice lacking the gene for neuronal nitric oxide synthase requires testosterone. *Brain Research* 769 : 66–70.

Lahn, B., and D. Page. 1997. Functional coherence of the human Y chromosome. *Science* 278 : 675–683.

Marshall, J. 1998. Evolution of the mammalian Y chromosome and sex-determining genes. *Journal of Experimental Zoology* 281 : 472–481.

Maxson, S. 1996. Searching for candidate genes with effects on an agonistic behavior, offense, in mice. *Behavior Genetics* 26 : 471–476.

Nelson, R., and K. Young. 1998. Behavior in mice with targeted disruption of single genes. *Neuroscience and Biobehavioral Reviews* 22 : 453–462.

New, A., et al. 1998. Tryptophan hydroxylase genotype is associated with impulsive aggression measures. *American Journal of Medical Genetics* 81 : 13–17.

Ogawa, S., et al. 1997. Behavioral effects of estrogen receptor gene disruption in male mice. *Proceedings of the National Academy of Sciences* 94 : 1476–1481.

Renfrew, J. 1997. *Aggression and its causes:A biopsychosocial approach.* New York: Oxford University Press.

Seroczynski, A., et al. 1999. Etiology of the impulsivity/aggression relationship:Genes or environment? *Psychchiatry Research* 86 : 41–57.

Simon, N., and R. Whalen. 1986. Hormonal regulation of aggression : Evidence for a relationship among genotype, receptor binding and behavioral sensitivity to androgen and estrogen. *Aggressive Behavior* 12 : 255–266.

Staner, L., et al. 1998. Association between novelty seeking and the dopamine D3 receptor gene in bipolar patients : A preliminary report. *American Journal of Medical Genetics (Neuropsychiatric Genetics)* 81 : 192–194.

Vernon, P., et al. 1999. Individual difference in multiple dimensions of aggression : A univariate and multivariate genetic analysis. *Twin Research* 2 : 16–21.

Vilain, E., and E. McCabe. 1998. Mammalian sex determination:From gonads to brain.

Molecular Genetics and Metabolism 65 : 74–84.

10章

Bouchard, C., and A. Tremblay. 1997. Genetic influences on the response of body fat and fat distribution to positive and negative energy balance in human identical twins. *Journal of Nutrition* 127 : 943S–947S.

Bray, G., C. Bouchard, and W. James, eds. 1998. *Handbook of obesity.* New York : Marcel Dekker, Inc.

Bray, M., et al. 1999. Linkage analysis of candidate obesity genes among the Mexican-American population of Starr County, Texas. *Genetic Epidemiology* 16 : 397–411.

Collier, D., et al. 1997. Association between 5-HT2a gene promoter polymorphism and anorexia nervosa. *Lancet* 350 : 412.

Comuzzie, A., et al. 1997. A major quantitative locus determining serum leptin levels and fat mass is located on chromosome 2. *Nature Genetics* 15 : 273–276.

Curzon, G., et al. 1997. Appetite suppression by commonly used drugs depends on 5HT receptors, but not on 5HT availability. *Trends in Pharmacological Sciences* 18 : 21–25.

Goran, M. 1997. Genetic influences on human energy expenditure and substrate utilization. *Behavior Genetics* 27 : 389–399.

Gorwood, P., et al. 1998. Genetics and anorexia nervosa : A review of candidate genes. *Psychiatric Genetics* 8 : 1–12.

Hewitt, J. 1997. The genetics of obesity : What genetic studies have told us about the environment. *Behavior Genetics* 27 : 353–358.

Horwitz, B., et al. 1998. Adiposity and serum leptin increase in fatty (fa/fa) BNZ neonates without decreased VHM serotonergic activity. *American Journal of Physiology* 274 (6 pt. 1) : E1009–1016.

Jeong, K., and S. Lee. 1999. High-level production of human leptin by fed-batch cultivation of recombinant Escherichia coli and its purification. *Applied and Environmental Microbiology* 65 : 3027–3032.

Leibowitz, S. 1990. The role of serotonin in eating disorder. *Drugs* 39 (Suppl. 3) : 33–48.

Lonnqvist, F., et al. 1999. Leptin and its potential role in human obesity. *Journal of Internal Medicine* 245 : 643–652.

Lowe, M., and K. Eldredge. 1993. The role of impulsiveness in normal and disordered eating. In W. McCown, et al., eds., *The impulsive client : Theory, research and treatment.* Washington, D. C. : American Psychological Association. Pp. 151–184.

Montague, C., et al. 1997. Congenital leptin deficiency is associated with severe early-onset obesity in humans. *Nature* 387 : 903–907.

Nielsen, D. A., et al. 1998. A tryptophan hydroxylase gene marker for suicidality and alcoholism. *Archives of General Psychiatry* 55 : 593–602.

Norman, R., et al. 1998. Autosomal genomic scan for loci linked to obesity and energy metabolism in Pima Indians. *American Journal of Human Genetics* 27 : 373–385.

Reed, D., et al. 1997. Heritable variation in food preferences and their contribution to obesity. *Behavior Genetics* 62 : 659–668.

Samaras, K., et al. 1999. Genetic and environmental influences on total-body and central abdominal fat : The effect of physical activity in female twins. *Annals of Internal Medicine* 130 : 873–882.

Tartaglia, L., et al. 1995. Identification and expression cloning of a leptin receptor. *Cell* 83 : 1263–1271.

Tecott, L., et al. 1995. Eating disorder and epilepsy in mice lacking 5HT2c serotonin receptors. *Nature* 374 : 542–546.

Weltzin, E., et al. 1994. Serotonin and bulimia nervosa. *Nutrition Reviews* 52 : 399–406.

Wurtman, R., and J. Wurtman. 1995. Brain serotonin, carbohydrate craving, obesity and depression. *Obesity Research* 4 (Suppl. 3) : 477S–480S.

Zhang, Y., et al. 1994. Positional cloning of the mouse *obese* gene and its human homologue. *Nature* 372 : 425–431.

11章

Andretic, R., et al. 1999. Requirement of circadian genes for cocaine sensitization in Drosophilia. *Science* 285 : 1066–1088.

Bardo, M., et al. 1997. Effect of differential rearing environment on morphine-induced behaviors, opioid receptors and dopamine synthesis. *Neuropharmacology* 36 : 251–259.

Carlezon, W., et al. 1998. Regulation of cocaine reward by CREB. *Science* 282 : 2272–2275.

Carr, L., et al. 1998. A quantitative trait locus for alcohol consumption in selectively bred rat lines. *Alcoholism, Clinical and Experimental Research* 22 : 884–887.

Crabbe, J. 1998. Provisional mapping of quantitative trait loci for chronic ethanol withdrawal severity in BxD recombinant inbred mice. *Journal of Pharmacology and Experimental Therapeutics* 286 : 263–271.

Crabbe, J., et al. 1996. Elevated alcohol consumption in null mutant mice lacking 5HT1b serotonin receptors. *Nature Genetics* 14 : 98–101.

Crabbe, J., et al. 1999. Identifying genes for alcohol and drug sensitivity : Recent progress and future directions. *Trends in Neuroscience* 22 : 173–179.

Enoch, M., and D. Goldman. 1999. Genetics of alcoholism and substance abuse. *Psychiatric Clinics of North America* 22 : 289–299.

Gianoukalis, C., et al. 1996. Implication of the endogenous opioid system in excessive ethanol consumption. *Alcohol* 13 : 19–23.

Heath, A., et al. 1997. Genetic and environmental contributions to alcohol dependence in a national twin sample : Consistency of findings in men and women. *Psychological Medicine* 27 : 1381–1396.

Herz, A. 1998. Opioid reward mechanisms : A key role in drug abuse? *Canadian Journal of Pharmacology* 76 : 252–258.

Hyman, S. 1996. Addiction to cocaine and amphetamine. *Neuron* 16 : 901–904.

Jayanthi, L., et al. 1998. The C. elegans gene T23G5.5 encodes an antidepressant- and cocaine-sensitive dopamine transporter. *Molecular Pharmacology* 54 : 601–609.

Johnson, E., et al. 1996. Indicators of genetic and environmental influence in alcohol-dependent individuals. *Alcoholism : Clinical and Experimental Research* 20 : 67–74.

Johnson, E., et al. 1996. Indicators of genetic and environmental influences in drug abusing individuals. *Drug and Alcohol Dependence* 41 : 17–23.

Kendler, K., et al. 1992. A population-based twin study of alcoholism in women. *Journal of the American Medical Association* 268 : 1877–1882.

Kim, M., et al. 1998. LUSH odorant-binding protein mediates chemosensory responses to alcohol in *Drosophila melanogaster. Genetics* 150 : 711–721.

Koob, G., et al. 1998. Neuroscience of addiction. *Neuron* 21 : 467–476.

Lappalainen, J., et al. 1998. Linkage of antisocial alcoholism to the serotonin 5HT1B receptor gene in two populations. *Archives of General Psychiatry* 55 : 989–994.

Lin, N., et al. 1996. The influence of familial and non-familial factors on the association between major depression and substance abuse/dependence in 1874 monozygotic twin pairs. *Drug and Alcohol Dependence* 43 : 49–55.

Maes, H., et al. 1999. Tobacco, alcohol and drug use in eight- to sixteen-year-old twins : The Virginia twin study of adolescent behavioral development. *Journal of Studies on Alcohol* 60 : 293–305.

Markel, P., et al. 1997. Confirmation of quantitative trait loci for ethanol sensitivity in long-sleep and short-sleep mice. *Genome Research* 7 : 92–99.

Matthes, H., et al. 1996. Loss of morphine-induced analgesia, reward effect and withdrawal symptoms in mice lacking the m opioid receptor. *Nature* 383 : 819–823.

McGue, M., et al. 1996. Genotype-environment correlations and interactions in the etiology of substance abuse and related behaviors. *National Institute of Drug Abuse Reports* 159 : 49–73.

Merikangas, K., et al. 1985. Familial transmission of depression and alcoholism. *Archives of General Psychiatry* 42 : 367–372.

Merikangas, K., et al. 1998. Familial transmission of substance abuse disorders. *Archives of General Psychiatry* 55 : 973–979.

Miner, L., and R. Marley. 1995. Chromosomal mapping of the psychomotor stimulant effects of cocaine in BxD recombinant inbred mice. *Psychopharmacology* 122 : 209–214.

Nielsen, D., et al. 1998. A tryptophan hydroxylase gene marker for suicidality and alcoholism. *Archives of General Psychiatry* 55 : 593–602.

Nestler, E., and G. Aghajanian. 1997. Molecular and cellular basis of addiction. *Science* 278 : 58–63.

Phillips, T., et al. 1998. Localization of genes mediating acute and sensitized locomotor responses to cocaine in BxD/Ty recombinant inbred mice. *Journal of Neuroscience* 18 : 3023–3034.

Pierce, J., et al. 1998. A major influence of sex-specific loci on alcohol preference in C57BL/6 and DBA/2 mice. *Mammalian Genome* 9 : 942–948.

Reich, T., et al. 1998. Genome-wide search for genes affecting the risk for alcohol dependence. *American Journal of Medical Genetics* 81 : 207–215.

Rocha, B., et al. 1998. Increased vulnerability to cocaine in mice lacking the serotonin-1β receptor. *Nature* 393 : 175–178.

Rocha, B., et al. 1998. Differential responsiveness to cocaine in C57BL/6J and DBA/2J mice. *Psychopharmacology* 138 : 82–88.

Sigvardsson, S., et al. 1996. Replication of the Stockholm adoption study of alcoholism. *Archives of General Psychiatry* 53 : 681–687

Sora, I., et al. 1998. Cocaine reward models : Conditioned place preference can be established in dopamine- and in serotonin- transporter knockout mice. *Proceedings of the National Academy of Science* 95 : 7699–7704.

Tsuang, M., et al. 1998. Co-occurrence of abuse of different drugs in men. *Archives of General Psychiatry* 55 : 967–972.

Uhl, G., et al. 1998. Dopaminergic genes and substance abuse. *Advances in Pharmacology* 42 : 1024–1032.

12章

Bouchard, T. 1998. Genetic and environmental influences on adult intelligence and special mental ability. *Human Biology* 70 : 257–279.

Daniels, J., et al. 1998. Molecular genetic studies of cognitive ability. *Human Biology* 70 : 281–296.

Plomin, R., et al. 1994. DNA markers associated with high versus low IQ : The IQ quantitative trait loci project. *Behavior Genetics* 24 : 107–118.

Plomin, R., et al. 1997. *Behavioral Genetics.* New York : W. H. Freeman.

13章

Dittmann, R., et al. 1992. Sexual behavior in adolescent and adult females with congenital adrenal hyperplasia. *Psychoneuroendocrinology* 17 : 153–170.

Erhardt, A., and H. Meyer-Bahlburg. 1981. Effects of prenatal sex hormones on gender-related behavior. *Science* 211 : 1312–1318.

Gottschalk, A., et al. 1995. Evidence of chaotic mood variation in bipolar disorder. *Archives of General Psychiatry* 52 : 947–959.

Green, R. 1985. Gender identification in children and later sexual orientation : Followup of 76 males. *American Journal of Psychiatry* 142 : 339–341.

Hamer, D., and P. Copeland. 1995. *The science of desire : The search for the gay gene and the biology of behavior.* New York : Simon and Schuster (Touchstone).

Hamer, D., et al. 1993. A linkage between DNA markers on the X chromosome and male sexual orientation. *Science* 261 : 321–327.

Hu, S., et al. 1995. Linkage between sexual orientation and chromosome Xq28 in males but not females. *Nature Genetics* 11 : 248–256.

Li, L., and D. Hamer. 1995. Recombination and allelic association in the Xq/Yq homology region. *Human Molecular Genetics* 4 : 2013–2016.

Macke, J., et al. 1993. Sequence variation in the androgen receptor gene is not a common determinant of male sexual orientation. *American Journal of Human Genetics* 53 : 844–852.

Pattatucci, A. 1998. Molecular investigations into complex behavior : Lessons from sexual orientation studies. *Human Biology* 70 : 367–386.

Pillard, R., and J. Bailey. 1998. Human sexual orientation has a genetic component. *Human Biology* 70 : 347–365.

Rice, G., et al. 1999. Male homosexuality:Absence of linkage to microsatellite markers at Xq28. *Science* 284 : 665–669.

Risch, N., et al. 1993. Male sexual orientation and genetic evidence. *Science* 262 : 2063–2064 (see p. 2065 for Hamer's response).

Schüklenk, U., et al. 1997. The ethics of genetic research on sexual orientation. *Hastings Center Report* 27 : 6–13.

Sell, R., et al. 1995. The prevalence of homosexual behavior and attraction in the United States, the United Kingdom, and France. *Archives of Sexual Behavior*

242 : 35–248.
Vasey, P. 1995. Homosexual behavior in primates : A review of the evidence and theory. *International Journal of Primatology* 16 : 173–204.
Wallen, K., and W. Parsons. 1997. Sexual behavior in same-sex nonhuman primates : Is it relevant to human homosexuality? *Annual Review of Sex Research* 8 : 195–221.
Zucker, K., et al. 1996. Psychosexual development of women with congenital adrenal hyperplasia. *Hormones and Behavior* 30 : 300–318.

14章

Aitken, P., et al. 1995. Looking for chaos in brain slices. *Journal of Neuroscience Methods* 59 : 41–48.
Alper, J. 1995. Biological influences on criminal behavior : How good is the evidence? *British Medical Journal* 310 : 272–273.
Baxter, L., et al. 1992. Caudate glucose metabolic rate changes with both drug and behavior therapy for obsessive-compulsive disorder. *Archives of General Psychiatry* 49 : 681–689.
Clausing, P., et al. 1997. Differential effects of communal rearing and preweaning handling on open-field behavior and hot-plate latencies in mice. *Behavioural Brain Research* 82 : 179–184.
Dawkins, R. 1982. *The extended phenotype.* Oxford : Oxford University Press.（『延長された表現型――自然淘汰の単位としての遺伝子』日高敏隆・遠藤彰・遠藤知二訳，紀伊国屋書店，1987）
Duke, D. 1992. Measuring chaos in the brain:A tutorial review of nonlinear dynamical EEG analysis. *International Journal of Neuroscience* 67 : 31–80.
Gleick, J. 1987. *Chaos : Making a new science.* New York : Penguin Books.（『カオス――新しい科学をつくる』上田睆亮監修，大貫昌子訳，新潮社，1991）
Harlow, H., et al. 1965. Total social isolation in monkeys. *Proceedings of the National Academy of Science* 54 : 90–97.
Hinde, R., and Y. Spencer-Boothe. 1971. Effects of brief separation from mother on rhesus monkeys. *Science* 173 : 111–118.
Hinde, R., et al. 1978. Effects of various types of separation experience on rhesus monkeys 5 months later. *Journal of Child Psychology and Psychiatry* 19 : 199–211.
Insel, T., et al. 1999. Oxytocin, vasopressin and autism : Is there a connection? *Biological Psychiatry* 45 : 145–157.
Kolb, B., and I. Whishaw. 1998. Brain plasticity and behavior. *Annual Review of Psychology* 49 : 43–64.

Lewontin, R., et al. 1984. *Not in our genes : Biology, ideology, and human nature.* New York : Pantheon.

Miklos, G., and G. Rubin. 1996. The role of the genome project in determining gene function : Insights from model organisms. *Cell* 86 : 521–529.

Pascual, R., et al. 1996. Effects of preweaning sensorimotor stimulation on behavioral and neuronal development in motor and visual cortex of the rat. *Biology of the Neonate* 69 : 399–404.

Rabinovich, M., and D. Abarbanel. 1998. The role of chaos in neural systems. *Neuroscience* 87 : 5–14.

Schwartz, J., et al. 1996. Systematic changes in cerebral glucose metabolic rate after successful behavior modification treatment of obsessive-compulsive disorder. *Archives of General Psychiatry* 53 : 109–113.

Skinner, B. F. 1972. *Beyond freedom and dignity.* London : Cape Publishing.（『自由への挑戦——行動工学入門』波多野進・加藤秀俊訳，番町書房，1972）

Van Mier, H., et al. 1998. Changes in brain activity during motor learning measured with PET : Effects of hand of performance and practice. *Journal of Neurophysiology* 80 : 2177–2199.

Wang, Z., et al. 1998. Voles and vasopressin : A review of molecular, cellular and behavioral studies of pair bonding and paternal behaviors. *Progress in Brain Research* 119 : 483–498.

Wilson, E. O. 1975. *Sociobiology : The new synthesis.* Cambridge, Mass. : Harvard University Press.（『社会生物学（合本版）』伊藤嘉明監修，坂上昭一ほか訳，新思索社，1999）

Wilson, E. O. 1998. *Consilience.* New York : Alfred A. Knopf.（『知の挑戦——科学的知性の統合』山下篤子訳，角川書店，2002）

Young, L., et al. 1999. Increased affiliative response to vasopressin in mice expressing the V_{1a} receptor from a monogamous role. *Nature* 400 : 766–768.

付章 1

Clark, W. R. 1997. *The new healers: The promise and problems of molecular medicine in the twenty-first century.* New York : Oxford University Press.（『遺伝子医療の時代——21世紀人の期待と不安』岡田益吉訳，共立出版，1999）

Plomin, R., et al. 1997. *Behavioral genetics.* New York : W. H. Freeman.

付章 2

American Society for Human Genetics. 1999. Statement : Eugenics and the misuse of genetic information to restrict reproductive freedom. *American Journal of*

Human Genetics 64 : 335–338.

Gosden, R. 1999. *Designing babies.* New York : W. H. Freeman.（『デザイナー・ベビー――生殖技術はどこまで行くのか』堤理華訳，原書房，2002）

Kevles, D. 1995. *In the name of eugenics.* Cambridge, Mass. : Harvard University Press.（『優生学の名のもとに――「人類改良」の悪夢の百年』西俣総平訳（第1版の訳），朝日新聞社，1993）

Lewontin, R., et al. 1984. *Not in our genes : Biology, ideology, and human nature.* New York : Pantheon.